『日本のタコ学』編者序

二〇〇八年、同じ東海大学出版会から拙編著の『新鮮イカ学』を刊行させて貰ったが、世間的にはどうしてもイカ・タコと連繫または対立的に扱う。本書は『新鮮イカ学』に対応するタコ編と考えて戴きたい。

入手不能な古書や難解な専門書はおいておくとして、タコ学に関する一般読者向けの科学的読み物はそう多くはない。井上喜平次氏の名著『蛸の国』（関西のつり社、一九六七）がタコに関するポピュラーリーディングの先駆けであろうか。ほぼ同年代にイーゴリ・アキームシキン著（油橋重遠訳）『海の道化師たち』（講談社、一九六七）とジャック＝イブ・クストー著（森珠樹訳）『海底の賢者 タコ』（主婦と生活社、一九七四）の訳本が刊行されたが、邦人の手によるタコに関する科学読み物は以後久しく上梓されなかった。

タコは生物学・水産物の面だけではなく、地方固有の食習慣・祭り・信仰・俚諺・迷信・フィギュアや絵画のモチーフなどなど民俗的な側面も多岐にわたる。また、蛸壺の地方的・歴史的多様性もまた関心を集め多くの研究書がある。

刀禰勇太郎著『蛸』（法政大学出版局、一九九四）は民俗的情報を精力的に集めた労作で、奥谷喬司・神崎宣武『タコは、なぜ元気なのか』（草思社、一九九四）も拙編著の生物・水産的側面だけではなく、神崎氏の民俗的視点からのエッセイを加えた読み物にした。

編者の専門性からタコの生物・水産学の面からは『泳ぐ貝、タコの愛』（晶文社、一九九一）や、『エビの栄養・イカの味・貝の生態』（鈴木たね子と共著）（アボック社、二〇〇一）、『軟体動物二十面相』（東海大学出版会、二〇〇三）などに少し書いた。土屋光太郎著『イカ・タコガイドブック』にはタコの生物学的情報がコラム的ではあるが、映像と共に豊富に盛られている。近年の快著、池田　譲著『イカの心を探る』（NHK出版、二〇一一）は表題に「イカ」とはあるが、タコの学習・記憶・行動などの目新しい切り口の記事があり、一読に値する。

最近のイカ研究の広さ・深さは二〇年前の拙著『イカはしゃべるし空も飛ぶ』（講談社、一九八九）からは比較にならないくらいの進歩を遂げている。若い頭脳の協力を得て、最新情報を集めて製作したのが『新鮮イカ学』であるが、イカは新鮮でなくては美味でない、研究情報も新鮮でなければ面白くないという想いを込めての表題であったが、本書もタコ学の今、日本にある最新の知識と新鮮な情報に温故知新の要素を加え、難しい学術ではなく、寝転がって読みながらでも知的満足が充たされることを願いあえて『日本のタコ学』とした。

平成二五年五月一五日

奥谷　喬司

目次

『日本のタコ学』編者序　iii
第1章　タコという動物――タコQ&A　奥谷喬司　1
第2章　ボーン・フリー――タコの子供たち　坂口秀雄　29
第3章　海の賢者タコは語る――見えてきた自己意識の原型　滋野修一　61
第4章　巨大タコの栄華――寒海の主役　佐野　稔　91
第5章　イイダコの日々　瀬川　進　125
第6章　日本のイイダコ、フランスデビュー――学名ファンシャオ（飯蛸）のルーツを探る　滝川祐子　141
第7章　サンゴ礁にタコを探して　小野奈都美　157
第8章　なぜタコは「明石」なのか――系譜と実像　武田雷介　181

第9章　日本のタコ図鑑　窪寺恒己　211
あとがき　270
参考文献　273

1章

タコという動物
――タコ Q&A

奥谷喬司

タコの形態と種類

Q タコってイカの親戚でしょうか?

A タコもイカも魚屋さんで売っていますが、魚類ではなく、無脊椎動物の軟体動物（門）に属しています。軟体動物の主流は巻貝や二枚貝などの貝類です。イカとタコは軟体動物門の中でもともに「頭足綱」というグループに入っていて、いわば親戚同士という表現もできます。

Q でも、貝類と同じ仲間だっていうのに貝殻はないのですか?

A イカの場合、コウイカ類の持っている舟のような形をした「イカの甲」や、ケンサキイカやスルメイカ（ツツイカ類）では俗に「骨」と呼ばれる、背中にあるプラスチック製のような「軟甲」も貝殻です。

しかし、一般のタコにはそのように目立った貝殻はありませんが、外套膜の筋肉中に埋もれている「スタイレット」と呼ばれる寒天質の棒状物が貝殻の名残とされています。ただし、ア

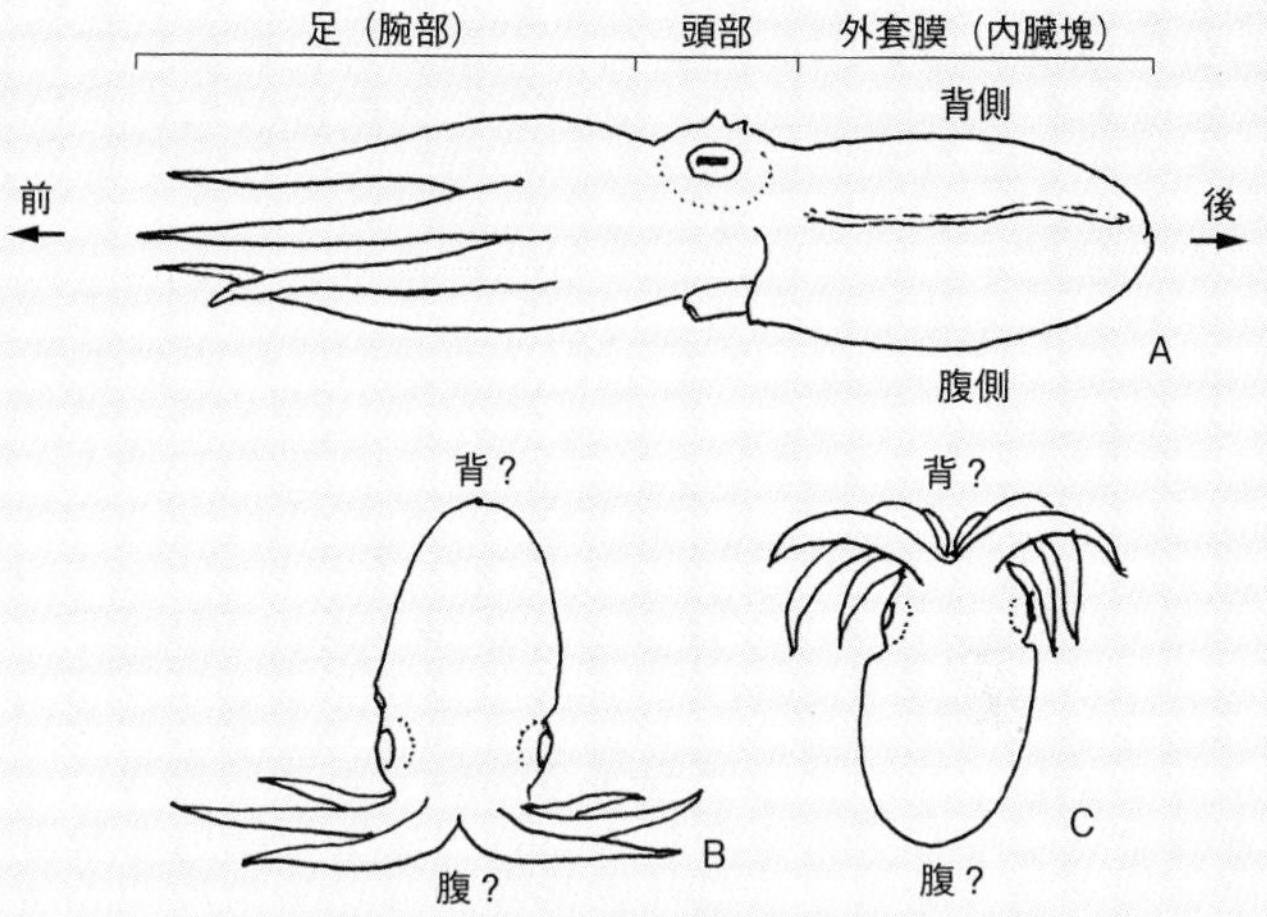

図１・１　タコの前・後と背・腹．A. 通常のボディプラン．B. 足が腹側にあると考えた場合．C. 内臓塊を腹部と考えた場合．

オイガイ類（カイダコ、フネダコなど）の持っている貝殻は雌が卵保育のために作る二次的なもので、本来の貝殻とまったく性質の異なったものです。

Q 「タコ坊主」っていいますが丸いところが頭でしょうか？

A いいえ。どの動物でも眼や口のあるところが「頭部」です。タコの頭は眼のあるところで、左右の眼の間を触ってみると脳を保護する頭蓋軟骨があることがわかります。頭に八本（四対）の足が直接ついているのでタコとイカは頭足類（綱《こう》）と呼ばれています。口は八本足の付け根にありますが、どの動物でも口は体の前部にありますので、タコでもここが体の前端となります。「坊主」の部分には内臓がつまっているのでここは頭ではなく、腹部です。ですから坊主頭のてっぺんは体の「後端」となります。

しかし、別の見方をすれば、動物の足は基本的に腹側にありますから、八本足を腹側とすると外套膜で包まれた内臓の塊はその上に背負われる形になっている（巻貝のボディプランはそのようになっています）と考えると、坊主頭のてっぺんは「背中」であるという考え方もあります。また、坊主頭がじつは内臓の入った腹部ですから、八本足はその逆側にあるので八本足が背中ではないかと考える人もいます（図1・1）。

実際、タコにおいては足のあるほうを腹とするのか、背にするのか、体の前にするのかなどの論争は絶えません。まことにタコの設計図は奇妙といわざるを得ません。

Q タコってどのくらい種類がいるのでしょうか？

A じつはタコの種類数はまだ十分わかっていません。世界の海洋におそらく二七〇〜三〇〇種くらいいると思われています。イカは四五〇種以上知られていますから、タコのほうがずっと少ないわけです。絶滅した頭足類のアンモナイトが二万種くらい知られていますから、現生のタコ・イカは多様性がずいぶん低くなったわけです。日本近海からは少なくとも五八種のタコがいることがわかっています。内訳は、海底生活をしている〝ふつうのタコ〟は四四種、一生海底に降りることなく浮遊生活を送っているものが八種、深海の海底近くや中層を遊泳していて、鰭《ひれ》を持っているものが六種です。これから研究が進むと種数はもっとふえるでしょう。

Q タコの分類を教えてください。

A 最近、タコに限らず多くの動植物の分類においてDNAを用いた分子系統分類が進みましたので、まだ流動的ですが、タコについては従来は次のような分類が用いられてきました。タコ類は軟体動物門・頭足綱・鞘形《しょうけい》亜綱・八腕形目に属しますが、有触毛亜目（主に深海性で、肉鰭と吸盤列に沿って触毛があるグループ）三科と無触毛亜目（底生性または浮遊性で鰭や触毛列を持たないグループ）八科の二群に分けられています。

Q ときどきタコの「腕」と書かれていますが、「足」ではないのでしょうか？

A 動物学的には足です。しかし、タコやイカの足は餌を捕まえたり、物を運んだりできるので「腕」といいます。私たち人間も本来は四本足ですが、両腕のことを誰も「前足」とはいわないのと同じです。タコの場合は、背側から腹側に向かって、左右第一腕から第四腕まで四対の腕があります。イカの場合、第三腕と第四腕の間から、伸縮自在の餌捕獲用の触腕という特殊な腕が出ていますので、俗に「タコは八本、イカは一〇本」というわけです。

Q タコといえば足の吸盤（いぼ）ですが、イカの吸盤との違いは？

A タコの吸盤はやわらかい肉質で、ちょうど車の窓などにペタリとくっつけるマスコット用のビニール吸盤と同様に吸着します。吸盤の付着面には、筋肉が放射状と同心円状に配置しています。電子顕微鏡で見ると、放射状筋の上にさらに超微小な吸盤が並んでいます。タコは吸盤でものをくっつけるだけではなく、物のかたちが識別でき、味もわかる（化学的センサー）といわれています。イギリスのJ・B・メッセンジャー博士によると、マダコの八本の腕吸盤には二億八千万個の感覚細胞があるそうです。

イカの吸盤は筋肉でできたカップ型で、その内径に合ったキチン質の環が嵌《は》まっています。そのキチン質の環の内側には尖《とが》った歯状のギザギザがついていますが、これによって餌などにしがみつくわけです。イカの吸盤カップは腕に直接ついているのではなく、細長い柄《え》があり、ワイングラスのような形です。このような柄がついているのは、イカは泳いでいる魚類などを捕まえるので、餌が暴れてもしっかりくっついていられるように「遊び」が必要だからです（図１・２）。

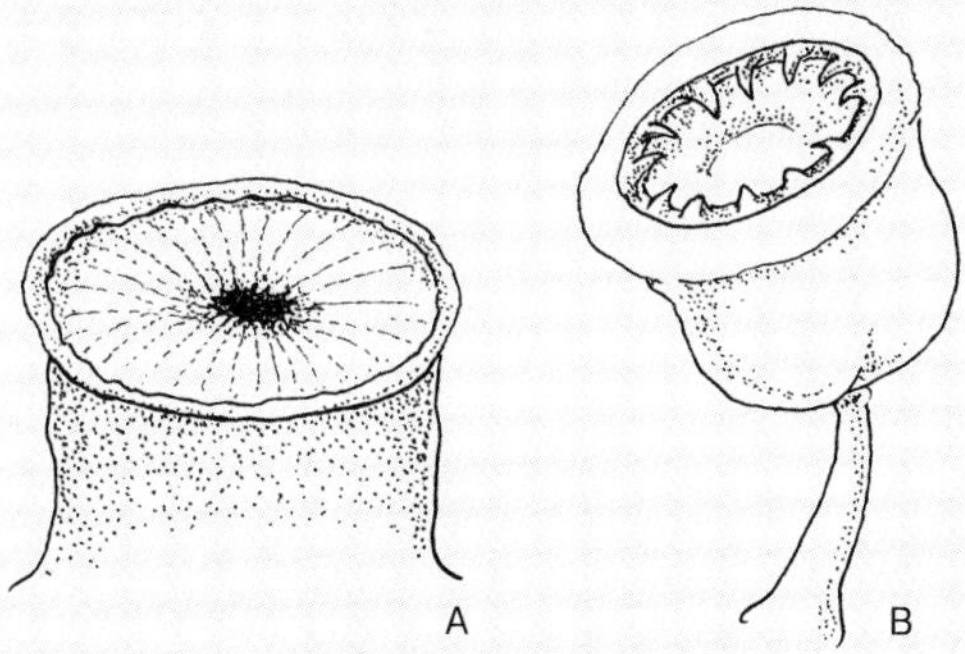

図１・２　タコの吸盤（A）とイカの吸盤（B）

Q イカには巨大なダイオウイカが知られていますが、世界でいちばん大きいタコってなんですか？

A ミズダコです。イカの大きさは外套膜《がいとうまく》の長さで測りますから直接比べられませんが。ミズダコの大きい雄では腕を左右に広げると三メートルくらい、体重は三〇キログラム超になるのが最大級といわれています。

タコの生態

Q タコはどんなところに棲《す》んでいるのですか?

A 種類によってちがいます。マダコなどは基本的には岩礁を好み、岩穴や岩棚の下などを巣穴(デン)とします。イイダコは砂底に棲みますが、砂地に落ちている貝殻や瓶や古い靴などに身を潜めます。サメハダテナガダコも砂地を好みますが、ふだんは砂の中に潜入しています。サンゴ礁に棲むワモンダコなどは、サンゴ礁の複雑な地形を利用して隠れています。潜水調査船で見ると、深海性のタコはあまり姿を隠すことなく泥質の海底の上を這っているようです。カイダコ類やムラサキダコ、アミダコのように、浮遊性の種類は終生海底におりることはありません。タコは潮間帯から大陸棚にかけて多くの種類が棲みますが、旧ソ連時代の海洋調査船ビジヤズ号の報告では、タコが採集された最大水深は八一〇〇メートルと記録されています。

Q タコは夜行性と聞きましたが昼間はどうしているのでしょうか?

A すべてのタコについて昼夜の行動が調べられているわけではありませんが、アメリカのJ・A・メイサー博士がマダコを二四時間見張った報告があります。それによると、餌探しに出るのは二〇~三〇パーセント(五~六時間)で、他の時間は巣穴の中で眠っているか、家の掃除や穴の広さの調整など〝ハウスキーピング〟に費やしているということです。しかし、マダコはまれに日中でも見ることがありますので、厳密な夜行性ではないかもしれません。

Q タコは何を食べていますか?

A タコは肉食性です。甲殻類が大好きです。かつてイギリス近海では突然タコが増えてエビ漁業が脅かされ「オクトパス・プレイグ」と呼ばれたことさえあります。明石のマダコの胃内容物を調べたデータによると、甲殻類が三五パーセント、マダコ六・〇パーセント(共食い)、魚類四・四パーセントなどとなっています。マダコの後唾液腺から分泌されるチラミンは甲殻類を一瞬にして麻痺《まひ》させてしまい、外骨格だけを残して上手に食べてしまいます。

マダコは貝類も食べます。小さな二枚貝は腕の力でこじ開《あ》けますが、なかなかあかない場合は貝殻に小さい孔を穿《あ》け、そこから麻痺毒を注入してあけるのです。このことに最初に気がついたのは日本人の藤田輔世（大正五年）という人です。孔は楕円形に近く、二〜三ミリメートル×一〜二ミリメートルくらいです。タコがアワビを食べるときはアワビの呼吸孔を塞《ふさ》いで窒息させるといわれていましたが、徳島県水産試験場の小島博氏は、マダコはアワビの殻にも穿孔することを確かめました。餌になる貝殻に孔を穿けて中身を食べてしまう巻貝は数多くいますが、それらはたいてい軟体動物特有の歯舌《しぜつ》という咀嚼《そしゃく》器官を用いますが、イギリスのM・ニクソン博士は、タコの穿けた孔はタコの歯舌の歯のサイズより小さいことに気づき、唾液腺乳頭に〝第二の歯舌〟とも呼べる穿孔専用のとげとげがあることを見つけました。

Q でもタコは夜中に畑から大根を盗むといわれますが……？

A そうですね。各地にタコが畑の大根とか芋を掘って盗むという言い伝えがあります。しかし事実ではありません。なぜなら、(1)タコは肉食で、口の構造からして植物質の大根や芋を食べるようにはできていません。(2)タコは腕の吸盤で吸着しながら歩行します。畑のように乾いた土くれの上では、泥まみれになるだけで力強い歩行は不可能です。(3)タコは魚市場のような濡れたところなら、かなり空気中でも活力がありますが、海から乾いた畑までの往復となるとできるとは思えません。

Q 人間にとって危険なタコはいますか？

A 海岸動物のガイドブックなどで「ヒョウモンダコ」が咬毒《こうどく》を持つ危険動物と出ていますが、実際にマクロトキシンという毒が初めて分離されたのは、沖縄からオーストラリアまで分布するオオマルモンダコです。同属の他の一種、コマルモンダコと本物のヒョウモンダコもおそらく同様に咬毒を持つと思われますが、確定した種による毒の検定データはありません。オーストラリアでは、ずっと以前オオマルモンダコで遊んでいた子供が咬《か》まれ死亡したというニュースがあります。最近の分析結果では、このタコの咬毒はフグ毒と同じテトロドトキシンであるとわかりました。それゆえ、このタコを食べても有毒と思われます。

タコの多くは後唾液腺から餌動物を麻痺させるチラミンなどの〝毒〟を分泌《ぶんぴつ》しますので、マダコに咬まれても滲《し》みますが、サメハダテナガダコは毒性が強いらしく、咬まれると疼痛があり腫《は》れることがあります。

毒ではありませんが、大型のミズダコは力が強く、サメを襲う映像もあるくらいです。ダイバーも油断はできません。

Q タコはどのくらい泳げるのでしょうか?

A 海の中層を浮遊・遊泳しているタコは別として、海底で生活をしている(底生性)タコは基本的にはあまり泳ぎません。それでも捕食者に襲われそうになった時とかダイバーに脅かされた時などは傘膜をあおったり、漏斗から水を噴き出して短距離ならば泳ぎます。

昔から常磐地方で言い伝えのある〝渡りダコ〟について福島水産試験場の秋元義正・佐藤照両氏は宮城県〜茨城県沖への稚ダコの供給と回遊についていろいろ考察をしましたが、アクアマリンふくしまの柳沢践夫氏は、この地方には再生産(産卵)が見られないし、定着性の強いマダコが群をなして五〇〇キロメートルも回遊移動するはずはないと疑問を呈しています。潜水している人の頭上が暗くなると伝えられる〝渡りダコ〟の大群の存在は、まだ伝説なのか真実か謎のままです。

Q タコは色や形を見分けられるのでしょうか？

A テレビなどでよくマダコに瓶の中に密封したカニを見せて栓が開けられるかどうかの実験を見せてくれます。瓶の中のカニには触ることもできず、匂いも洩れてこないのにタコは眼で見ただけで大好きな餌と認識します。それだけタコは視力による認識力が優れているし、栓を開けるなど複雑な動作ができるのです。タコの識別能力や記憶力の実験・研究は日本ではあまり行われてきませんでしたが、イギリスやアメリカでは盛んで、いろいろな論文があります。

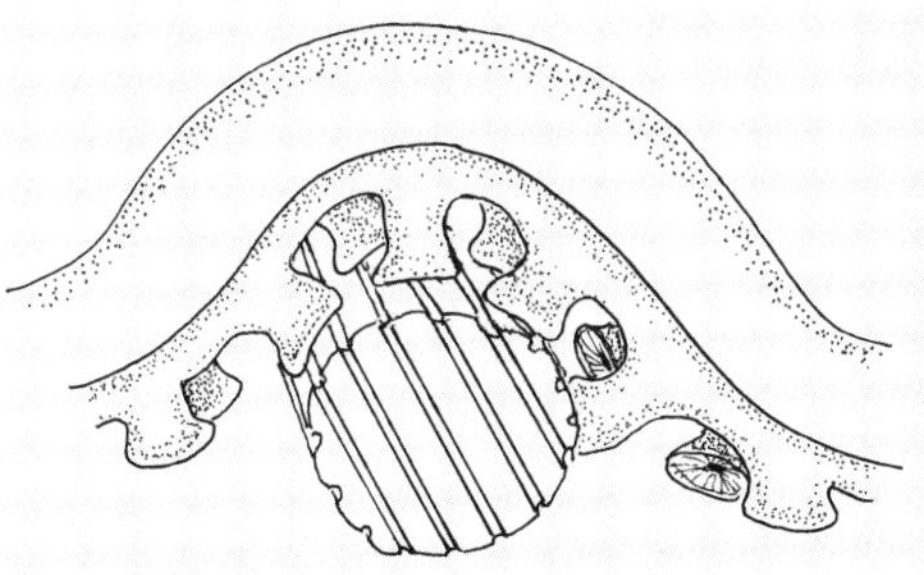

図1・3　タコは吸盤で物の形を認識する（B. B. ボイコットから模写）

R・ハンロンとJ・B・メッセンジャー両博士は、タコの眼には感光色素はロドプシン一種しかなく、眼や網膜の構造からも色彩の区別はできないと言っています。しかし、白と黒の板またはボールは明度で区別ができるのでそれを用いて成功（餌）と失敗（電気刺激）の実験を一日二〇回繰り返した結果、三～四日めにはもう一回も間違えなくなります。それに、長方形の縦長・横長、Tの字と逆Tの字、上辺の空いた四角（「うけばこ」型）と逆に下辺の空いた四角などの図形が区別できます。また、タコはものの形を眼だけではなく腕の吸盤で触って識別できます。目隠ししたタコを使ったM・J・ウエルズ博士の実験によると、タコは球体や円筒で表面が滑らかなものと溝を刻んだものは区別できるそうです（図1・3）。マダコは迷路の実験は思いのほか苦手らしいというB・B・ボイコット博士の説もありますが、琉球大学の池田譲博士はC・アルヴェス氏などの論文から、遠くにハンティングに出て巣穴に帰るときは、通る道のいろいろなランドマークを眼で見て記憶しているのだと述べています。

Q ホタルイカのように発光するタコっていますか?

A 確かにイカにはホタルイカをはじめ発光する種類が数多くいます。自家発光のものと発光バクテリアを共生させているものを合わせると、全イカのおよそ半数の二一〇種以上が光ります。それに比べ、発光するタコは現在まで二種類しか知られていません。ひとつは、ハワイ大学のR・E・ヤング博士が、フクロダコの成熟雌の口の周りを過酸化水素で刺激すると発光することを発見しました。もうひとつは、一九九九年のネイチャー誌の記事によると、深海に棲むジュウモンジダコの一種の吸盤が光るのだといいます（図1・4）。これ以外にも〝光る〟タコの報告はいくつかありますが、それらはいずれも反射光と思われます。エビや魚類で発光するのはおおむね中層で浮遊生活をするもので、海底に接して生活している（底生性の）もので発光するのはごくわずかです。タコも圧倒的に底生性の種が多いので、発光するものが少ないのでしょう。

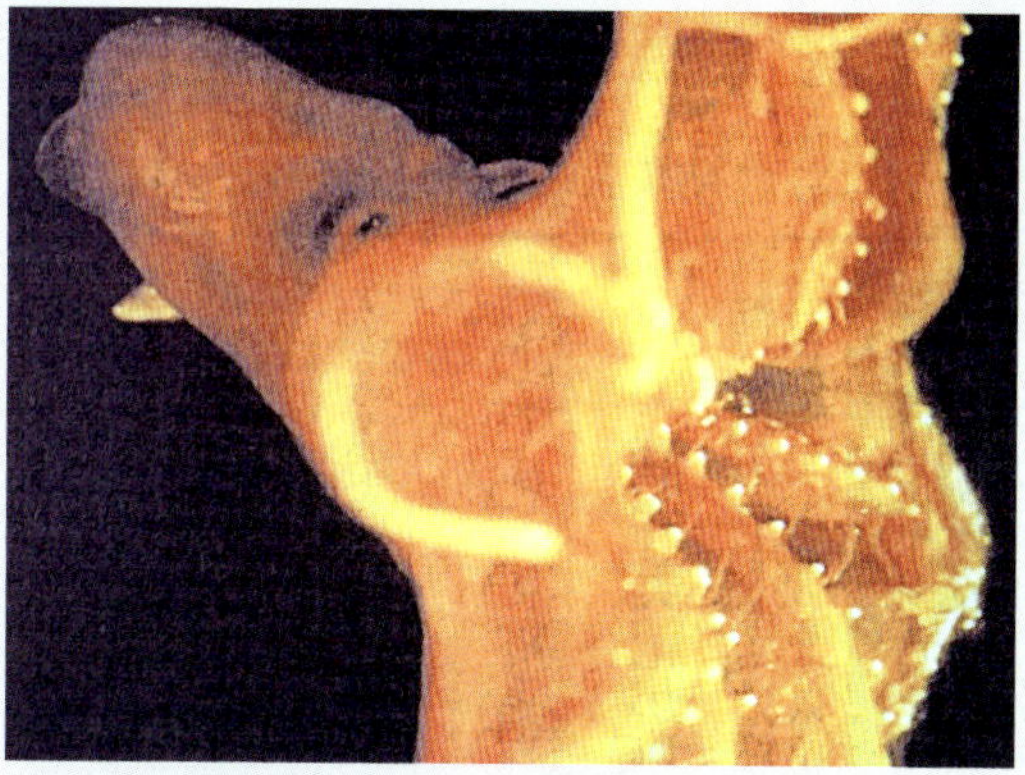

図1・4　吸盤が発光する深海性のジュウモンジダコの一種（Nature 398: p. 113, fig. 1a（11 March, 1999）より）

Q タコの雄・雌はどこで見分けられるのでしょうか？

A タコは解剖をして生殖腺を調べなくても雄・雌がわかります。タコもイカも雄は精子の塊を精莢《せいきょう》（または精包ともいいます）というカプセルにつめて雌に渡しますので、交尾といわず通常〝交接〟という用語を使います（図1・5）。精莢は精巣《せいそう》に付属する特別な器官で作られ、漏斗《ろうと》から外に出されます。雄の八本の腕のうち一本がそれを雌に渡すために先端が変形しています。その腕の根元のほうからは正常な吸盤がありますが、先端には吸盤はなく、小さな円錐形の突起（円錐体）とそれよりやや長い篦《へら》型の部分（舌状片）になっています。この変形した腕は「生殖腕」とか「交接腕」と呼ばれますが、この腕には漏斗から出された精莢が腕の交接腕の先端まで移送される溝がついています。腕の先端にまで送られた精莢は変形部分で挟まれて雌の外套腔内に挿《さ》し入れられます。変形は、マダコ科では少数の属を除いて左の第三腕に見られます。この腕はたいてい右の対腕より少し短いのがふつうです。変形部分の形態は種によって特徴があり、種の同定にきわめて重要な特徴となります。たとえばマダコでは偏圧された短い三角形ですが、ヤナギダコでは円錐形、ミズダコでは細長い棒状、テナガダコでは短い匙《さじ》型に変わっているという具合です（図1・6）。

浮遊性のアオイガイやタコブネ、アミダコ、ムラサキダコなどでは、雄は雌に比べて小さく（「矮雄《わいゆう》」と呼ぶ）、タコブネ科でも貝殻は作らずまるで別種のように見えますが、巨大な交接腕を持っています。このような浮遊性タコの交接腕は、交接後根元から切り離され、雌の外套腔内に残ります。一九世紀の初めに、アミダコのそれをフランスのジョルジュ・キュヴィエが寄生虫と思い、「百疣虫《ゆう》（Hectocotylus）」と命名しました。その経緯からイカ・タコの交接腕

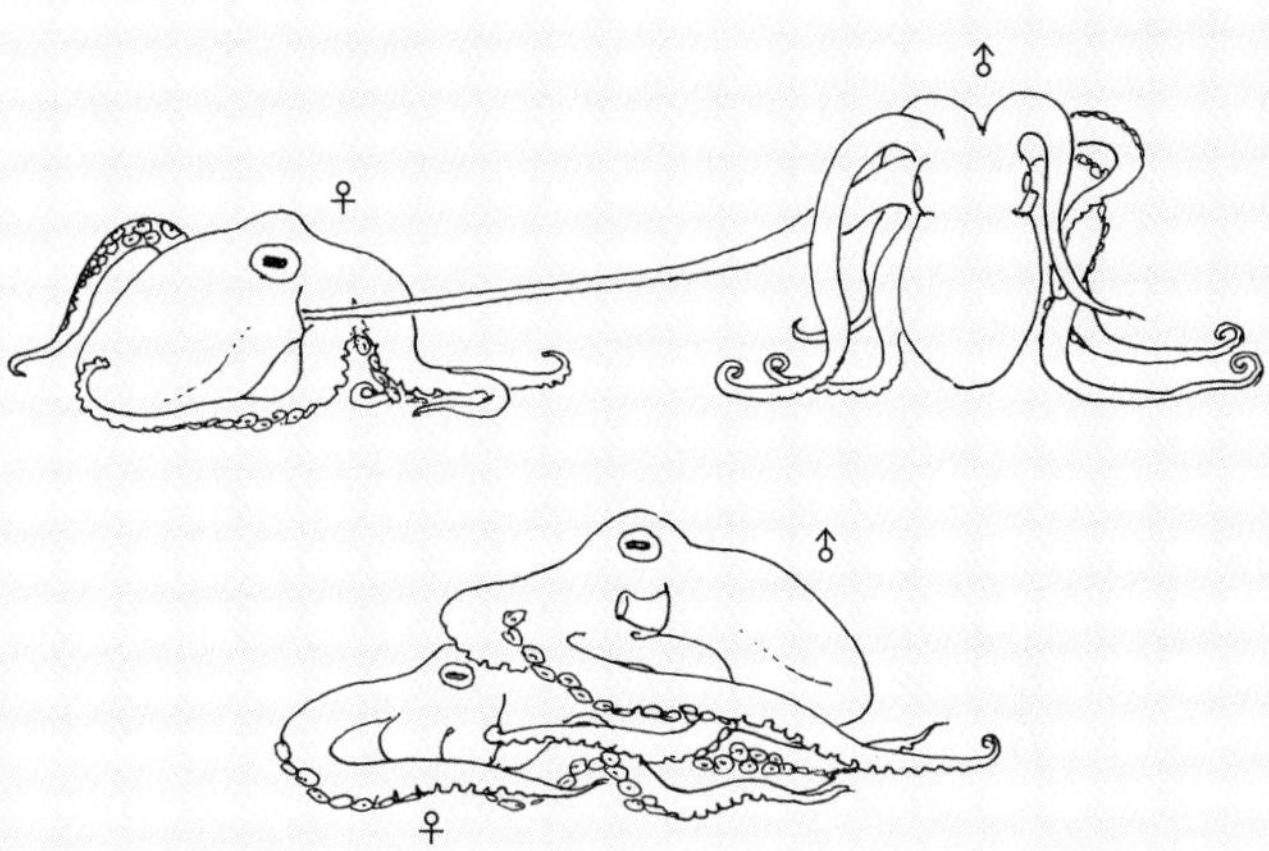

図1・5　マダコなどの交接二態

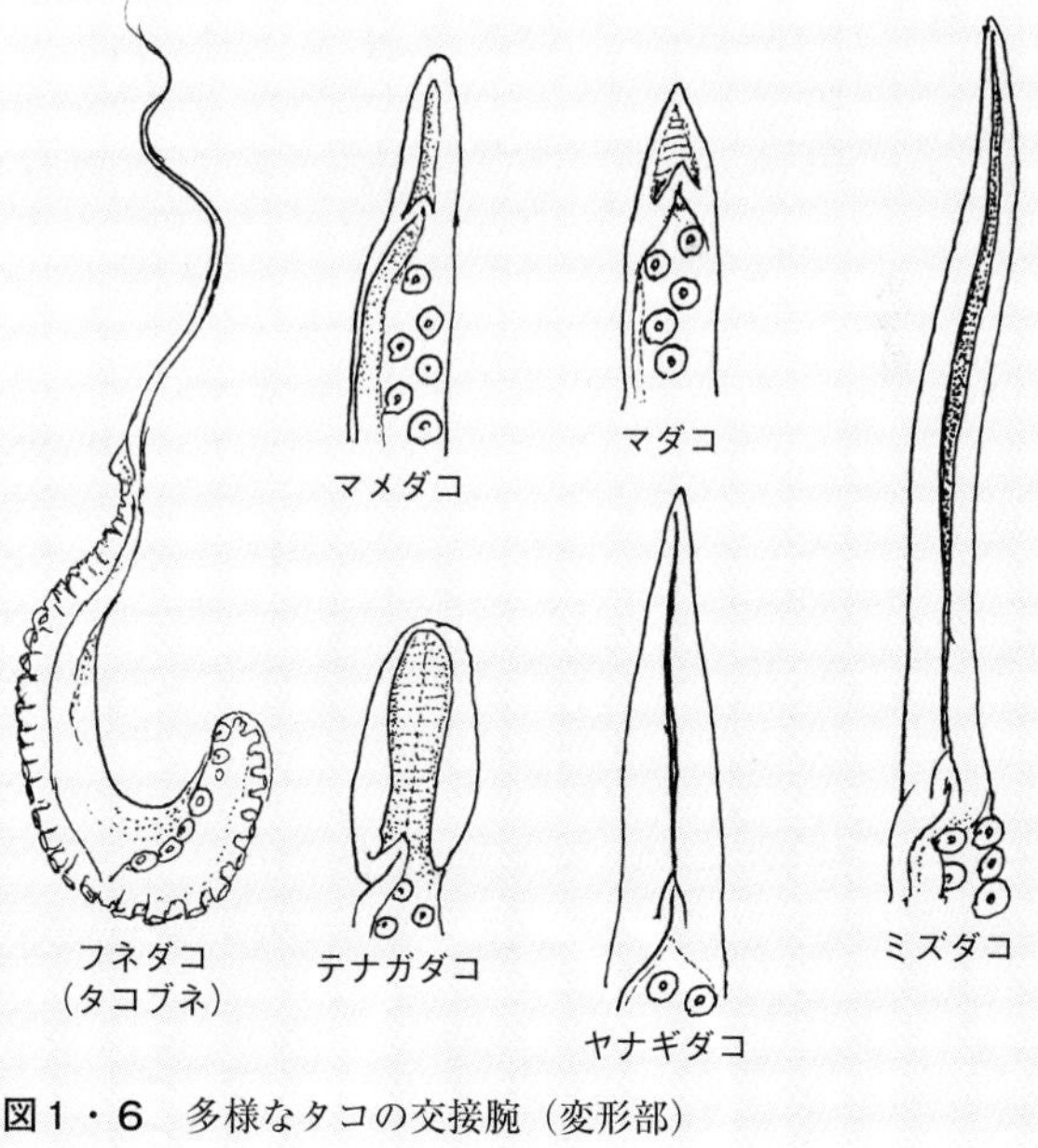

図1・6　多様なタコの交接腕（変形部）

は「ヘクトコチルス」と呼ばれています。

Q タコはどんな卵をどんなところで産みますか?

A タコには魚類や甲殻類同様、「小卵多産」の種と「大卵少産」のものとがあります。そして孵化するまで飲まず食わずの雌によって保護されますので、しばしばタコの母性愛という話題になっています。

マダコの場合は前者で、卵は一つひとつ袋に入れられて産み出されます。楕円形の卵の長径はおおよそ一・七〜二・五ミリメートルくらいで、一度に一〇万〜二〇万粒くらい産みますが、袋の根元にある糸状の柄を各々の腕の根元にある単生の吸盤で縒《よ》り合わせて、ブドウのふさのような房(元兵庫県水産試験場の伊丹宏三氏のカウントによると一房平均五三六粒。愛媛県水産試験場の坂口秀雄氏のカウントは平均四四〇粒)にして岩棚の天井や蛸壺の中などに吊《つ》るします。ミズダコも小卵多産です。卵の長径は七ミリメートルくらいで、一度におよそ五万粒前後の卵を海底に落ちている土管の中や蛸箱《たこばこ》の中などにやはりブドウのふさのような塊にして産みつけます。

「大卵少産」の代表的なものはイイダコです。イイダコは小さい体に似ず、卵の長径は七〜八ミリメートルくらいですが、たった二〇〇から六〇〇粒くらいしか産みません。雌は巣穴にしている貝殻や瓶の中などで卵を抱きかかえるようにしています。子供は孵化するとマダコやミズダコの場合とちがって浮遊生活することはなく、すぐ海底を這うことができます。沖縄のサンゴ礁に棲むオオマルモンダコも大卵少産で、長径七・五ミリメートルの卵を一五〇〜二〇〇粒くらいしか産まず、雌は卵を自分の腕に絡ませて孵化するまで運んでいます。卵にとってこんな安全なことはないかもしれませんが、親ダコはずいぶん歩きにくそうにしています。

底生性のタコは卵を産みつけるところがありますが、浮遊性の仲間は産みつける場所がありません。そのため、カイダコ（＝アオイガイ）やフネダコ（＝タコブネ）などは雌が船のような形をした〝貝殻〟を作り、その中に卵を産み、保護します。ムラサキダコは貝殻を作りませんが、まるでプラスチックの糸を束ねたようなものを作り、それに卵を産みつけます（小卵多産）。R・E・ヤング博士によると、中層に棲むフクロダコの一種は卵を腕と腕間膜でできるいわば〝スカート〟の中に抱えるそうです。そのとき、母ダコは誤食を避けるため口を膜で被《おお》うといいます。

Q タコの「幼生」ってどんな姿で出てきますか?

A マダコは水温にもよりますが一〜二か月で孵化します。孵化したときは親のミニチュアで、巻貝や二枚貝など他の軟体動物のように、親とは似ても似つかない形の「幼生」期がありません。そのためタコ・イカの幼体を表す的確な学術語がなかったので、ハワイ大学のR・E・ヤング博士とR・F・ハーマン氏は「パララーバ」ということばを提唱しました。マダコのパララーバは全長二・五ミリメートルです。各腕には吸盤が三個ずつしかないので、海底を這うことはまだできません。その代わりに漏斗がとても大きく、これを使ってジェット推進をしながら海の表面近くを浮遊し、分布範囲の拡大をはかります(図1・7)。ミズダコもマダコの二倍くらいの大きさの浮遊パララーバが孵《かえ》りますが、それは三陸沖はるか彼方まで分布していたのが見つかった記録があります。マダコは一か月前後で海底生活に移りますが、この

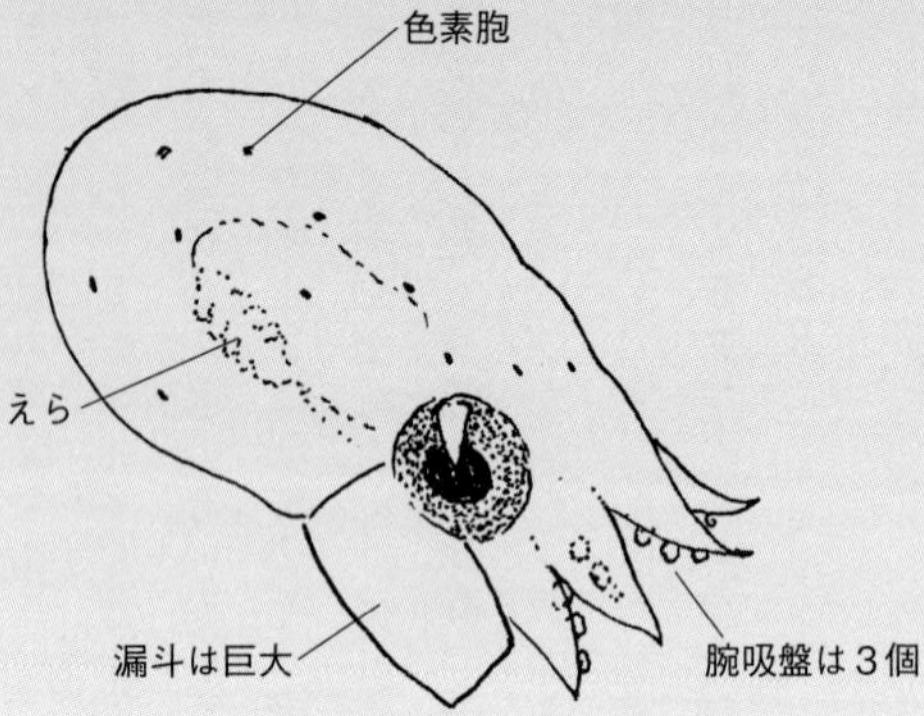

図１・７　孵化したばかりのマダコ

ときは腕吸盤は一五個くらいになっています。これに対して大卵少産のイイダコは、産まれたときから吸盤数がすでに約二三個もありますから、孵化後ただちに海底を這うことができるわけです。

Q タコって一年しか生きないって本当？ 年齢はどうやってわかるの？

A イカの年齢は平衡石《へいこうせき》（魚類の〝耳石〟のようなもの）に刻まれる日輪でわかります。タコにも平衡石がありますが、イカのそれとは炭酸カルシウムの結晶の様子がちがい、日輪も年輪もうまく読めません。ですからタコの年齢は、直接飼育観察するか漁獲物のサイズ組成を追跡するほかありません。それによると、明石のマダコの寿命はやっぱり一年ですが、雌は卵保育期間中の三〜四か月の「オーバータイム」があるようです。畑中寛博士は、アフリカ沖のマダコはもしかしたら三、四年生きるものもいるのではないかと考えています。冷たい海に棲み大型になるミズダコは、たった一年であんなに巨大になるか疑問です。北海道立水産試験場の資料の中には、寿命は三年ないし四年（雌）ではないかという推定値もあります。

タコの漁業と利用

Q 日本人はいつごろからタコを食べていたのでしょう？

A 兵庫県や堺市の弥生時代の遺跡からイイダコを漁《と》る蛸壷が出土していますから、日本人は先史時代からタコを食べていたことがわかります。伊勢神宮の矢野憲一氏は、「延喜式」（九六七年）には乾鮹が肥後や讃岐から献納されていたし、足利将軍の献立にも、徳川家康が豊臣秀吉を迎えた文禄四年（一五九五年）のお膳にもタコがあったと書いています。

Q 日本以外でタコを食べている国はありますか？

A はい。韓国やタイをはじめ東南アジア諸国、ミクロネシア、ポリネシア、メラネシアなど熱帯太平洋の島々、イタリア、スペイン、ポルトガル、ギリシャなど地中海諸国、メキシコをはじめ中南米などタンパク資源を海に頼っている国民（民族）はどこでもタコを食べます。反対にほとんど食べない国は、タンパク質を伝統的に獣肉に頼っている国民（民族）で、アングロサクソン系のイギリスやアメリカ、オーストラリア、ゲルマン系のドイツ、スラブ系のロシアと周辺の国、それに中国とインドなどです。しかし、「食べない」国にも「食べる」国民が移住・帰化してタコを食べる習慣も浸透し、またイカやタコがヘルシーフードという知識も広がり、「食べない」国といえども食べる人ゼロではないと思われます。

Q タコはどうして蛸壷に入るのでしょうか？

A 岩礁に棲むマダコなどは日中はデン（巣穴）に隠れていて、夜間にはハンティングに出かけます。タコは基本的には餌を自分のデンに持ち帰って食べたいのですが、運搬の途中に蛸壷のように屈強の隠れ場所があれば、そこに持ち込んで食べます。このことについて池田譲氏は遠い巣まで持って帰るコストの低減になるばかりでなく、巣からどのくらい離れているかという物理的要素の判断能力があるからだと書いています。もしかしたら、あまり良くないデンで我慢していたタコが良い隠れ家を見つけたと思い、棲みつくのもいるかもしれません。

蛸壷漁師にいわせると、タコは内部がきれいでないと入らないので、いつも壷についた付着生物や壷内の餌の残滓などをまめに清掃して使っています。蛸壷は一五〇〇メートルほどの延《はえ》縄《なわ》におよそ一五〇個の壺をつけますが、そのうち一割にタコが入っていれば〝大漁〟だそうです。

Q タコは蛸壷以外ではどういう漁法でとるのでしょう?

A マダコ漁獲に用いられてきた蛸壷は伝統的には素焼きの壷でしたが、戦後になってかまぼこ型のセメント製蓋付きや硬質ビニール製などのトラップも用いられるようになりました。小型のイイダコには人工の小型の蛸壷のほかアカニシなどの貝殻も利用します。大型のミズダコには蛸箱を使用します。

わが国では五万トン前後のタコがとれますが、そのうち半分は蛸壷や蛸箱などトラップによる漁獲で、三分の一は沿岸の小型底曳網・沖合底曳網・船曳網などの曳網漁によるものです。残りいくらかは定置網や擬似針を用いた釣り(タコの空釣り)で漁獲されています。しかし遊漁の釣り人によってどのくらいとられているかは不明です。

漁獲物でいえばおよそ半分は北海道~三陸のミズダコとヤナギダコを主体とする冷水種で、残り半分が関東から西日本のマダコを主体とする漁獲物です。

Q タコの多くはモロッコなどのアフリカ産と聞きましたが、日本のタコと同じ種類ですか？　海外からどのくらいタコが入ってきているのでしょうか？

A そうです。マダコです。アフリカ北西岸の漁場は日本の遠洋トロール漁船によって一九五九年に開発され、一九六〇年～七〇年代には最大七万三〇〇〇トンも漁獲された年もありましたが、ＥＥＺ（排他的経済水域）時代に入り、一九八二年には日本漁船は撤退しました。現在はもっぱら輸入（モロッコ、スペイン、モーリタニア、韓国など）に頼り、年々一一～一二万トンくらい入ってきますが、それらは主にアフリカ北西岸のマダコです。

タイからはイイダコに似た別種（コツブイイダコなど）も輸入しています。全世界のタコ漁獲量は三〇～三五万トンくらいですから、半分は日本人が食べていることになります。

Q タコは体に良い食べ物でしょうか？　栄養などについて教えてください。

A 日本食品標準成分表にはタコは七六・二パーセントが水分で、タンパク質二〇・七、灰分一・三、脂質〇・七、その他ビタミン類など〇・一パーセントとあります。タコにはビタミン

B系、特にB12が多く、またナトリウム、カリウム、マグネシウム、リンなども豊富です。一方、鈴木たね子博士は、タコはイカや貝類に比べて遊離アミノ酸のタウリンが多いのですが、タコは茹《ゆ》でて食べるので、タウリンは茹で汁に出てしまうと書いています。イカの甘味成分のグリシン、アラニン、ブロリンはタコには少ないともいわれています。しかし、エネルギーは一〇〇グラムあたり七六キロカロリーと低く（比較：和牛肩ロース二七〇、マグロ赤身一三三）、ヘルシーフードには違いありません。

Q イカの墨は塩辛などに用いられていますが、タコ墨って食べられないのでしょうか？

A イカ墨には抗腫瘍物質があることがわかる以前から、「黒作り」の塩辛にはイカ墨が用いられていましたから、伝統的にイカ墨には風味だけではなく保存効果もあると知られていたのだと思います。スペインのパエリヤ・ネグロなども有名なイカ墨料理です。イカの墨は肝臓（ゴロ）の腹側を直走する直腸の脇にある墨袋から簡単に取れ、するめを製するときなど多量の「産業廃棄物」として出ます。しかし、タコの墨袋は肝臓に埋もれて存在し、これを多量に取り出すのは手間がかかるばかりでなく、多くの場合タコは「茹でダコ」のように加熱されて流通しますので、そこからは液体状の墨を取り出すことはできません。

イカは捕食者に追われたりして、海中に墨の塊を噴き出すとしばらくは広がることがないので、ダミーの役目をします。イカの墨はいくらかねばねばしているので、にわかには散らないのです。そのためイカ墨はスパゲッティなどに絡みやすいのです。イカの墨に比べてタコの墨はさらさらしていて、噴き出すとすぐ水中に拡散し、煙幕の役目をします。ですから、常時暗黒の深海に棲むタコは墨袋を持っていません。

2章

ボーン・フリー
――タコの子供たち

坂口秀雄

1. 子ダコを求めて

調査船ゆり（四・九トン）は漆黒の海を漂っている。表層で曳いている稚魚ネットが、ときおり青白い光を放つ。夜光虫の仕業だ。エンジン音に紛れて、ネットの波を切る音が微かに聞こえる。ふと夜空を見上げると、北の空に光の点滅が見える。その光はだんだんと大きくなってきた。「東京からの最終便だ」。機体は、調査船のすぐ上をかすめながら、滑走路へと降りていった。

ここは松山空港沖の調査定点だ。この海域は、風のないときでも、嫌な「うねり」がでることが多い。船がゆーっくりと上下する。遠くの明かりが上下に揺れる。上空の星が左右に揺れる。気分はあまりよくない。

そのとき、腕時計のタイマーが鳴った。稚魚ネットを引き上げる時間だ。船を止め、ネットに繋《つな》がっているロープを滑車を使って思いっきり引っ張り、ネットが海面から離れたところで船上へと引き入れる。二人がかりの力仕事だ。

次に、引き上げたネットを洗いながら、集まったプランクトンを標本ビンに入れる。このとき、クラゲや流れ藻《も》が大漁だと、それらを取り除く作業がたいへんだ。幸い、今回は、邪魔者がほとんど入っていない。

夜間に稚魚ネットを曳くと、いろいろな生き物が採集できるので楽しい。ヨコエビ、オキアミ、クラゲはお呼びじゃない、稚魚、コペポーダ、ヤムシ、そして子ダコなどなど。今回は子ダコが入っているだろうか。標本ビンの中をじっくりと観察したいところだが、船酔いで、そんな元気はない。

「さあ、次の定点に向かって出発だ」

　動物プランクトンは、イワシやサンマなどプランクトンを主食にしている魚類のみならず、あらゆる魚の稚仔《ちし》にとっても重要な餌生物であるが、彼らも易々と餌食《えじき》になっているわけではなく、生き残り戦略として、昼夜で生息水深を大きく変える種類が多い。ふつう、日中には食害を避けるために水深の深い所に潜んでおり、夜間に浮上して摂餌をおこなうのだ。

　駿河湾特産のサクラエビは、日中には水深二〇〇～三〇〇メートル付近の水深帯に生息しているが、夜になると水深数十メートル付近まで浮上してくるため、この時間帯を狙って船曳網《ふなびきあみ》で漁獲しているのである。

　孵《ふ》化したマダコの子供たちは、しばらくの間、浮遊生活を送っている。本章では、浮遊稚ダコのことを「子ダコ」と呼ぶことにする。そして、この子ダコも、サクラエビほどではないが、深浅移動をおこなうのである。日中は、水深五メートル以深に生息しており、夜間に表層付近まで浮上してくるのだ。したがって、日中に表層で稚魚ネットを曳いても、子ダコはほとんど採《と》れない。もちろん、中底層を曳けば採れるのだろうが、稚魚ネットを、中底層で安定的に曳くのは、非常にむずかしいのである。やはり、夜間に、表層まで浮上してきたところを採集するのがもっとも簡単で正確なのだ。

　とはいえ、初めての調査ではそういったことなどまったくわからず、最初の一年間は伊予灘の九定点で日中にのみ調査をおこなった。
伊予灘は、山口、大分、愛媛の三県に囲まれた海域で、瀬戸内海の西部に位置しており、明石周辺海域と並んでマダコ資源の多い海域である。沖合は、水深五〇～六〇メートル程度の比較的なだらかな砂質の海底が続いている。調査定点はやや沿岸域に設定しており、九定点の水深は一三～四〇メートルの範囲にある。

調査で得たプランクトンサンプルは研究室に持ち帰り、子ダコを選り出す作業をおこなう。プランクトンをすこしずつシャーレの中に入れ、実体顕微鏡を用いてそれらを探すという根気のいる作業である。サンプルには、いろいろな生き物が含まれており、それらのなかから子ダコを探すのは楽しい。「プランクトン研究者にとっては、宝の山かもしれないな」と思いながらも、プランクトン研究者ではないので、子ダコ以外のサンプルは惜しげもなく捨て去る。「後で使うことがあるかもしれない」という思いがすこし脳裏をよぎるが、サンプルを残しておいても後で使われた例《ためし》がなく、不要なサンプルが山のように溜まっていくだけなのだ。

さて、毎月一回の計一二回、日中におこなった調査の結果はというと、読者のご想像どおり、一年間でマダコ稚仔が二尾採れただけ、という惨敗に終わったのである。

どうすれば子ダコを定量的に採集することができるのだろうか。日中に、水深の深いところで稚魚ネットを曳けば採集できるかもしれない。しかし、どの水深帯を曳けばよいのだろう。調査定点の水深は深い所で四〇メートルある。水深の浅い調査定点と深い定点で、子ダコの分布状況は同じなのだろうか。

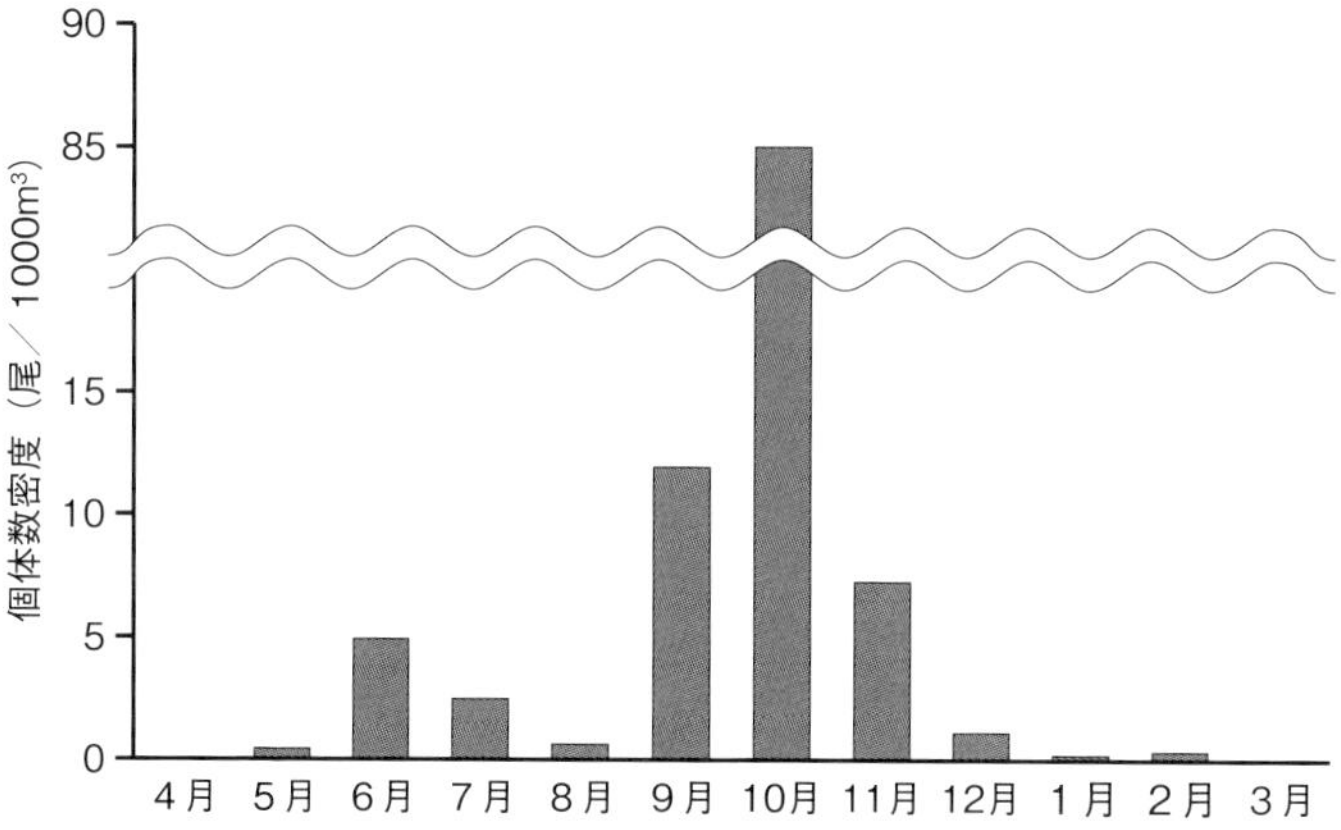

図2・1　伊予灘におけるマダコ稚仔の出現状況　平成８年度と平成９年度の平均値　（坂口秀雄）

さらには、彼らがいつも同じ水深帯を泳いでいるとは限らない。

いろいろと検討した結果、子ダコの生息密度を正確に把握するためには、夜間に稚魚ネットの表層曳きをおこなうのがベストであろう、という結論に達した。そこで、翌年から夜間調査に切り替えた。すると、マダコ稚仔が安定的に採れるようになった。この年には、三七九尾のマダコ稚仔を採集することができた。その翌年には、二六二尾を採集した。

マダコの産卵期は、春と秋の二回あると言われているが、今回の調査で採集したマダコ稚仔の七〇パーセント以上が、一〇月に採集されている（図２・１）。これに、九月と一一月に採集された尾数を加えると、九〇パーセントに達するのだ。この数字からすると、伊予灘におけるマダコの産卵期は、秋であると言ってもよいくらいである。ちなみに、一〇月の子ダコ分布密度は、海水一〇〇〇立方メートルあたり八五尾であった。後述するが、この時期に産出された卵は、孵化までに約一か月かかることがわかっているので、伊予灘では一〇月の一か月前である九月が産卵盛期ということになる。

もう一つの山は六月にみられたが、採集尾数全体の四～五パーセント程度の小さな山でしかなく、分布密度は、海水一〇〇〇立方メートルあたり五尾であった。そして、マダコ稚仔が一尾も採集されなかったのは、三月と四月の二か月のみであった。

マダコの産卵期を確認するために、雌ダコの卵巣の成熟状況についても調査した。成熟した雌ダコは、うす黄色の、丸くて大きな卵巣を一つ持っている。この卵巣重量が、体重の何パーセントを占めているのかを調べることにより、成熟度合いを把握することができる。

産卵間近の雌ダコは、卵巣重量が体重の二〇パーセントに達する。成熟した卵巣は、二・五ミリメートルほどの卵がぎっしりとつまっており、つきたての餅のようにモッチリとしている。煮付けて食すれば美味であるが、どういうわけか、筆者がよく利用しているスーパーマーケットでは、マダコの卵巣を売っているところをめったに見かけない。

成熟調査の結果、八～九月に卵巣が成熟している個体が多く、二～五月にも成熟個体がみられた。前者は主産卵群で、一〇月に採集された子ダコは、この群から生まれたものに違いない。そして後者は、六月に採集された子ダコの親ということになる。

2．子孫繁栄のプロセス

(一) マダコの繁殖行動――交接

稚魚ネットで採集した子ダコは、本当にマダコの子なのであろうか。当然、確認する作業が必要である。そこで、研究室でマダコを飼育し、産卵させて、確認用に子ダコの標本を得ることにした。

マダコは、雌ダコだけを飼育していても産卵し、卵は正常に発生する。雄は必要ないのだ。といっても、精子がないと卵は発生しない。当然、精子は必要だ。じつは雌ダコは、体内に精子を貯蔵しており、産卵する際にその精子を使い、受精させているのである。

成熟した雄ダコは、精子の入った数センチメートルほどの細長いカプセルの束を体内に持っている。このカプセルは精莢《せいきょう》と呼ばれており、雄ダコは一本の腕を使い、この精莢を雌ダコの体内に送り込むのである。この行為は交接と呼ばれている。交接には、繊細さや精密さが求められるようで、雄ダコは交接腕と呼ばれる専用の腕を持っている。マダコの場合、右腕の前から数えて三番目の腕がそれで、先端が交接に適した形に微妙に変形している。この腕の有無により雌雄を判別することができるが、マダコの交接腕は、他の腕に比べて先端がやや丸みをおびている程度なので、馴れないと見分けがつき難いかもしれない。

交接により送り込まれた精子は、卵巣から伸びた輸卵管《ゆらんかん》の中ほどにある輸卵管球と呼ばれる器官に蓄えられ、産卵のときを待つのである。雌タコを解剖してみると、輸卵管球のみならず、輸卵管全体に精

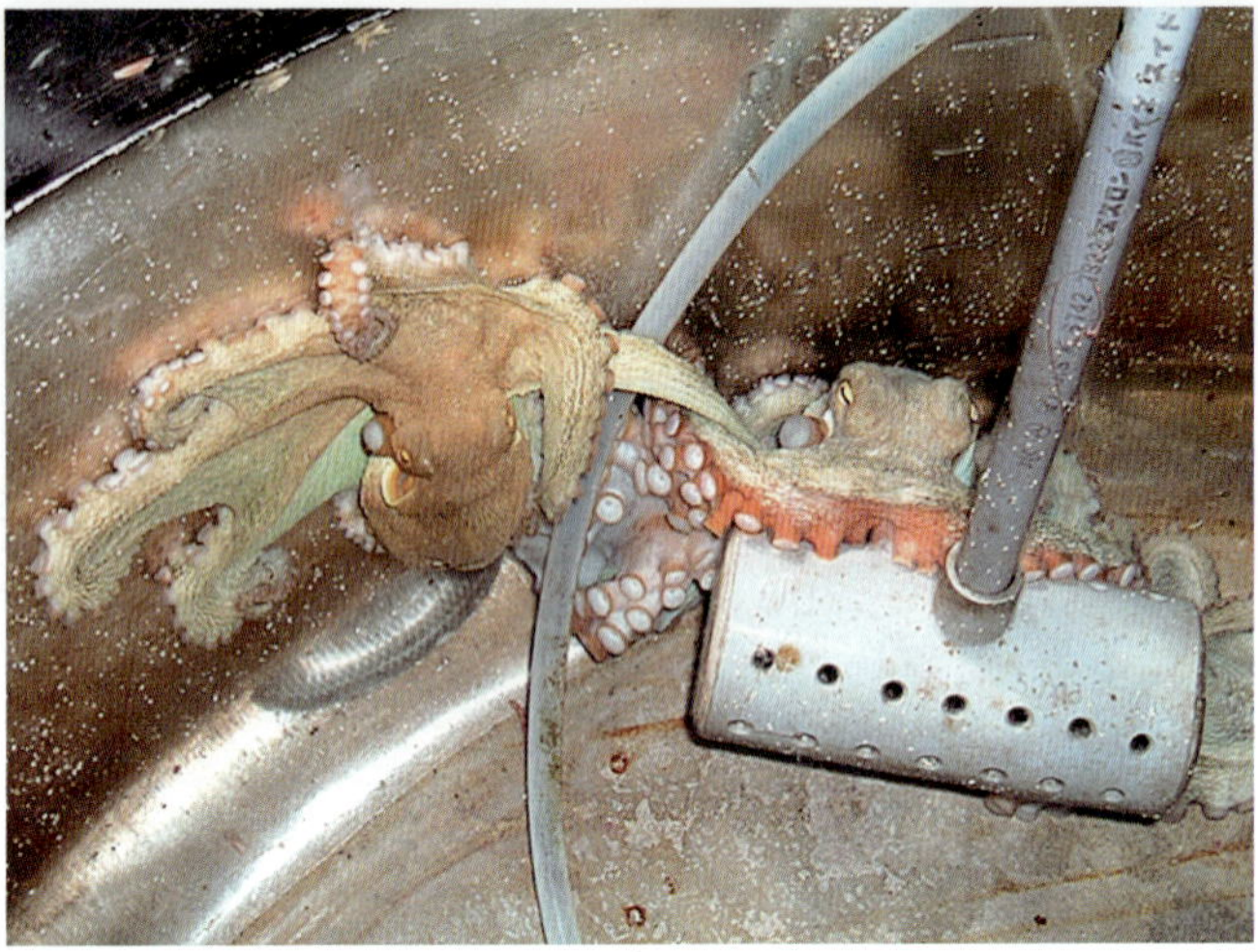

図2・2　交接中のマダコ　左側が雄　（坂口秀雄）

子が充満しているものも少なくない。つまり、ある程度の大きさの雌ダコは、ほとんどが交接を済ませており、単独で産卵することができるのである。

一つの水槽にマダコの雄と雌を入れてやると、最初のころは喧嘩をして、どちらかが食べられてしまうのではないか、と心配することがあるが、そのうちいい雰囲気になり、交接をはじめる。「心配して損をした」といったところである。二匹は、すこし離れたところに位置し、ちがう方向を向いて知らんぷりしているが、雄の交接腕だけはしっかりと雌に達している（図2・2）。このまま一日中、交接していることも珍しくはない。

このとき雌ダコは、すでに交接済みのはずである。マダコの雌は、複数の雄と交接するのがノーマルなのであろうか。

クルマエビでは、交尾により雄の精包《せいほう》が雌の貯精嚢《ちょせいのう》に送り込まれるが、その後、貯精嚢の入口は、交尾栓と呼ばれる蓋により閉ざされてしまう。したがって、一回の産卵で、複数の雄の精子が使われることはないのだ。

マダコの場合、複数の雄の精子が、雌の輸卵管内で、どのようになっているのか興味深い。一尾の雌ダコから生まれた子供たちの雄親は、一尾だけなのだろうか。それとも、複数の雄がかかわっているのだろうか。その場合、何尾くらいの雄がかかわっているのだろう。今後、DNA解析で解明すべき課題である。

(二) マダコの繁殖行動——産卵

九月のある日、飼育している雌ダコに餌を与えても、蛸壺から出てこなくなった。卵を産み終えたのである。これから先、雌ダコは餌も食べずに、子ダコが孵化するまで卵を守りつづけるのだ。そして、子供たちの孵化を見届けた彼女は、筋肉質だった以前の面影は消え失せ、静かにその一生を終えるのである。

水槽で飼育しているマダコの場合、産卵をはじめてから一三日間くらいまでは摂餌行動が見られるが、それ以降は餌を食べなくなる。おそらく、産卵に一三日くらいかかり、産卵が完了した時点で、餌を食べなくなるということなのであろう。

ただし、これは、タコの目の前に餌を置いてやった場合の話であり、雌ダコは、蛸壺の中から腕を伸ばして摂餌する。

海の中でも、産卵をはじめると卵を守る必要がでてくるため、その場を離れるわけにはいかなくなる。餌になる生物が腕の届く範囲内に現れた場合には、それらを捕獲するかもしれないが、自然界では、産卵開始と同時に、絶食状態に入っていると考えてよいのではないだろうか。

マダコが産卵に何日かけているのかを推定する方法がある。個々の卵が、輸卵管を通過するときに受精していることが前提条件になるのだが、一尾の雌が産んだ卵は、産卵にかかった日数だけ受精に時間差が生じているということなので、孵化にも産卵と同じだけの日数がかかるはずである。つまり、孵化がはじまってから、すべての卵が孵化し終わるまでの日数を調べれば、産卵にかかった日数を推定することができるのである。ぜひとも確認してもらいたい事柄である。

マダコは、岩穴や蛸壺などの天井に、ブドウの房を小さく、そして紐状に細長くしたような卵房を数百本産みつける。研究室で、一尾の雌が産んだ卵塊を調べたところ、卵房数は三一八本、一房の平均卵数は四四〇個であったので、産卵数は一四万個ということになる。これだけの卵を一三日間で産んだと仮定すると、一日に二四房、一万一千個の卵を産まなくてはならないのだ。一時間に一房のペースである。

雄はというと、九月頃と一～三月頃に、痩せ衰えた雄ダコが底曳網《そこびきあみ》によくかかるのである。これらのタコを、伊予灘の漁師は「水ダコ」あるいは「皮ダコ」と呼んでいる。ちょうど、雌が産卵する時期にあたるが、雌はその後、卵が孵化するまでは生存しているので、雄ダコの寿命は雌よりもすこしだけ短いということになる。マダコの生命力は人間と同じく、雄よりも雌のほうが強いのである。

ところで、雌ダコは、絶食状態でどのくらいの期間、卵を守り続けなくてはならないのだろうか。卵の発生速度は、そのときの水温に依存しており、ある程度の水温までは、水温が高いほど、発生速度は速くなる。次の式を用いれば、孵化までに必要な日数を水温から計算することができる（坂口ほか、一九九九）。

$$D=299.4/(T-11.9)\qquad D：孵化までの日数（日）\quad T：水温（℃）$$

この式によれば、水温が二五℃の場合、卵は二三日で孵化するが、一七℃の水温では、孵化に五九日を要するのだ。つまり、雌ダコは、夏季の水温の高い時期では二〇数日間、春先の水温の低い時期では約二か月間、絶食状態で卵の世話をしているのである。またこの計算式では、水温が一一・九℃以下の環境では、卵は発生しないことになる。

前節で、マダコ稚仔の採集尾数は、六月に小さな山があることを述べた。伊予灘の水温は、一～二月に一〇℃付近まで低下し、以降、徐々に昇温し、八～九月には二五℃程度まで上昇する。一～五月中旬に産出された卵がいつ孵化するのかを、そのときの水温から計算したところ、すべて六月に孵化することが明らかとなった。つまり、六月にマダコ稚仔の採集尾数が増加するのは、一～五月の間に産み出された卵が、六月に一斉に孵化するためだったのである。

また、一二～二月にも少数ではあるが、子ダコが出現している（図2・1）。これらは水温から計算すると、一〇月下旬～一一月上旬に産み出された卵から孵化したものであると考えられるのだ。

マダコの産卵数は、雌ダコのサイズによって、大きく異なることがわかっている。次の式を用いれば、雌ダコの体重から、おおよその産卵数を求めることができる（坂口ほか、二〇〇二）。

$$N=1098W^{0.655}$$ N：産卵数（個）　W：体重（g）

マダコは産卵盛期である九月では、体重一キログラムほどの雌ダコが産卵の主体となるが、このサイズの雌は約一〇万個の卵を産む。産卵期終盤の九月下旬以降には、体重三〇〇グラム程度の小さな雌が、五万個ほどの卵を産み、大型個体が多い、春先に成熟する雌ダコは、体重三キログラム程度の雌では、約二一万個の卵を産むのである。

また、親ダコが大きいほど、卵のサイズは大きくなるようだ。そして、卵のサイズが大きいほど、孵化稚仔のサイズも大きくなるのである。孵化直後の子ダコとその親の大きさを調べたところ、子ダコの外套長《がいとうちょう》（胴の後端から目までの長さ）は、体重が三〇〇グラム程度の親では約一・七ミリメートル、一キログラム程度の親では約一・八ミリメートル、二キログラムを超える親では約一・九ミリメートルであった。外套長の差が〇・二ミリメートルくらいで、大差はないと思うかもしれないが、外套長が一・九ミリメートルと一・七ミリメートルでは一〇パーセント以上の差があり、体積にすると四〇パーセントの違いとなるのである。

さらには、同サイズの雌でも、水温がより低い時期に産卵するものほど、孵化稚仔のサイズは大きくなる傾向にある。つまり、春先の水温の低い時期には、大きな雌ダコが、すこしだけ大きい卵を産むのである。

マダコが春先に大きな卵を産むことにも理由があるはずだ。この時期に産出されたマダコの卵は、六月に孵化することがわかっているが、魚類では春季に産卵する種類がもっとも多いのだ。このため、この時期には、子ダコの餌料となる生物も多いのかもしれないが、それ以上に、子ダコを食害する稚魚が多いものと考えられる。さらにこの時期は、水温が一九℃前後と低いため、成長するのにも時間がかかるのである。このため、すこしでも大きく生まれて、素早く海底生活に移ることにより、生残率を高めているのではないだろうか。

(三) 伊予灘特産——マツバダコ

とある五月の下旬、生きたマツバダコの雌が手に入った。そこで、しばらく研究室で飼育することにした。

マツバダコは、愛媛県松山市の三津魚市場に水揚げされた標本をもとに、瀧巌《たきいわお》博士によって一九四二年に命名された、全長二〇センチメートルほどの小さなタコだ。マツバダコという名称は松山地方の方言だったようで、この方言がそのまま標準和名に採用されていることもあり、愛媛県にとってはたいへん縁の深いタコなのである。頭と通常呼ばれている外套膜は小さく、そして腕は細長く、適当な長さがあり、呼び名のとおり松葉のような体型をしている。

このタコは、伊予灘では四~六月頃に、底曳網で漁獲されるテナガダコのなかに混じっていることがあるが、数的には少なく、漁師でも気づいていないことが多いのではないだろうか。体の色が、テナガダコよりも赤いので、テナガダコのなかに赤っぽいタコが混じっていたら、つまみ上げてみて、腕がテナガダコほど長くなければマツバダコの可能性が高い。

マツバダコはかなり珍しいタコだと思っていたのだが、あるとき松山市内のスーパーで、テナガダコと並んでこのタコが売られているのを見つけて驚いた。最近はJAS法により、スーパーで売られている商品名には正しい名称が使われてはいるが、標準和名の「マツバダコ」と、きちんと表示されて売られていたのである。もっとも、正確には、漢字混じりで「松葉ダコ」と表示されてはいたのだが（図2・3）、「さすがは松山のスーパーである」と感心させられたのであった。すぐさまこのタコを購入して、味見をしたのは言うまでもないことである。

研究室で飼育していたマツバダコはというと、マダコと比べてかなり神経質で気むずかしい性格の持ち主であった。マダコの場合すぐに人に馴れて、餌をやろうとすると近づいてきて、餌を求めて腕を伸ばしてくるのだが、マツバダコはまったく人間に馴れる様子はなかった。

それでも、七月上旬には卵を産みはじめた。卵は、長径が約一五ミリメートル、短径が約四・五ミリメートルのナスビ型で、五ミリメートルほどの柄《え》がついており、隠れ家として水槽に入れていた筒の天井に、ひとつずつ産みつけられていた（図2・4）。孵化すれば、子ダコの姿を拝むことができると期待していたのだが、残念ながら孵化には至らなかった。彼女は、捕獲した五月下旬の時点では、未交接であったのかもしれない。また、死亡した別個体について卵巣内の卵数を調べたところによると、マツバダコの産卵数は八〇個程度と考えられる。

図２・３　松山市内のスーパーで売られているマツバダコ　(坂口秀雄)

図２・４　産卵中のマツバダコ　(坂口秀雄)

3．マダコの赤ちゃん

㈠ 身体検査——容姿と色素胞

子ダコは、体表にある色素胞の配列がシンプルで特徴的だ。色素胞は、生きているときには収縮しており、体はほとんど透明だが（図2・5）、ホルマリンで固定すると拡散して大きくなる（図2・6）。このため、色素胞の配列を観察するには、ホルマリン固定標本を用いたほうがわかりやすいであろう。ただしこれらは、ホルマリンで固定すると数年で消失してしまうため、残念ながら永久に使える分類形質ではないのだ。それでも、色素胞をすこしでも長いあいだ、保持したいのであれば、標本の固定および保存には、アンモニア水で中和した中性ホルマリンを用いるとよい。タコの子供たちは、サイズ、体型、吸盤数および色素胞の配列などの外部形態により、ある程度は種類を特定することができそうである。

研究室で孵化したマダコ稚仔は、全長が約二・五ミリメートル、外套長が約一・八ミリメートルで、腕の長さは全長の四分の一ほどしかなかった。各腕には三個の吸盤が一列に並んでおり、タコというよりもイカに近い体型をしている。漏斗《ろうと》（墨を吐くところ）は大きく、その長さは腕の長さと変わらない。

ホルマリンで固定した孵化直後のマダコ稚仔は、色素胞に次のような特徴がみられる（図2・6）。①各腕の色素胞は一列に並ぶ、②漏斗の先端と基部に二個ずつ円形の色素胞がある、③外套（胴部）腹面の前端にふつう三個（二～五個）の大きな色素胞がある、④外套背面の後端に一対の小さくて色の薄い色素胞がある。

マダコの親の吸盤数は数えたことがないのでよくわからないが、一本の腕に吸盤が二列に並んでいることは確かである。ここで、スーパーなどで売られているマダコを、じっくりと観察してもらいたい。アフリカ産でも日本産でもかまわないのだが、八本足の付け根の部分、それぞれの足の口にいちばん近い部分に、小さな吸盤が一列に三個並んでいるのがわかると思う。この三個の吸盤は、赤ちゃんのときに持っていた吸盤なのだ。その後、成長に伴って、足が伸びるに従い、四番目以降の吸盤がジグザグに増えていったために、二列になっているのである。

(二) 貴重な硬組織——平衡石

吸盤以外に、子ダコのなごりは残っていないだろうか。じつは、あと一つ、心当たりがある。それは、平衡石《へいこうせき》である。マダコは、漏斗基部の内側に、リンパ液で満たされた一対の平衡胞を備えている。その中に平衡石があり(図2・7)、そこで重力を感知しているのだ。

タコ類は軟体動物に属しており、体内にある硬組織《こうそしき》は、平衡石や嘴など数箇所にしか見られない、貴重な存在なのである。

かつて、この平衡石の大きさを測定したことがあった。測定するためには、体内からそれらを取り出す必要がある。親ダコの場合にはそれほど苦労はしないが、子ダコの場合、三ミリメートルにも満たない体からそれらを取り出す作業は、なかなか骨の折れる作業であった。縫い針の先を研《みが》いてメスを作り、実体顕微鏡下で子ダコを解剖し、〇・〇九ミリメートルほどの平衡石を取り出すのである。スーパード

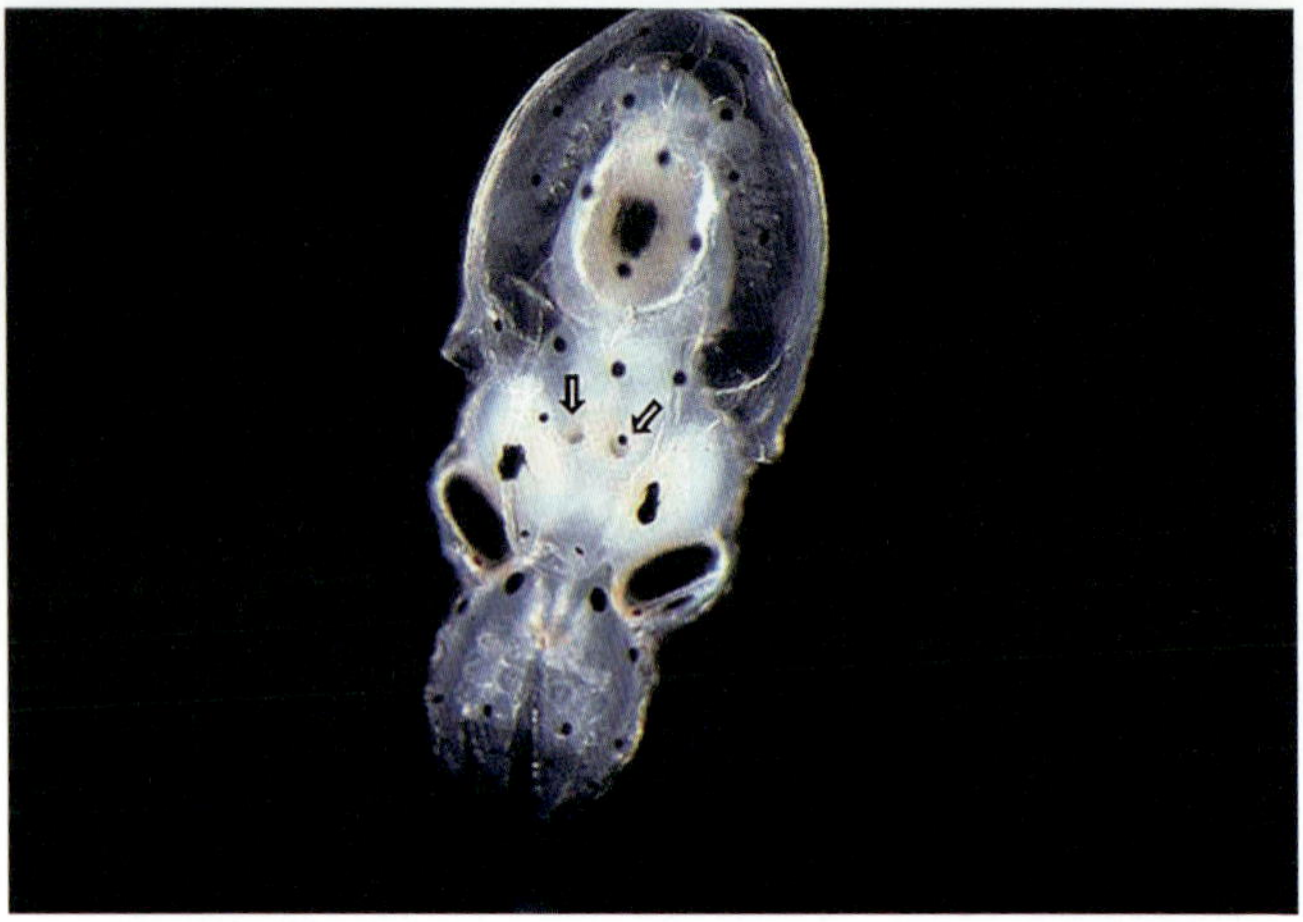

図２・５　マダコ稚仔　矢印の先に平衡石が，外套中央部に墨汁嚢がみえる　(坂口秀雄)

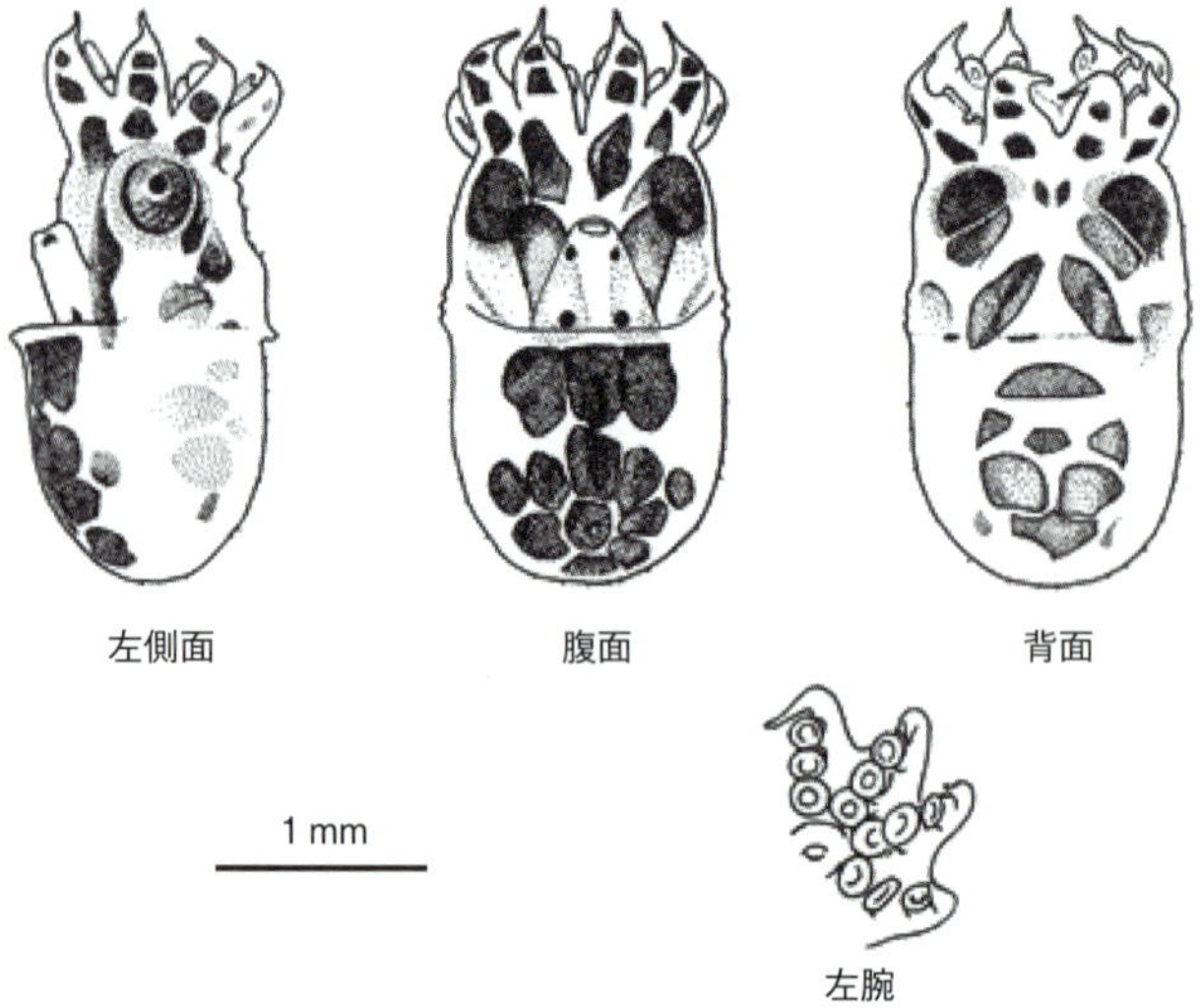

図２・６　マダコ稚仔（ホルマリン固定標本）（坂口，2006）

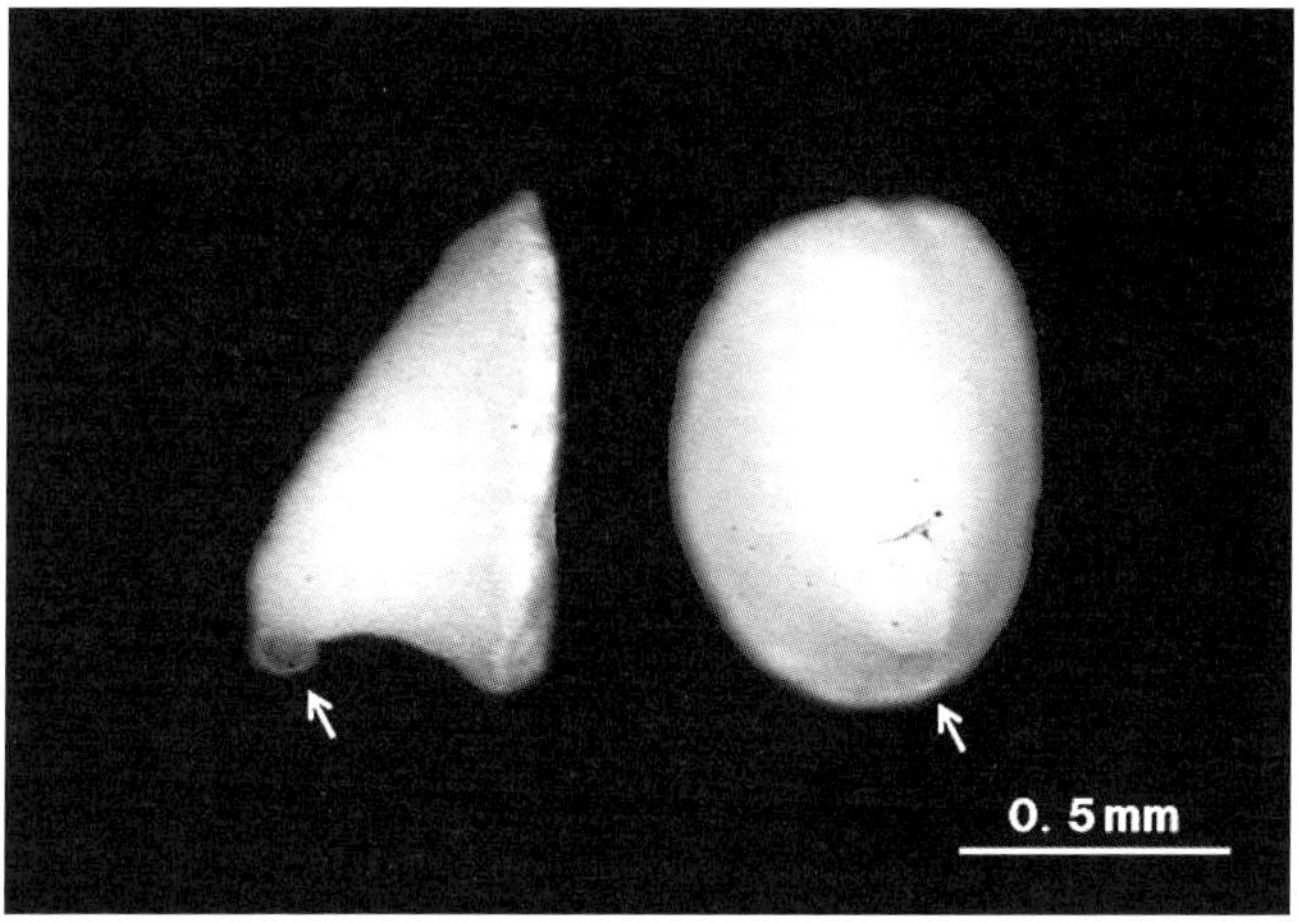

図2・7　マダコの平衡石　矢印が核（子供時代の平衡石）（坂口秀雄）

クターにでもなったような気分で作業をするのだが、すこしでも油断をすると、平衡石はすぐに行方不明になってしまうのであった。

子ダコの平衡石は半透明のガラス状で、やや扁平な卵形をしている。

一方、親ダコのそれは白色不透明の石膏状で、底面が一ミリメートル程度の楕円をした斜めになった円錐形である（図2・7）。そして、斜円錐の頂点部には、半透明でドーム状をした核があるのだ。当初、この核が何なのか、何のためにあるのか、ずいぶんと悩んだものだが、謎が解けたのである。そうなのだ。この核こそが、子供時代の平衡石だったのである。つまり、浮遊生活から海底生活に移行したマダコの平衡石は、材質がガラス質から石膏状に変わり、徐々に成長しながら重力の影響を受けて、下方向に歪んだ斜円錐形となるのである。

イカ類の平衡石は、透明度の高い炭酸カルシウムの結晶でできており、その内面には輪紋《りんもん》（樹木の年輪に相当するもの）が形成されている。そして、いくつかのイカでは、それらが一日一輪できることが確認されており、これらのイカでは、年輪ならぬ日輪を数えることにより、年齢を推定することが可能となるのだ。

親ダコの平衡石は石膏状で脆く、内部に輪紋を確認することはできなかったが、子ダコのものは半透明で、イカのものと似た材質でできていることから、内部に輪紋が形成されている可能性がある。親ダコの平衡石にある核（子供時代の平衡石）の大きさと、子ダコの平衡石の大きさを複数測定したところ、前者の平均が〇・〇九九ミリメートル、後者の平均が〇・〇九二ミリメートルとなり、核のほうがすこしだけ大きかった。

これは、浮遊期間中に、子ダコの平衡石が〇・〇〇七ミリメートル程度、成長していることを示している。子ダコの平衡石に日輪が形成されるのであれば、それらを数えることにより、孵化してから何日たっているのかが明らかとなる。また、親ダコの平衡石の核にある日輪を数えることにより、子ダコが何日で海底生活に移行するのかが判明するのである。

マダコ稚仔の浮遊期間については、稚魚ネットによる子ダコの採集結果からでも、ある程度は推定することが可能である。一〇月に孵化した子ダコの外套長は約一・八ミリメートル、吸盤数は三個であるが、一二月には外套長が五・〇～五・四ミリメートル、吸盤数が一四～一八個となり採集される。しかし、翌一月にはまったく採集されなくなるのである。つまり、孵化から二か月程度で、海底生活に移行しているものと考えられるのだ。

4．マダコの実像

(一) 海の中でマダコは強いのか

マダコは、皮膚の形状や色彩を瞬時に周囲の環境に同化させることができるし、墨を吐くこともできる。このように優れた防御能力を有していることから推察すると、われわれが想像する以上に外敵が多く弱い存在なのかもしれない。

しかし、地球上の生物とは思えない奇異な風貌により、海の中では最強のハンター的なイメージが強いのではないだろうか。そして、その力の象徴は、何といっても、筋肉質で強力な吸盤を備えた八本の腕であろう。人間といえども、海中で大型のマダコと素手で勝負して、勝てるかどうかはわからない。

ところが子ダコは、前にも述べたとおり、最大の武器である腕がとても貧弱なのである。さらには、すでに、墨汁嚢《ぼくじゅうのう》を備えているなど（図2・5）、この時期彼らは、かなり弱い立場に立っているであろうことは、想像に難《かた》くない。実際、採集した子ダコのなかには、ヤムシやコペポーダなど小型の動物プランクトンから攻撃を受けているのではないかと思われるものもあり、海の中での生存競争はたいへん厳しいようなのである（図2・8）。もっとも、よくよく考えてみれば当然のことで、一尾の雌ダコから一〇万尾の子ダコが生まれたとすると、それらのうち最終的に二尾が生き残り親ダコになれば、マダコ資源は現状を維持できるのである。生残率は一〇万分の二なのだ。

水槽に蛸壺と雌ダコを入れて飼育さえすれば、彼女は産卵し、簡単に子ダコを得ることができる。し

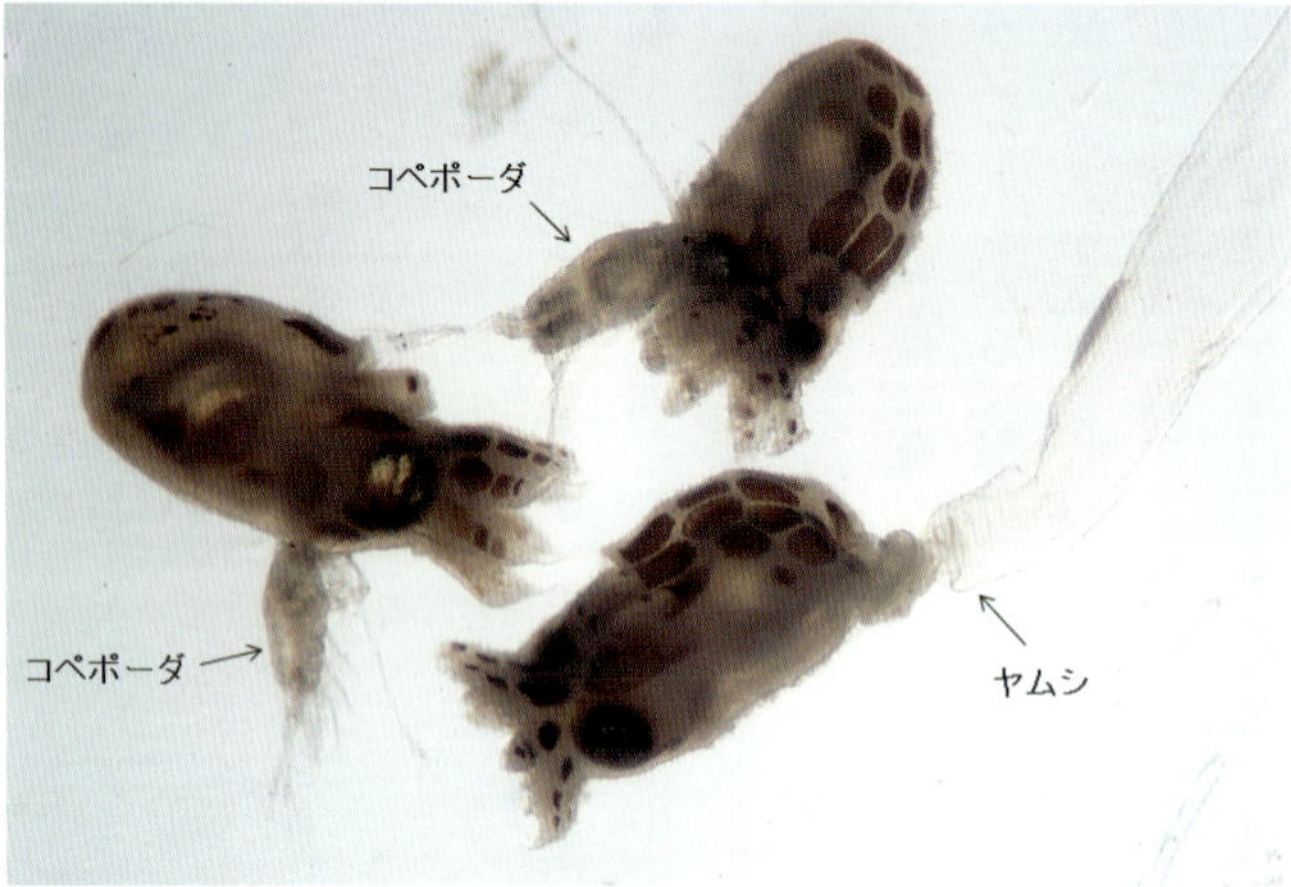

図2・8　ヤムシとコペポーダから攻撃を受けているのではないかと思われるマダコ稚仔　(坂口秀雄)

かし、現在においても、マダコの種苗生産技術は確立していないのだ。その主な理由は、子ダコの腕が貧弱であることによるのである。魚類の種苗生産で、通常、餌として用いている動物プランクトンを与えても、子ダコは餌を捕獲することができない。なんとか捕獲できたとしても、動物プランクトンの勢いのよさに驚いて、獲物《えもの》を離してしまうほど小心者で非力なのだ。この小心者が、海の中でいったい何を食べて成長しているのだろうか。この餌が判明すれば、マダコの種苗生産技術を、一気に実用レベルまで引き上げることができるヒントを得られるかもしれない。

(二)　伊予灘産マダコ危うし

マダコの天敵としてはウツボが有名である。ウツボは、瀬戸内海にはあまり生息していないが、黒潮沿岸域に住むマダコにとっては脅威であろう。ウツボに数本の腕を食いちぎられながらも、命からがら脱出に成功するものもいるだろう。このとき、食いちぎられた腕の切断面が複雑だと、一本の腕から複数の腕が再生することがあるようだ。黒潮沿岸域では、枝分かれした数十本、ときには百本近い腕を持つマダコが発見されることがあるが、瀬戸内海では、マダコの漁獲量がはるかに多いにもかかわらず、そういったマダコはほとんど発見されていない。

ところで、第一節で、「伊予灘は、明石周辺海域と並んでマダコ資源の多い海域である」と述べたが、残念ながら、それも過去のものとなりつつある。近年、伊予灘のタコ類漁獲量が減少しているのである（図2・9）。この原因はいったい何なのであろうか。ここで、「マダコ」ではなく「タコ類」の漁獲量としているのは、農林水産統計では、タコに関しては種類別の漁獲量が調べられておらず、「タコ類」として一括されているためである。

伊予灘では、マダコ以外にイイダコやテナガダコが水揚げされているが、タコ類漁獲量に占めるマダコの割合は、七〜八割程度と高い。したがって、タコ類漁獲量は、マダコ漁獲量と置き換えても、それほど間違ってはいないだろう。

マダコ漁獲量が減少している原因として、マダコは低水温に弱いため、冬季の水温が低い場合には水温が漁獲量に影響を与えていることも考えられるが、最近は温暖化が問題になっているくらいなので、水温環境が悪化しているとは思えない。

そのほかの原因としては、マダコの餌が減少した、またはマダコと同じ餌を利用している生物が増加した、あるいはマダコを食べる生物が増加した、などが考えられる。

これらの原因に関して、最近、気になっていることがある。それは、西日本でハモの漁獲量が増加し

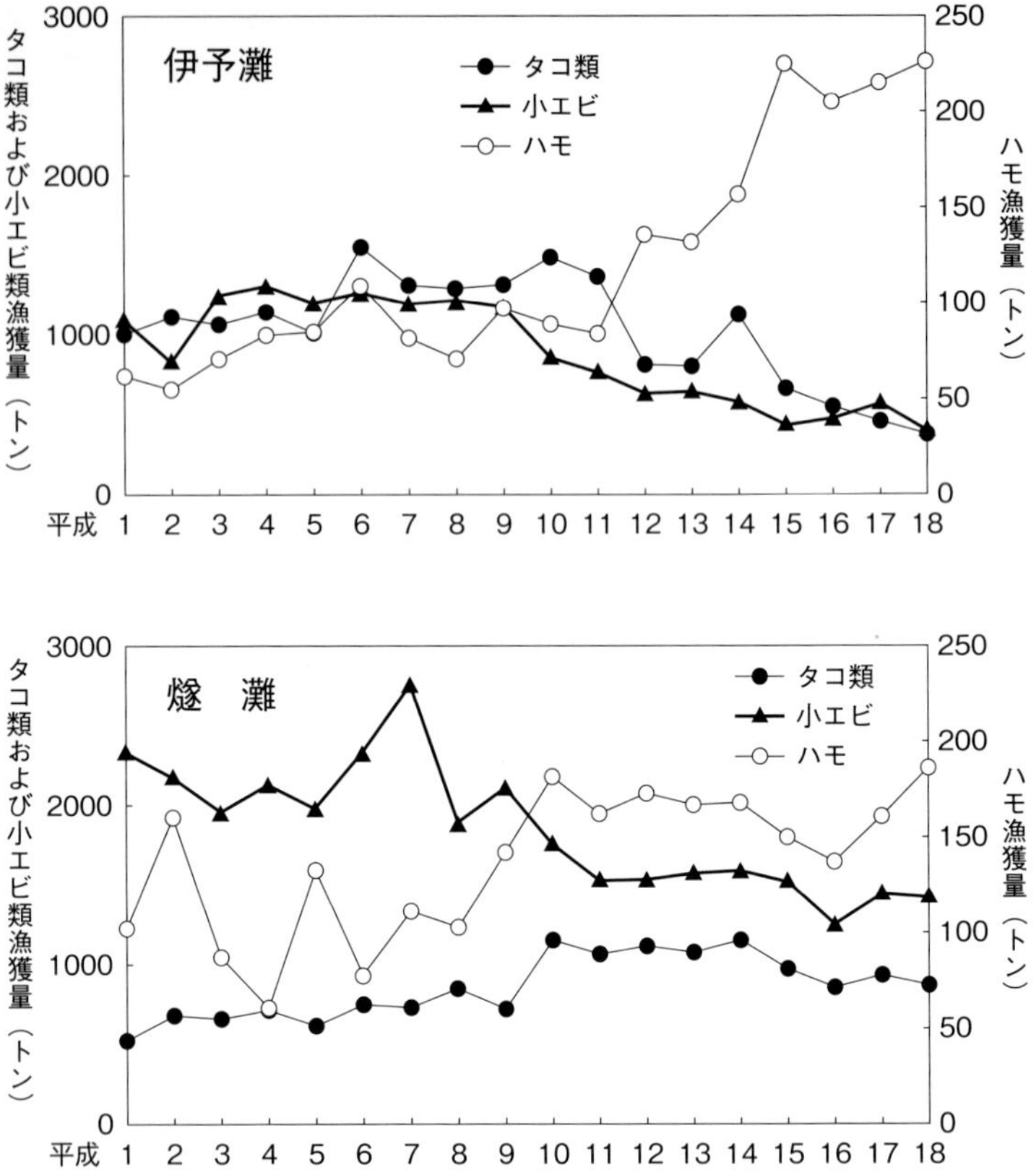

図2・9　愛媛県の伊予灘と燧灘におけるタコ類，小エビ類およびハモの漁獲量（愛媛農林水産統計年報より）

ていることである。各地でハモが豊漁となり、ハモを使った商品開発やイベントが盛んにおこなわれているのだ。

そして、愛媛県の伊予灘海域においても、ハモの漁獲量が急増しているのである（図2・9）。伊予灘（愛媛県）では、平成一一年以前は、ハモとタコ類の漁獲量は似たような傾向で推移をしていたのだが、ハモの漁獲量が急増した平成一二年以降についてみると、両者の間には負の相関があるように見える。

平成六年には一五四九トンあったタコ類の漁獲量は、平成一八年には三九〇トンにまで減少している。そして、ハモとタコ類の共通の餌である小エビ類（統計では「その他のエビ類」となっている）の漁獲量も、タコ類漁獲量と同様の推移をたどっているのである。

一方、伊予灘の東側に隣接する燧灘《ひうちなだ》では、平成一〇年以降、ハモ、タコ類ともに漁獲量は高水準を維持している。小エビ類の漁獲量も、ハモとタコ類の少なかった頃に比べると減少してはいるものの、平成一一年以降は安定している。燧灘では近年、三種が均衡を保っているように見える（図2・9）。

ここで、重要なデータを提供している農林水産統計であるが、平成一九年以降、ハモやその他のマイナーな魚種の漁獲量が、統計項目から削除されてしまった。このため、それ以降のハモ漁獲量の動向や、タコ類漁獲量とハモ漁獲量の相関関係を確認できなくなった。非常に残念なことである。

ハモは、体型や大きさ、食性がウツボと似通っている、いや、凶暴さでは、ハモのほうが上ではないだろうか。上品なハモ料理からは想像できないかもしれないが、大きなものは全長が二メートルを超え、胴回りは一升瓶よりも太いのだ。

ハモは、マダコの餌であるエビやカニなどを貪食《どんしょく》しているにちがいない。さらには、マダコもハモの餌食になっている可能性が高いのだ。

マダコの減少した原因が、ハモに食害されたことによるのか、それとも餌（エビ・カニ類）の争奪戦《そうだつせん》に敗れたことによるのか、あるいはその両方によるのかは、はっきりしない。しかし、伊予灘のマダコ漁獲量が減少している原因は、ハモの資源量が増加していることにあると筆者はにらんでいる。今後、ハモに腕を食いちぎられ、腕の本数が増えたマダコが、瀬戸内海でも見つかるようになるのかもしれない。

5．マダコの素性

マダコは、全世界の温帯から熱帯にかけて広範囲に生息していることになっている。今ではすっかりおなじみのモロッコやモーリタニアで漁獲されているアフリカ産のマダコも、ヨーロッパ産のマダコも、日本のものと同じ種類とされているのだ。しかし、沿岸性の海洋生物は移動能力に限界があるため、地域ごとに独立した種が生息しているのがふつうなのである。

マダコの場合、宮城県から茨城県にかけての沿岸やイギリス海峡など寒冷な海域に生息するものは、冬場の低水温を嫌って南方に回遊するという報告はあるものの、温暖な海域に生息するマダコの回遊は確認されていない。広域回遊性のカツオやマグロなどであれば納得できるが、定着性の強いマダコが全世界に広く分布しえるのであろうか。

地中海産や熱帯産のマダコの写真を見ると、日本産とは何となく雰囲気がちがうように思えるが、単なる地域差なのだろうか。今のところ、ＤＮＡ解析でも、それらにちがいは見つからないようなのである。

しかし、どうもすっきりしない。魚類では、外観のほかに、骨や鰭《ひれ》などの硬組織が種類を識別する重要な決め手になるのだが、タコ類はほとんど硬組織をもっていない、ボーン・フリーの生き物なのだ。このため、タコ類の分類体系はいまだに確立されておらず、混乱をきたしているのである。現在の分類体系を再検討し、新たな体系を構築することは、日本のタコ学にとって最重要課題であり、若い研究者にぜひともチャレンジしてもらいたい課題でもある。

子ダコについては、先に述べたように、色素胞の配列などの特徴的な分類形質が存在しており、親ダコよりは種類を判別しやすいように思える。

そこで、スミソニアンのスウィニー他（一九九二）による文献に記載されている地中海産およびイギリス海峡産マダコ稚仔の特徴と、伊予灘産マダコ稚仔の特徴を比較してみた。その結果、外套（胴部）腹面前端の色素胞数は、ヨーロッパ産が四〜五個であるのに対し、伊予灘産マダコでは通常三個と、伊予灘産のほうがすこし少なかったが、他の色素胞配列や吸盤数など、その他の特徴については、両者間でほとんどちがいが見られなかった。子供時代のこの色素胞数の若干のちがいが親ダコの体色に反映して、ヨーロッパ産と日本産マダコの雰囲気がちがうように見えたのかもしれないが、この程度のちがいでは、種類が異なるとは言えそうにない。稚仔の比較からみても、ヨーロッパ産と日本産マダコは同一種であると言わざるをえない。

さらには、アフリカ産など、その他の海域に生息しているマダコについても、稚仔の外観を比較したいところであるが、それらに関する文献や写真、スケッチ等の情報は、ほとんど見当たらないのである。

全世界各地に生息するマダコについて、稚仔の情報を収集することは、マダコの素性を知るうえで重要なのではないだろうか。もしも、全世界に生息しているマダコが同一種であるとするならば、約二か月間という長い浮遊期間のあいだに海流に乗り、徐々に全世界に分布を広げていったのかもしれない。その場合、最初の生息地がどこであったのかが気になるところだ。マダコの素性が解明されるまでには、まだまだ時間がかかりそうである。

6．この子誰の子

伊予灘で採集した子ダコのなかに、七～一二月にかけて、マダコとは様相《ようそう》の異なるものが混じることがあった。それらの外観を詳細に観察したところ、三種類の子ダコに分類することができた（図2・10）。

三種類ともに、マダコとほぼ同サイズであるが、腕にある色素胞が二列に並んでいることや、漏斗上にある二対の色素胞の前後の間隔が狭いことなどにより、マダコの稚仔（図2・6）とは容易に区別することができる。

子ダコⅠと子ダコⅡは、どちらも一腕あたりの吸盤数が三個で、外観も似ているが、外套腹面にある色素胞の大きさが子ダコⅠのほうが大きく、配列も異なること、左右第四腕（漏斗にいちばん近い腕）の長さが子ダコⅠのほうが長いこと、腕の色素胞の位置が子ダコⅠでは腕の先端部にあるのに対し、子

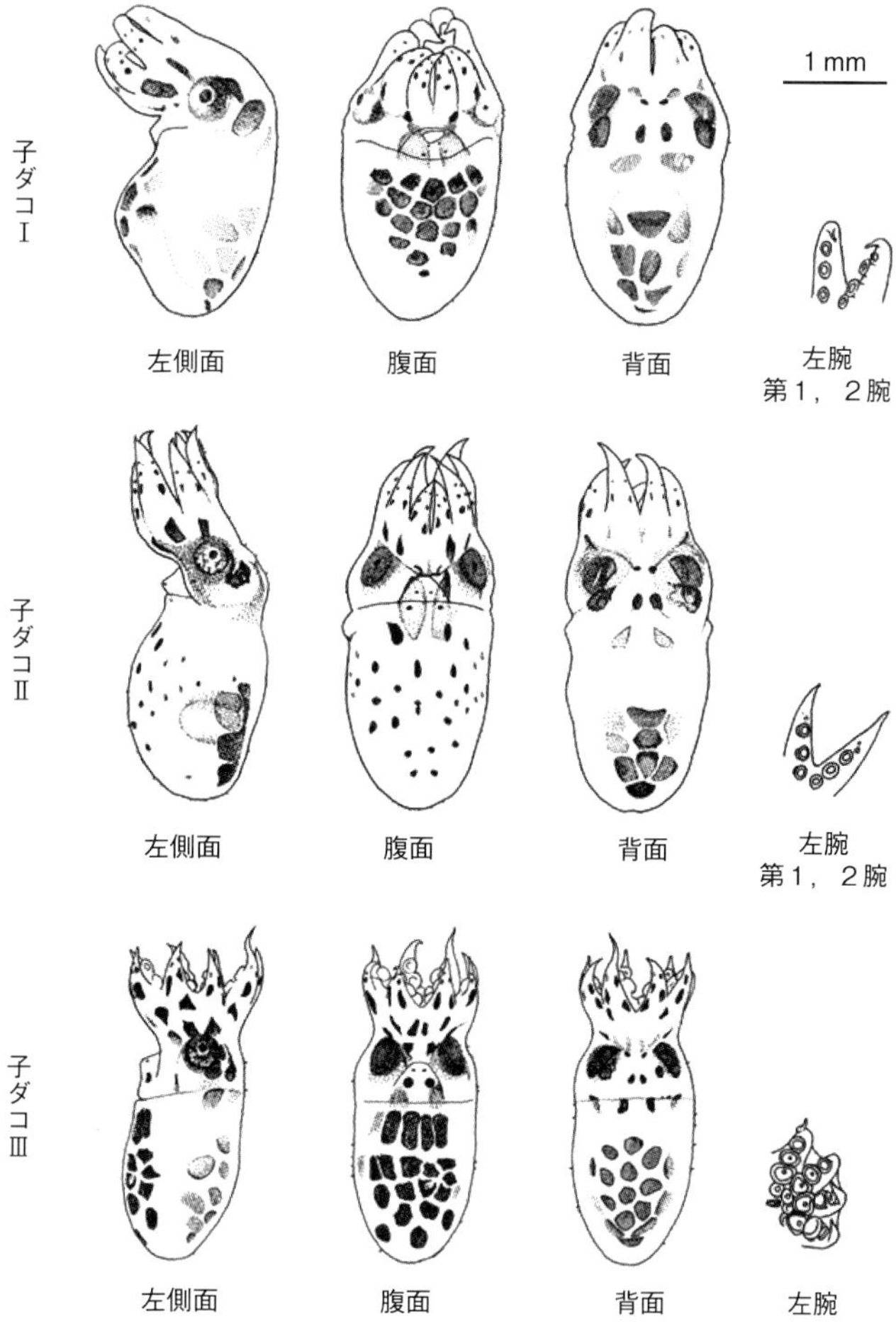

図２・10　伊予灘に出現したマダコ以外の子ダコ三種（ホルマリン固定標本）（坂口秀雄）

ダコⅡでは基部にあること、などにより区別することができる。子ダコⅢは、三種のなかではマダコにいちばん似ているが、マダコよりも腕が発達しており、一腕あたりの吸盤数は四個で、外套背面から透けて見える内臓表面の色素胞数は一七個程度と多い。

筆者が伊予灘で確認している成体のタコ類は、表層浮遊性種ではムラサキダコとアオイガイの二種類、底生種ではマダコ、イイダコ、テナガダコ、スナダコ、ヨツメダコ、マツバダコの六種類である。このうち、ヨツメダコは、姿かたちがイイダコによく似たタコで、イイダコが金色の眼状紋を持つのに対して、青色の眼状紋を持っている。イイダコは春先に米粒状の卵を産むが、ヨツメダコは夏季に、マダコと同じくらいの小さな卵を産む。

タコ類は、種を維持するための戦略から、二つのグループに分けることができる。一つは、大きな卵を少数産むグループで、孵化稚仔は大きく、親に近い体型をしており、すみやかに親と同じ海底生活に移行する。このグループに入るのがイイダコ、テナガダコ、マツバダコであり、おおよその卵サイズは、それぞれ七ミリメートル、二二ミリメートル、一五ミリメートルである。

もう一つは、小さな卵をたくさん産むグループで、稚仔は腕が未発達な状態で生まれ、底生種においても長い浮遊期間を有している。ムラサキダコ、アオイガイ、マダコ、スナダコ、ヨツメダコが、このグループに属している。

伊予灘で採集された子ダコ三種は、サイズや体型から判断すると、マダコと同じ後者のグループに属するものである。

さて、この子たちは誰の子なのであろうか。

このグループのなかで、ムラサキダコとアオイガイは、黒潮域の表層付近を浮遊している種類であり、伊予灘には海流に乗ってたまたま迷い込んできたものである。アメリカのベキオンたち（二〇〇一）が記載した子ダコの外観も、今回のものとは明らかに異なっており、この二種類は候補から外すことができよう。

残りのタコからマダコを除くと、スナダコとヨツメダコの二種類しか残らない。スナダコは、マダコをすこし小さくしたようなタコで、筋肉質の腕と発達した吸盤をもっている。この特徴からすると、子ダコⅢがスナダコの稚仔ではないだろうか。そして、子ダコⅠは、他の二種と比べて出現尾数が桁違いに多いことや、第四腕（漏斗にいちばん近い腕）の長さが他の腕とほぼ同じであることから、ヨツメダコの稚仔ではないかと考えている。

さて、子ダコⅡが残ってしまった。伊予灘には、もう一種類、未確認のタコが生息しているということになる。子ダコⅡは、全体的に子ダコⅠと似ており、第四腕が短いという特徴があるが、成体でも同様な特徴をもっているとするならば、第四腕が短く、ヨツメダコに似たタコということになる。

「お前は、いったい何者なのだ」

3章

海の賢者タコは語る
――見えてきた自己意識の原型

滋野修一

1. タコは賢い

タコは頭がいい。よく学ぶし、エサのとり方もたいへんスマートである。タコは賢いのかと問われたら、そうであると答えるのはたやすい。しかしタコは「私たちと比べて」どの程度賢いのかと質問されると、答えるのはたいへん難しいものになる。多くの人は「学習するが計算はできない」と言うか、「よくわからないが人間にはない超能力を持っている」と言い、最後には「結局何もわかっていない」といって話を打ち切ってしまうかもしれない。タコがどの程度の知性をもっているのか知りたいと思っている人はたいへん多いように思う。優先されなければならない無数の科学のテーマの中から、私自身といえばなぜ今この奇妙な動物に付き合わなければならないのか？　簡単にいえば、動物の知能の仕組みとその進化について知りたいというのがある。知性の起源を知りたい。難しくいえば、タコのような人間とはかけ離れた動物を調べることによって、初めて人間の知性の特異さがわかるということもある。知性の進化を知りたいのならばサルのような霊長類、マウスのような哺乳類、もしくは鳥やせいぜい蛙や魚を調べればよいではないか。なぜタコなのか？　その正当な理由はもちろんまず最初に語られてもよいと思う。タコはしょせんタコである。しかし見方を変えるとタコは科学のみでなく、哲学上きわめて重要な発見を与えてくれそうなのである。この一風変わった動物にはある特別な秘密が隠されている。それこそがここで語りたいことである。

タコは一般的に賢い動物であることがわかっている。多くはふつうのウェブサイトで見られる時代になったのだが、閉められた瓶を開けることができるし、学習することによって迷路を抜け出すこともできる。仲間のタコを見分けることもできるようだ。敵から隠蔽するために瞬時に背景と同化するカモフラージュを得意とする。それも意識的に行われるように見える。長い腕をムチのようにあつかい、その先端にある吸盤で獲物を捕らえる。これは、動く獲物との距離を眼ではかりながら、腕の位置を自覚的に調節できることを意味する。頭に傷を負ったときには、その箇所を腕で押さえる仕草をみせる。つまり自分の体の位置を把握している証拠かもしれない。刺激にも過敏に反応し、かなり神経質のようにみえる。千変万化する体色模様のためにその表情はたいへん豊かである。雌親は海藻で編んだ糸をつむぎ、数百の卵とともに産みつける。卵を愛《いとお》しそうに撫《な》で、新鮮な海水を吹きかけて大事に育てる。自分の卵が何かしらの出来事で死んで腐ってしまった。そのときはほかの健康な卵に影響がでないように丁寧《ていねい》に取りのぞく。保育のあいだは雌親は基本的に食事を行わないし、子供たちが巣立ったあとはそのまま疲れ果てて死んでしまう。まれにある悪い環境の下に置かれた場合には、親は自制心を失うのか、自分の卵を食べてしまうのであるが……。

2. タコのからだの新しい見方

タコの体はたいへん美しい。硝子《ガラス》のように透明な青、黄、赤、黒、そして白の無数の点模様で彩《いろど》られたパターン。体形の曲線のみならず、そのつくり自体そのものが妙なのである。デザインがあまりに私たちと異なるのも興味が掻《か》き立てられる。もしタコの心を知りたいのならば、体の理解なしではありえない。知性も体の動きで表現される。そして中枢たる脳も体の一部であり、体と不可分であるためだ。体は心を映す鏡のようなものである。私がタコの脳の研究を開始した当初、意外なところで難しい問題に直面してしまい、行きづまってしまったことがある。それはタコの体についてだった。図3・1のように、タコは一見したところ魚の仲間に見えるかもしれない。大きな目玉があるという点でよく似ている。ただそれ以外は何が似ているのだろうか。体全体に広がった色素胞とよばれる斑紋くらいだろうか。耳はどこにあるのか。鼻は。口とその中にある舌は。水の中で呼吸するためのエラは。頭には腕が生えているのは、魚や私たちのどこと比べればよいのか。そもそもタコの腕は私たちの腕と同じ進化的な起源をもつのだろうか。何か他の動物と比べたいとき、まず必要なのは体のプランの形とその空間的な配置である。前方はどちらで背中はどちらか。前方が決まればおのずと後方は決まる。そして背の方向がわかれば腹もわかり、左右も自然と決まる。この前後、左右、背腹の軸は一般に体の軸とよばれる。この体軸は体の設計図を読み解《と》く時にまず第一に必要な基礎である。

このタコの体軸についてては、今のところ二つの異なった見方がある。一つは、一般的な図鑑や分類の論文でふつうにみられるもの。八本の腕と頭を上に、胃や内臓がつまった袋のような外套を下にした図が描かれる。腕がある頭を人間と同じように上にする。ちょうど泳いでいる魚を水面上からみる方向と同じである。口から内臓をふくむ消化管は上下に走ることになる。またタコの体を横からみたとき、腕があるほうが前方でその逆が後方になる。水を噴き出す漏斗《ろうと》があるほうが腹で、その逆が背側となる。

図3・1　著者が研究によく使った愛らしいカリフォルニアイイダコ（*Octopus bimaculoides*）とその子供たち．大人は小型で飼育しやすく，子供のほうはシャーレ内で行動が観察できる．

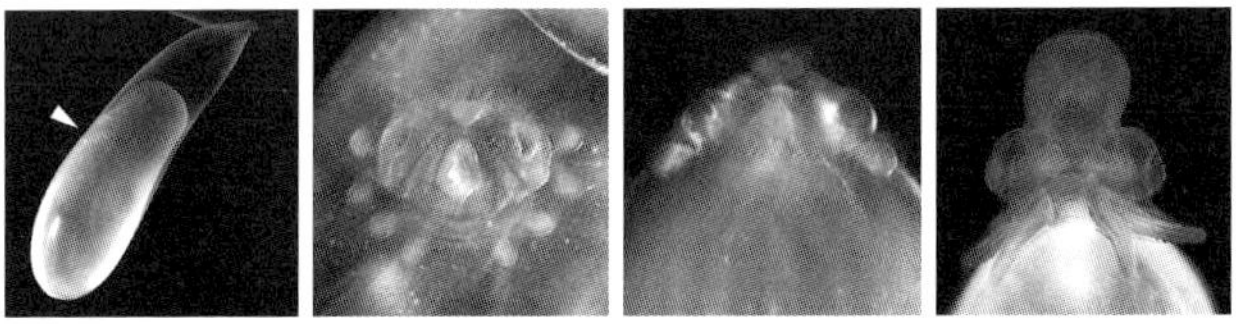

図3・2　タコの発生．矢頭の箇所に平たい胚ができあがり，しだいにタコの形になっていく．

ちょうどタコやイカが泳いでいるときの姿勢と同じである。しかし、もう一つのちがう見方がある。体が形作られるとき、つまり図3・2と3・3に示したように、胚の発生を基準とした軸がある。そこでは腕があるほうが腹側で、内臓や外套があるほうが背側となる。また、口が前で、漏斗があるほうが後方となる。もしタコの体と人間の体を比較したいならば、図3・3のように比較できる。それは進化の過程で起こったことを想像すれば一目瞭然。図3・4はそれを簡単に説明したもので共に見ていただきたい。まず、タコ、ハエ、そして人間の共通の祖先は現代のクラゲやイソギンチャクのような刺胞動物とよばれるグループに似たものであったと推測されている。カゴのような外形、口と肛門は一緒で一つの穴のようなもの。神経は散らばって網のように張り巡らされていた。実際にはもう少し発達し、体が細かい部分に分かれていたとする説、左右はすでにあり、海底を這った生活をしていたなど諸説がある。ただ、少なくとも前後方向と背腹方向の軸は、この共通の祖先で確立していたと考えられている。そのとき、内臓と神経の位置からハエや貝の腹側は魚などの脊椎動物の背側に相当するということがわかってきた。ハエでは人間の腹に足が生えたといっているようなものである。体のプランを比較するとそのように対応づけることができる。この見方は体を作る遺伝子からの結果からも支持されている。ハエや貝の腹で発生の分化にかかわる遺伝子は、脊椎動物では背中で働く。また、ハエの神経は腹側にあるが脊椎動物では背骨の中の脊髄のように背中に走る。アワビのような貝ではこれが腹側に一本ではなく二本になっている。なぜ二本かというと一本は足の調節のために、もう一本は内臓と外套の制御のために分化した。つまり、図のように魚や人間の背と腹を逆転させると、ハエや貝、そしてタコのそれにきわ

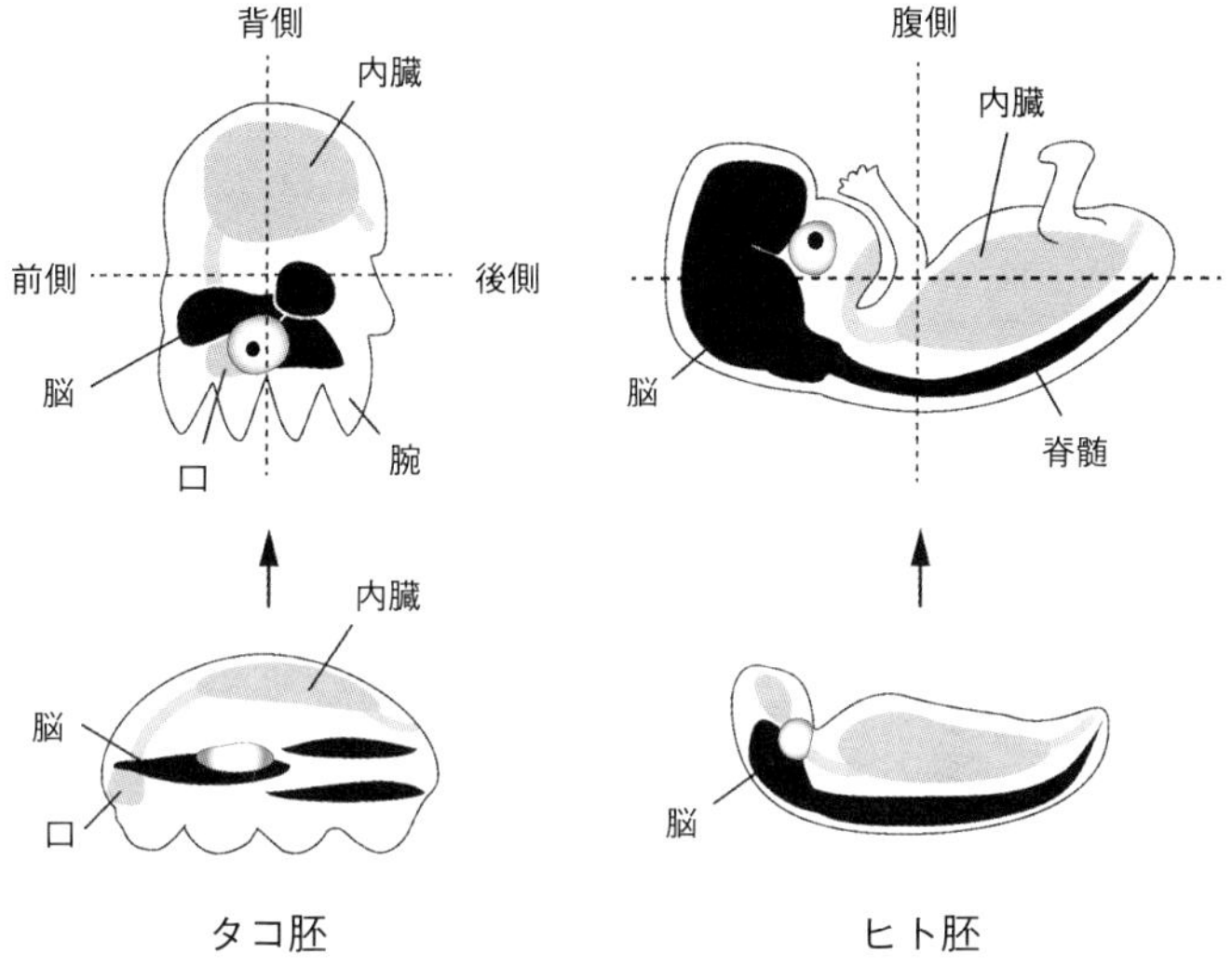

図3・3　タコの体の軸とヒトとの比較．神経（黒）と内臓（灰色）を同じ側に配置するためにヒトでは背腹を逆転させて描かれている．タコの背側はヒトの腹側に相当する．タコの胚では三つの神経塊が集まって後に成体で脳塊になる．

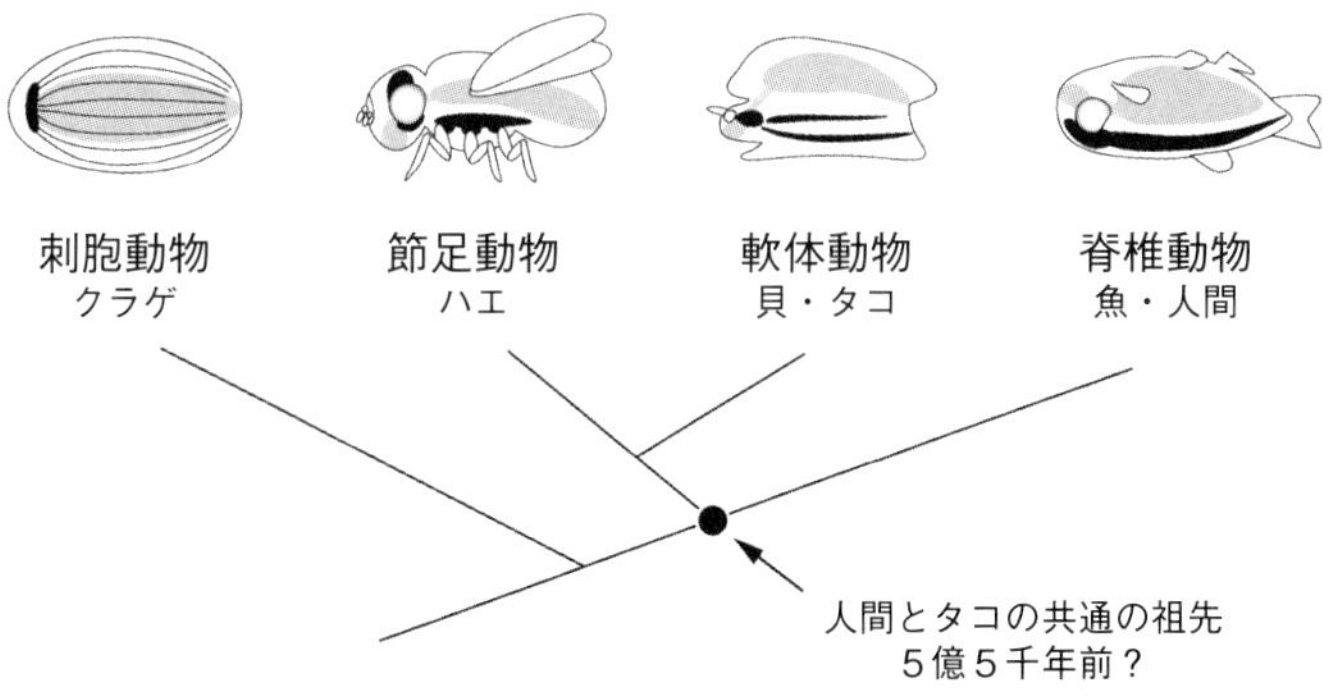

図3・4　体の進化．魚では進化の過程で背腹が逆転したため，図のように描くとハエや貝と似た体をもつことがわかる．タコでは貝と同様に神経（黒）が腹側に，内臓（灰色）が背側に共通に配置する．

めて似ることになる。つぎに、前後であるが、頭があるほうが前とすると、ハエ、貝、魚と皆同じである。前方には基本的に目がある。そしてその逆が後ろで肛門がある。ここでタコの胚に眼を移してみると、タコの体について進化の過程で何が起こったのかがわかる。まず貝の足はタコの腕に相当することになる。おそらく一つの足が八つに分かれて腕のようなものができた。もしくは生きた化石とよばれるオウムガイのように、百本にもおよぶ足がまずでき、後に単純に八本、もしくはイカのように一〇本に単純になったとの説もある。ここまでは別に問題はない。厄介なのは前後方向である。図3・3のように口があるほうを前とすると、タコはその発生の過程で前と後ろを一つの塊にしてしまう。目がある頭と漏斗がある後方がくっついたようになる。前後に伸びていた神経は一つの脳塊になる。これが一般的に脳とよばれるものになる。つまり、私たちが「頭」とよんでいる一つの塊は、頭と尾部が一つに集中した塊であるということになる。このように見ると貝とタコのみでなく、タコとハエ、そして魚やヒトが共通にもつボディープランがわかるようになるのである。じつはこの体の見方はごく最近提唱されたものである。一部の発生を知る研究者は知っていたが、ほとんどの動物学者はこの見方を知らなかった。そのために、タコの体の神秘を解読できなかった。そして、もちろんこの後に述べる脳の神秘、さらに精神の深淵部も正しい見方で理解することができなかった。それではこの新しい体の見方にそって、本番である「脳」とそれが作り出す「知性」について考えてみたい。

3．脳にある知性の原型

タコはたいへん大きな脳をもつ。図3・5に示したように眼と眼の間にある白い塊のことである。それは分厚い軟骨で守られている。頭の部分を手で押すと何か固いものがある。それが軟骨でその中に脳塊がある。タコの脳は背骨がない動物の総称である無脊椎動物の中でもっとも大きく、ラットのそれと同じである数億の神経細胞からなることがわかっている。ここではタコの脳をどの程度私たちの脳と対応付けることができるかが問題である。タコの脳はどれほど変わっているのか。それを知るためには、他の脳と比較する必要がある。簡単に見せるために内部の構造を図3・6に示した。外形を見たかぎり、一般の読者はおろかタコを長年研究した人でも、その対応関係を見つけることは難しい。ではどのように理解すればいいのか？　鍵となるのは先ほど説明したタコと人間の体の関係である。とくにその発生をみると似たパターンがわかる。体の軸とその位置関係は系統がはなれた動物でも保存される傾向にある。この関係は脳も例外ではない。脳の設計図にも軸があり、それは多様な動物で保存されている。この見方によって、ハエとマウスの脳はその発生の最初の形をみれば似ている部分があるということが明らかになった。さらに驚くべきことは、近年の報告によると、海の釣り餌で有名なイソメやゴカイという環形動物にも複雑な脳があり、そこには人間の大脳皮質に似た中枢があるという。脳の前側にある領域は、ハエでも、ゴカイでも、マウスでもおなじような中枢が生じる傾向があるというのである。大脳だけでなく、体のホルモンを生み出す中枢や、感覚や運動を調節する場所も同様である。視覚の中枢、

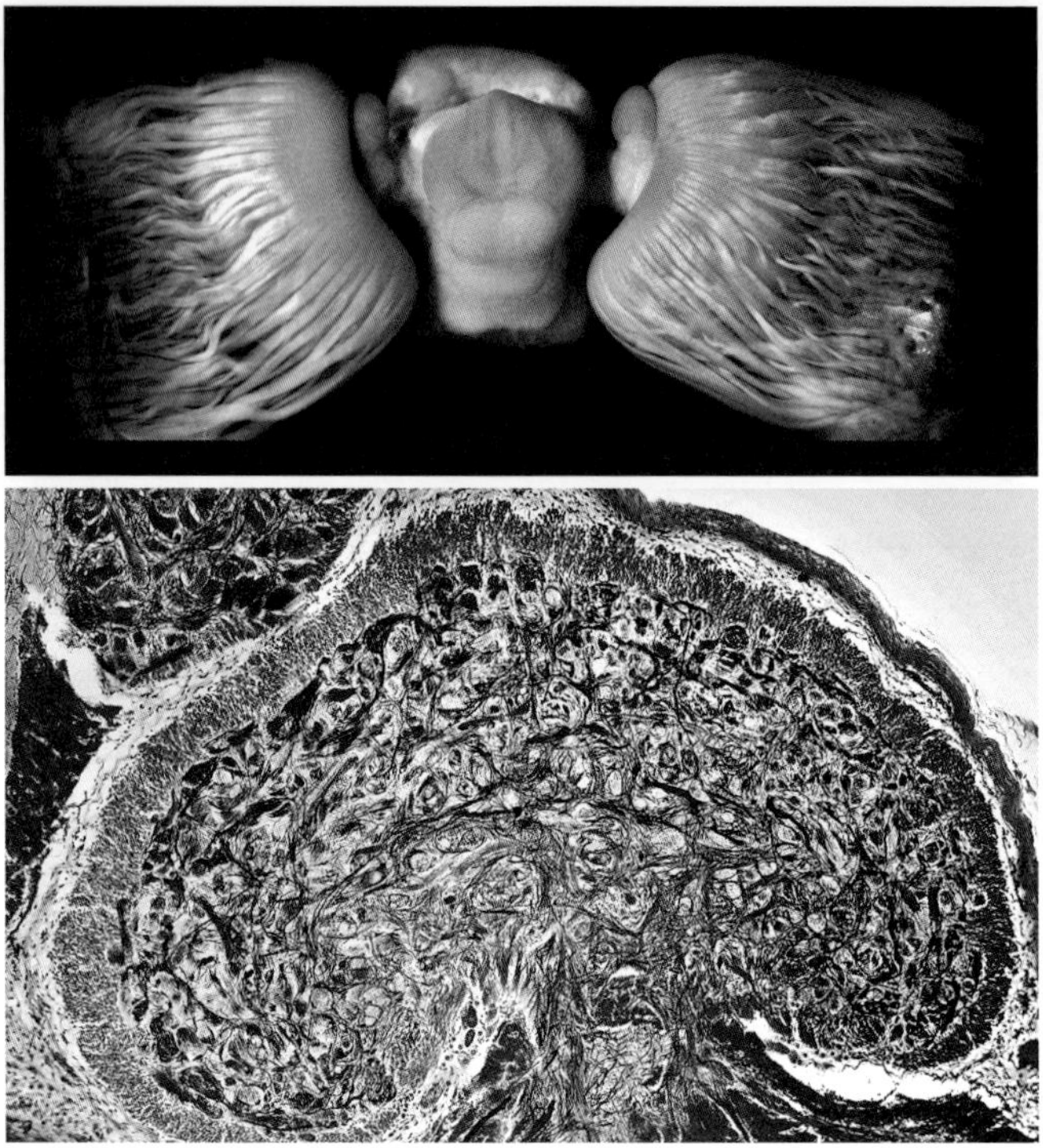

図3・5　タコの脳とその組織像．眼が両側にあり，視葉が無数の視神経とつながる．真ん中の塊は高次の中枢で多数の脳葉に分化している．下の写真は大脳皮質の類似物とされる組織の一部で神経繊維は黒く染められている（スミソニアンJ. Z. ヤングコレクションを筆者が撮影したもの．M. ベッキオン氏の好意による）．

姿勢を調節する中枢、味覚の中枢、匂いの中枢、さらに痛みの中枢、温度感覚の中枢など。脳の軸、発生、そして進化をみていくとその原型が見えてくるのである。

ここは読み飛ばすところではない。たいへん恐ろしいことを言っているのである。人間の脳とハエの脳が同じプランをもつ。これは、その心や精神についても同じ基礎をもつことを暗示する。哲学上の問題であった不可思議な自我や自己意識についても同じ原型をもつ

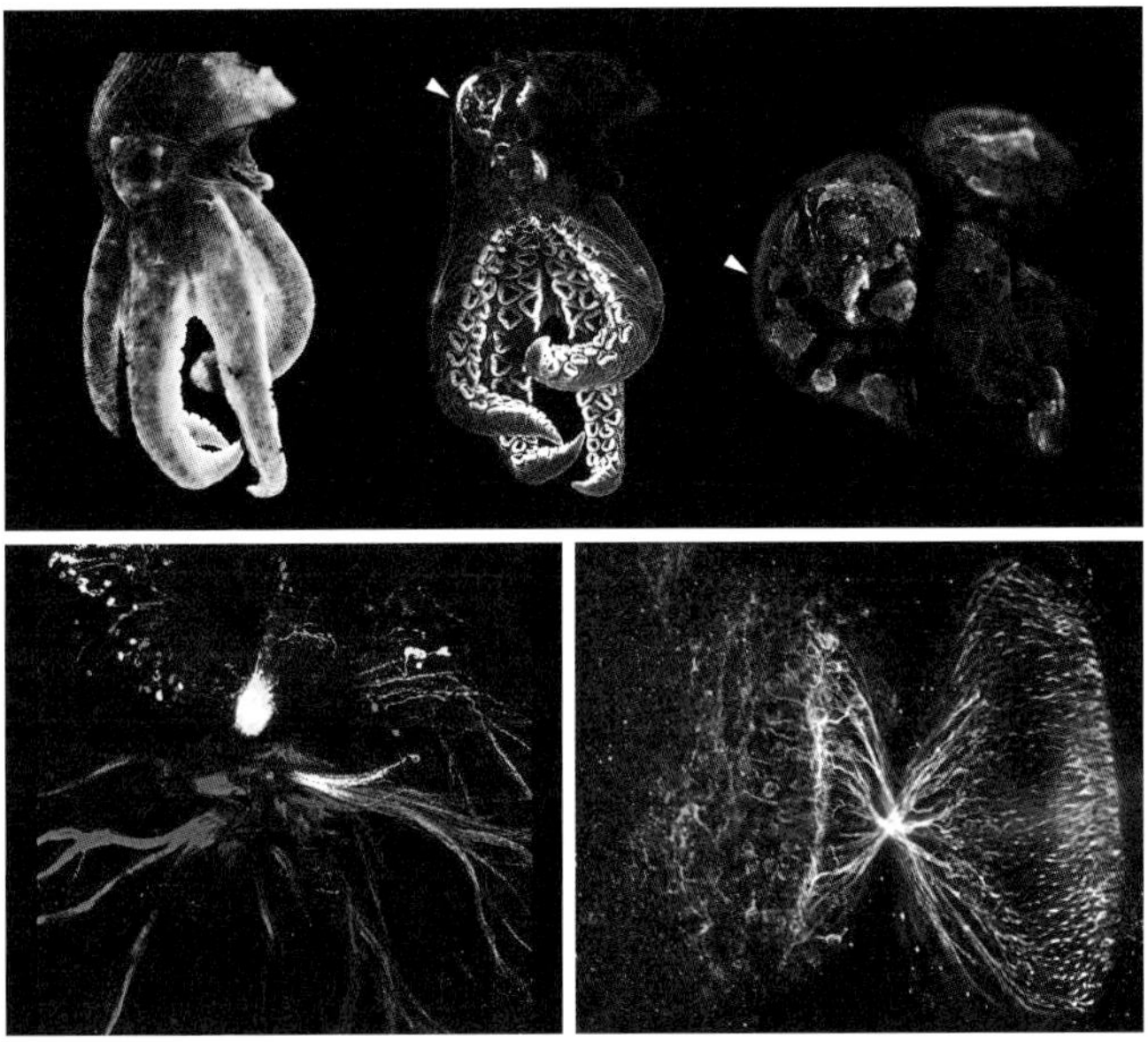

図3・6　子供の頭部と脳の断面図．大人とだいたい同じ脳の形である．左と中央は細胞核を染色したもの．右側は抗体染色の結果から神経繊維の塊が染まっている．脳の正中で切断したもので，多くの中枢が分化している．矢頭は大脳皮質の類似物とされる中枢を指している．下の写真は神経を染めた染色例．

かもしれない。また同時に人間の知性の起源と進化、そして多様性も明らかになっていく。思想が生み出される中枢の起源まで科学は踏み込めるのか？　そのような期待と不安の入り混じった情感のなかで私たちはタコの脳の発生を詳しく調べていった。図3・7はそのなかで重要なことのみを拾いあげたものである。まず、図が哺乳類の代表であるラットもしくは人間の脳を横からみた図である。他方はタコ。ここでは難しい箇所は無視していただいて、その位置的なパターンだけに注目していただきたい。全体が似ているのは一見して明らかである。大人の脳と発生途中の脳が配置してある。この図から言えることは、人間の大脳皮質

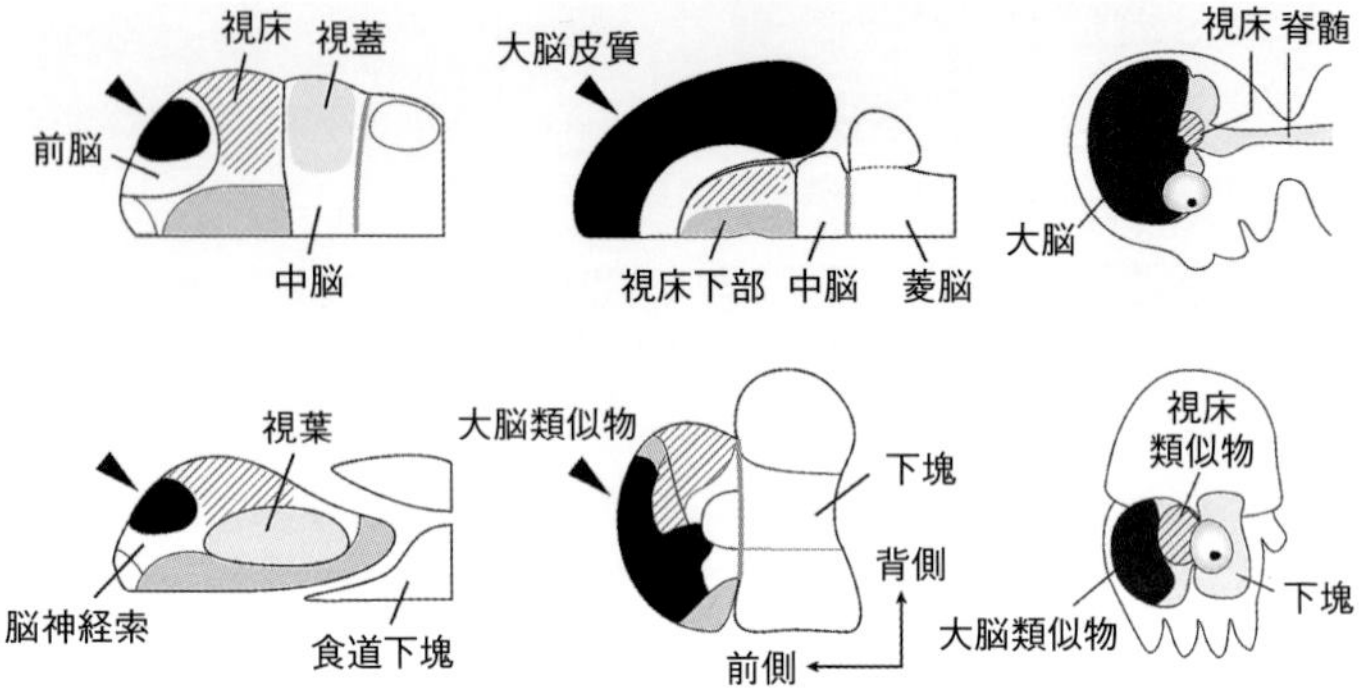

図3・7　タコとマウス（ほ乳類）の脳の発生．矢頭は大脳皮質の類似物（黒色）で非常に似た位置に形成されることがわかる．左から胚期で右は成体の脳．参考のためにヒトの脳も示す．

とそのタコの類似物に相当する部分が発生期でも、大人の脳でも同じ位置にあるという点。どちらも前方かつやや背方にある。一方で脊髄などの反射にかかわる「低次の」中枢は後方。そしてその間にはより「高次の」機能をもった中枢がある。高次の中枢は大脳皮質のように大人でたいへん大きく発達する。これはタコでも同じである。大人の脳だと、構造が入り組んで難しいのだが、発生の移り変わりを見るとその原型がたいへん簡素な形で配置されているのがわかるのである。

4．複雑な脳の配線、その単純なプラン

さて、まだ形の枠組みのみであるが、ようやくタコの知性の座である脳の実体が見えはじめてきた。体の軸そして脳の軸が正しく設定されたことにより、比較すべき位置と場所が見えてきた。人間とタコの脳の似た部分についての関係がわかるようになってきた。ただ、考えてみてほしい。脳を単なる平たいマップで表現しても、それは一面であって脳の面白さの枠を語り

はしない。もっとも面白い場所は大脳でもなく、ホルモンを分泌する場所でもない。脳は心の座だから面白いのである。心とは漠然すぎる用語だが、古代ギリシアの哲学者プラトンによれば、理性的な認知、怒りのような情、意志、そして欲などからなる座だという。欲を情に加えれば、簡単に心は「知・情・意」からなるとも言われる。さらに自分自身を認識する能力『意識（気づき）』の機能は、今日ではその解決が科学のなかでたいへん難しいものとされる。意識は私たちが毎日そして今この瞬間も使っていながら、一番よくわからない中枢の中の中枢から生じているのである。ここではタコに人間と似た脳の中枢があるならば、その核となる構造はなにか。意識を司《つかさど》る構造はあるかどうか、それを問題にしたい。脳の領域の類似性についてみた今、さらに深淵部である脳の回路について踏み込んでみたい。

　複雑なものを理解したいのならば、まず簡単に考えてみることである。目の前に東京都心の各交通路が記されたマップがあるとする。そのあまりに複雑に入り組んだ地図の全体像を把握したいときにまず何をするべきだろうか。それは、はじめに主要な幹線道路から探り、その他は無視する。私ならば環状で緑の山手線、その間を走る中央線、埼玉から神奈川県を縦に走る青い京浜東北線や橙色の東海道線に注目する。それから車を使用する場合には高速道路や環状線が頭に入ってくる。その経路を基本として目的地に到着する最短経路を探す。あまりに複雑な脳を解読するさいにも同じことを行うのは当然である。基本はまず感覚の入力に関する回路。五感の回路。視覚、触覚、聴覚、嗅覚、味覚といった感覚が基本となる回路をまず見る。その次にその回路が統合する場所、ここが一番肝心な中枢となる。さらに行動するための運動出力、つまり筋肉や内分泌につながる出力を行う回路に焦点をあてる。これらの基本回路は数はそれほど多くないし、構造も単純なので脳がどのように動いているのかは、あたかも東京都内のマップから人間の活動を見るように想像できるかもしれない。ちょっと難しくなるがあえて人間の脳の解剖用語をそのまま当ててみると次のようになる。感覚入力↓脳【脊髄↓中脳背側↓視床↓大脳皮質↓基底核↓中脳腹側↓脊髄】↓筋肉出力となる。もちろん東京のマップのように各中枢は相互に連結して逆の経路もあり、入り組んでいるが、ここでは簡単に表現することが重要である。難しい用語にはこだわらずに、そのまま読み飛ばしていただきたい。肝心なことは、このような基本回路を追っていくと、脳の中には次のような整然とした且つたいへん簡単なパターンがあることに気づかされる。

環境からの感覚入力↓ 情報の連合↓ 外部への運動出力

詩的に表現すると、「受け止めて、紡ぎながらまとめ、そして吐き出す」。もしくは「世界を知り、中で組み上げながら、外に働きかける」といったところだろうか。政治的に言えば、国民の情報は地方から入り、霞が関の国の中枢で統合され、ふたたび地方で国民に還元される。ここでは内閣が中枢中の中枢である。環境からの情報は感覚器官で感知し、感覚の神経を経由して、情報を統合する大脳皮質のような連合の中枢に送られる。連合からの中枢は、過去の経験をもとに司令を出し、運動器官である筋肉や内分泌の組織に命令を出すのである。これらの回路は原型とでもよべる。要するに脳の内閣はどこにあるのか？　総理大臣はいるのかという点である。

これはあまりに簡素で直線的な表現なので、もう少し情報を加えてみる。まず環境にある無数の情報のすべてを動物は受け止めることはできない。ほんの一部選択するのみである。それは神経の構造をみても一目瞭然で、感覚の細胞は多いが、それが次第にある少ない神経へと情報を集めていく。一方で、内部の統合中枢では、大脳皮質のように莫大な細胞数からなり、無数の相互に連結する回路がある。ここでは情報は多様化する。細胞も無数に増える。また、さらに外部へ出力する運動の中枢では、情報が一部の神経に集まり、脳幹を経ながら筋肉や内分泌へと司令を送る。これが脳の基本中の基本。原型中の原型をあらわした表現である。複雑な脳のなかにある単純な核となる回路がわかると、それを取り囲む無数のものは飾りである。当初の目標である「タコはどの程度の認知能力があるのか」を知るためには、この原型に焦点を置きたいと思う。

この知性の原型を表すデザインから言えることはこうである。タコも人間も基礎回路は保存されている。それは進化の過程で失われることはなかったと。また、大脳皮質のような連合中枢の構造を見れば、それでその動物の内部での情報処理を行う能力がわかる。どの感覚が発達しているのか、運動の調整をおこなう能力はどの程度かは、回路の複雑さをみればわかることになる。ただひとつ、このデザインから汲み取れないことがある。それは「自分を自覚する能力」がどのように生まれるかである。ふだん私たちが私と認識する能力。自分がどのような心の状態か気づく能力。一般に『自己意識』もしくは『自我を知る』とよばれる能力のことである。このデザインからは読み取れないならば、さらにそのための仕組みを考える必要がある。

5. 意識の原型を探る

難しくなってきたのでここで一息おきたいところだが、さらに深みへと進んでいこう。ここからがいちばん重要なところなのであってこれまでの頁はすべて準備段階にすぎない。意識の問題は、脳の研究のなかでもっとも興味深いテーマであって、それを取り除いた脳の研究はどれも主役を欠いたドラマになってしまう。そもそも私たちが有史以来、果敢に取り組みながらいまだに解けない謎は、「自己意識」の生物学的な基盤である。自己意識を科学的に研究することとはいったい何を意味するのだろうか。精神の問題だから科学では解けないと述べるのは簡単である。そのように自己満足した結果、思考の停止状態に陥った研究者は無数にいる。ある哲学者は「自己意識」とは脳内で起こる幻想であり、実際にはその中枢などないという。もしそうならば、どのようにその幻想が起こるのかが説明されなければならない。いずれにしても、意識の構造について踏み込んだ議論をしてみよう。

意識とは何か？　どのように構成され、機能しているのか？　私はその進化の起源を明らかにすればわかると考えてきた。この問題はたいへん身近なものであり、同時にたいへん多くの厄介な問題が縺《もつ》れあっている。たしかに意識は、科学では手が届きそうもない問題を含んでいる。とくに神学や宗教が絡《から》む場合がそうである。一四世紀のキリスト教時代、ニコラウス・オートゥルクールといった哲学者は、精神をあたかも物の作用の結果として記述したために、自身の書物を大衆の目前で焼却することを命じられた。一七世紀におけるオランダの大哲学者スピノザは、心や意識を説明する自然の法則を人生を賭して探求した。彼の表向きの仕事はレンズ磨きだったという。死後匿名で出版された不朽の名著『エチカ』は、さらに長年の間「禁書」として扱われ、一般の人々に読まれることはなかった。今では考えられないほどの過酷な時代の中で、なお果敢に挑戦した思索家たちの努力があった。政治的な謀略から自由な理念の発展は抑圧されてきた歴史がある。それはごく最近まで続いた。現代の私たちは、当時の研究の困難さをせいぜい想像することしかできない。意識の探索の歴史は、それだけで溜息がでるほど長く、深い。近年の多くの研究者が興味を持ちながらも手を出すのをためらった理由もよくわかる。

しかし、重要な問題は時代を超えてなお重要である。何度も棄却され続けてきた意識についての問題は、繰り返し姿を現してきた。遺伝子の二重らせん構造を発見したF・クリックはその人生の後半で研究テーマを転向し、心の重要な要素である「意識」の研究を開始した。彼の言葉を借りれば、今から二〇年前に意識の研究はたいへん挑戦的であり、その基盤を生物学の分野の言葉で説明するのはきわめて困難であったと語っている。一方、哲学や心理学は認識や意識の問題に真正面から取り組み、成果を上げながらも「自分勝手な思想」、「独断的」などと批判されては、ときに「考えるのも無意味」と捨てられてきた歴史がある。現在のどんな辞典でも「意識」は複数の定義が乱立し、多様な意味で使われるという。ここでは意識の生物学的な解明を目指したクリックとコッホが示した特性、「意識とは、乱雑になった脳の中の情報を一つにまとめる」という機能に注目しよう。この特性は何も新しいものではなく、古代ギリシアのアリストテレス、またカント、フッサールといった高名な哲学者がすでに理解していたものである。ただ、現代のような膨大な脳や心理について調べられた中で、再び現代の科学者であるクリックらが同じ特徴を捉えたことは興味深い。意識は統合の場であるという。本来暴走してしまう脳内情報を一つにまとめあげないと運動の一つも取り行うことができない。これは知能が発達した生物が自然に適応するために必須の機能である。右手と左手が勝手に動いては困る。この意識の捉え方はたいへん重要である。なぜならあらゆる動物の脳を観察した際、まさに『たった一つに収束する』デザインを探せばいいのである。複雑な行動をおこなう動物が適応するために単純なこと、つまり収束することを脳がおこなうと考えればよい。この視点で再びタコに戻って調べてみよう。

6. タコの自己意識の中枢

タコの非常に分化した連合中枢とよばれる領域が、哺乳類の大脳皮質と比較しうること、また記憶の増強にかかわる海馬にもその回路のパターンが似ていることを提唱したのは、イギリスの動物学者J・Z・ヤングである。また共同研究者でタコの学習能力と行動を徹底的に実験したM・J・ウェルズもまた、タコの脳のなかに大脳に似た構造と仕組みがあると考えた。二〇世紀中頃におこなわれた当時のおもな実験の手法は、脳の神経を銀の化合物で染色する手法と、脳の特定の箇所を取り除いて、その結果現れる行動を調べること、また微弱な電流を脳のある箇所に流して体の反応を見た研究もおこなわれた。最終的に、学習と記憶にかかわる中枢が連合中枢にあり、非常に小さな細胞が密集した特徴のある領域が存在することが突き止められた。この偉大な二人の研究者はすでにこの世を去ったが、その意志を受け継いだイタリア、ナポリ臨海実験所のG・フィオリトとイスラエル、ヘブライ大学のB・ホクナーらは、近年タコの脳にある連合中枢と大脳皮質、そして昆虫のキノコ体とよばれる学習の中枢に、分子および電気生理的な類似性があることを明らかにしてきた。タコに意識があるかどうかを真剣に考えた研究者は当然いる。一方は生粋のタコとイカの専門家であり、カナダ大学の行動心理学者J・メイサー、一方は父親がノーベル賞受賞者で、父子ともに意識の問題に取り組むD・エーデルマン。琉球大学の池田譲氏は、イカに鏡をみせてその反応を見るというユニークな実験から、自己認識について取り組んできた。私自身といえば、意識の進化の研究に長年興味を持ち続けてきたが、発生と遺伝子、脳回路の進化という観点から挑み続けている。これまでに、タコに意識があるかどうかは行動を調べる点に焦点が当てられており、脳についての議論はほとんど進んでいない。そのため、脳の発生と進化の視点からこの問題に取り組むことにしたのである。

発生の初期の間には、基本的な回路すなわち原型が最初にできあがる傾向がある。先に述べたように、発生を調べると複雑な脳を簡単に理解できる。ここですべての結果を説明しようとは思わないが、タコの成体での脳の解剖と、その発生時に現れる単純な構造を調べた結果、図3・8のような回路のパターンを同定することができた。この図はつぎのことを示している。まず体の感覚、たとえば触覚などの回路は、低次の中枢に走る。低次の中枢は、その側に配置した高次の中枢と連絡する。感覚入力が直接高次の中枢に入る場合もあり、これは非常によく発達した腕のような場合である。たとえば、腕からの感覚の回路は、高次の中枢である大脳皮質の類似物に入力する。皮質の類似物では多数の領域にさらに分化しており、細胞数も多く、層状の構造をとるのが特徴である。そしてその領域の下部にはほとんどの感覚入力が収束する中枢がある。この中枢は発生の過程で矢印で表したある方向に成長していく。一つ一つの回路の構造はたいへん複雑である。ただし、入力から出力という一連の情報の流れをみると、その原型が図のように表現できるのである。データをもとにその図を描いたとき、たいへん美しい構造であると思ったものである。まず、根幹の部分には先に述べた回路の原型である【環境の感覚入力→内部連合→外部の運動出力】の構造はそのまま保持されている。おそらくこの構造が崩壊してしまったら、脳そのものとして働かなくなってしまうのだろう。入力した感覚情報は、連合中枢で修飾されたのち、再びその情報を一つの箇所に統合させる。もし意識の座が、脳内でもっとも感覚を統合し、収束する中枢であるとしたら、この「一つの中枢」がまさに探していた当のものとなる。

7. カントの理論にみる奇妙な一致

このタコから得られた図3・8のようなデザインは、はたして人間や他の動物の脳にも見出せるのだろうか？　少なくとも近年の意識の研究のなかでこの種の図を記した研究者は見あたらない。そこで、さらに過去の文献をあたってみた。とくに心理学の大家ヴント、ジェームズ、フロイト、ユングなどである。その多くは脳の意識の座について語っているが、W・ジェームズはその一八九〇年に書かれた『心理学原理』の中で意識の座は大脳皮質にあるとした。皮質には相互に連結する無数の回路がある。

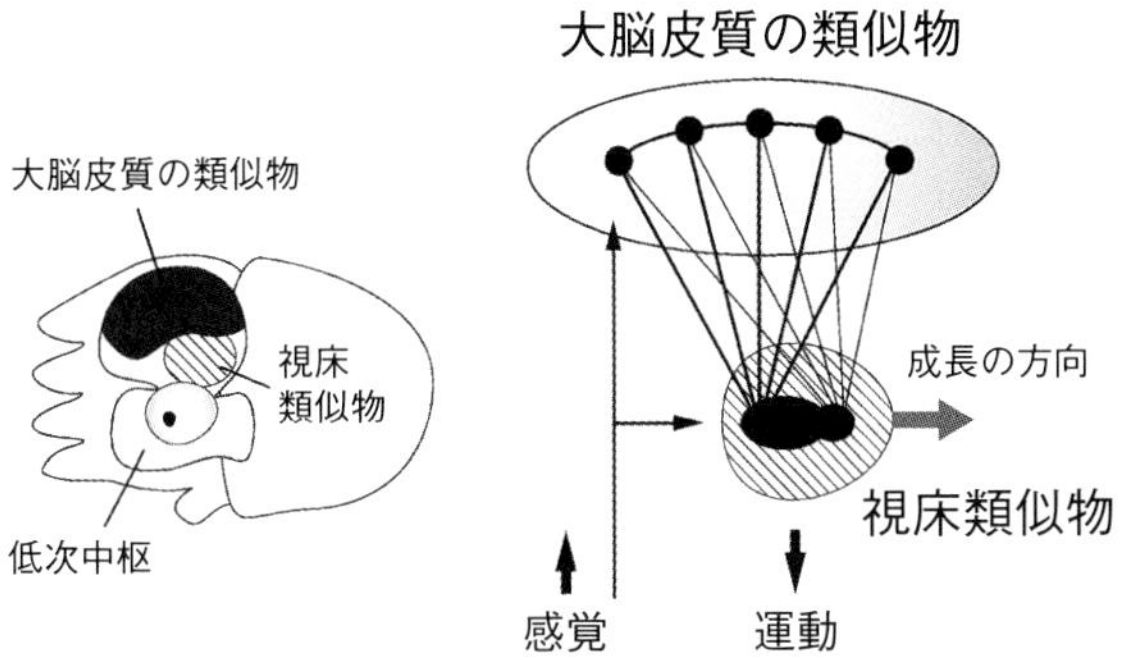

図3・8　タコの脳の基本回路を表したモデル．発生期に明瞭に同定される．大脳皮質の類似物は多くの中枢に分化しているのとは対照的に，視床の類似物は単純で矢印の方向に成長する．

この相互に連結した大脳皮質こそが自己意識の座であるとした。このモデルには発展版が多数あり、現代の神経科学者の多くは支持していると思われる。それではタコの皮質の類似物を見れば、そこが意識の座なのだろうか？　そうはならない。皮質の類似物を取り除いても、タコは一見ふつうに生活するからである。また、大脳皮質の大部分を病的に欠く人間にも意識はあることから、皮質のみで意識を説明する説は疑問視されている。

さらに哲学書に探りを入れてみる。古くは心について説いたソクラテス以前の哲学者、プラトン、アリストテレス、紀元後に生まれた中世のスコラ哲学、近代のベーコン、デカルト、スピノザ、ヒュームそしてヘーゲルなどのドイツ観念論者。現代ではフッサール、ハイデガー、メルロ・ポンティ、ドゥルーズ、カッシーラなど。名前だけ羅列することに意味はないが、ただ多くの哲学者が意識の問題に情熱を傾けてきた歴史がある。フッサール曰く、意識の問題は哲学のみでなく、科学やあらゆる学問の基礎となる根本問題だという。あらゆる科学の研究が意識下のもとで執行されるためである。タコの研究を開始した当初、名前だけは聞いたことがあったこれらの高名な哲学者の著作に目を通すことになるとはさすがに想像していなかった。しかし、どうしてもタコの認識や意識を人間を含む他の動物と比較するために必要な作業なのである。

その文献調査のなかでたいへん面白い事実に気づいた。まず、心を純粋に理学的な立場で明らかにしようとした学者はじつは多くいたということ。たとえば、一七世紀のイギリスの哲学者かつ法学者であるJ・ロックは心を超越的で神がかったものとみなさず、同時代のニュートンが築いた力学のように説明できないかを試みていた。別段、心や意識を生物学的に明らかにしようとしたのは何もF・クリックが述べたような数十年前が始まりというわけではなかったのである。また、意識の研究史を追っていくなかで、もっとも衝撃を受けたのはドイツの哲学者カントの一七八一年に出版された著作『純粋理性批判』である。この本は難解中の難解な書物として有名であり、にもかかわらずその後の哲学者だけでなく科学思想家に多大なる影響を今なお与え続けている不朽の名著である。私も大学の初学年に読んで挫折した苦い経験がある。しかし今もう一度読んでみて、その思索の精緻さと知識の深さにたいへん感動させられた。本書は一言でいえば、認識のデザインについて述べたものである。私たちが自然について語るとき、それは必ず私たち自身の認識を使って産み出される。あらゆる科学的方法もその例外ではない。そのため一見自然界に存在する法則は、じつは私たち自身の性質に規定されてしまう。そのため自然の法則を明らかにするには、認識自身について理解することが必須なのである。カントは精神をまず要素に分ける。精神を「感性・悟性・理性、そして判断」に分ける。ここでは原著のことばをそのまま

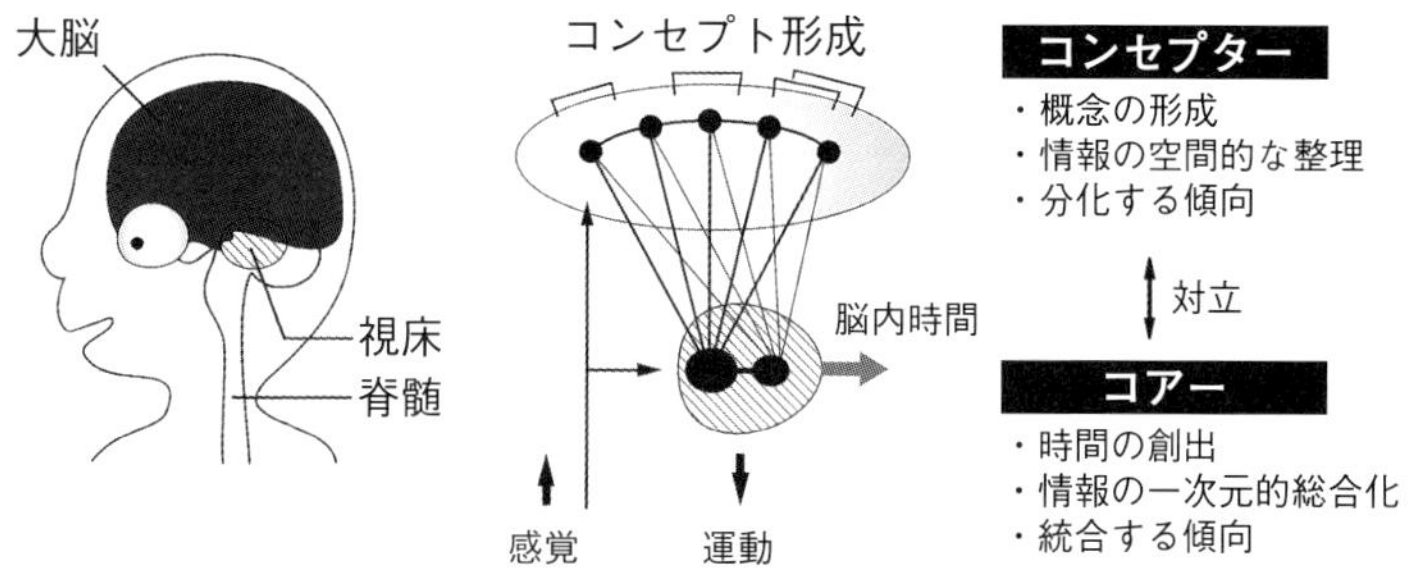

図3・9 カントが示した自己意識の構造をモデル化したもの．感覚（感性），概念形成（悟性），統合中枢（理性）などで構成され，各中枢は固有の機能を持つ．カントは脳の構造について述べていないが，左の人間のものと便宜的に対応させるとわかりやすい．詳細は本文参照．

用いると混乱するので意訳してみる。図3・9が簡単にしたモデルである。「感性」は今日の感覚と同じ意味で用いてかまわない。「悟性」は感覚情報を概念に変えて整理する。情報を枠組みにして貯蓄する倉庫番のような性質である。概念形成を規則にしたがって作り出す。ここではこれをわかりやすさのために「コンセプター」とよんでみる。また、「理性」はわかりやすくいうと最高の統合中枢である。簡単にいうと、理性は悟性や精神全体を一つにまとめあげる性質をもつ。大部分の情報がここに収束するのでここでは「コアー（核）」とでもよぶ。「判断」は悟性と理性の間で働く作用のことであり、各論になってしまうのでここでは省略する。これらの役者は脳という舞台で踊り交わり、最後には集まって限られた運動や行動を生み出す。

ここでもなるべく簡単に説明したい。先に述べた脳の原型を【環境の感覚入力→内部連合→運動出力】としたのを思い出してほしい。カントのモデルは、基本的にこの「内部連合」の場につぎの要素が加わる。

図3・9に示したように、このモデルで決定的に面白いところはコンセプターとコアーが対立して作用しあう点にある。専門用語を使えば、弁証的に対立すると言われる。要するに、性質上の違いからこの二つの中枢は目指すところが異なるので対立するということだ。対立しながらお互いが高め合う。どのように対立して関係するかというと、コンセプターは「分析者」である。ひたすら感覚情報を現実の入力情報を使用して空間的に分割する傾向がある。情報を細分して分析するのが使命である。とにかく細かく、繊細に、理論立てて整理したい。記号もここで生み出される。感覚入力の影響のために現実派として振る舞う。一方、コアーのほうは対照的だ。コアーのほうは「統合者」である。ひたすらまとめあげて一つにしたい。単純にしたい。カントは、この統合機能は結果として精神内の時間で表現されるという。脳内の時計だと思ってもらえればよい。認識内部の時間はつねに直線のような一次元的である。そして、すべての空間情報は時間という一次元に押し込まれる。情報を単純にするのである。実際の情報が、強引に直線に配置換えされるので無理がある。にもかかわらず、コアーはこれを行うのが使命である。形式を生み出す場と言い換えてもいい。形式はあらゆる情報を単純にして非現実的にしてしまう。この世界に直線や三角形は存在しない。しかし人間は自然をそのような形を通して認識する。認識はこのコンセプターとコアーの駆け引きで生み出される。カントはこの駆け引きをアンチノミーという。認識はつねに『アンチ構造』で成り立つ。コンセプターは複雑かつ多様という言葉が大好きで、つねに現

実的に論理的に考えたい。しかしコアーは何もかも一つに単純化して収束させる、難しいことはどうでもよいがひとつの例を用いよう。たとえば、リンゴが目の前にあるとする。そのリンゴの多様な感覚の情報は入力されて、コンセプターで「現実的に」細かく「赤い、艶がある、甘い、いい香り」などの情報が整理される。細かい概念が作られる。一方、リンゴという概念はこれまで食べたリンゴのひとつである。実際は今回のリンゴは過去のリンゴとまったく異なるのであるが、「同じ」リンゴとして「抽象化」される。このときコアーが中心的に働いている。この現実的なリンゴと空想的なリンゴ。この駆け引きが総合して「リンゴのような感じ」が生み出されていく。この「感じ」は記憶され、引き出すことが可能である。その感じは時間軸に沿って配置、記憶され、ときどきその記憶は呼び戻されるのだが、それも必ず時間軸に沿って執り行われる。想像された未来のリンゴは、過去のリンゴと比較された次の瞬間、別の一般化したリンゴになってしまう。私たちはいつも、リンゴの特徴を流れ行く多様なものの統一として見出すことになる。

自己意識も同じように生じるとする。過去のリンゴと今のリンゴを比較するのと同様に、過去の私と今の私を比べる。過去のリンゴを食べる際にはその周囲の環境も含まれる。雨の日に食べたリンゴ。恋人の前で食べたリンゴなど。このようにリンゴを食べるという過去の私は、現在の私と比較される。もしくは未来の私と今の私を。一度コンセプターで処理された感覚情報は、コアーにおくられて抽象化されるが、コアーは過去の自己の情報と今の自己の情報を一つにまとめあげる。コアーの仕事はすべてを一つにすることであるから。そして一週間前の自己、昨日の自己、未来の自己というように時間系列をコアーは生み出す。これがカントがいうところの「時間」である。私たちの意識はつねに「一つ」であるが、その一つのものは時間にそって過去と未来がある。未来もコアーがコンセプターをもとに生み出した幻想である。外界の時間ではなく、脳内の幻の時間である。この時間は過去・現在・未来と直線のように並べられる。そして、意識を意識するときには、必ず時間にそって一次元的に並べられなければならない規則がある。それの規則を作り出しているのが、図3・9のカントのモデルで説明できるのである。

いささか難しい説明になってしまった。ただ言いたいことはとても簡単である。要するに、タコで述べた脳回路の基本構造は、カントが述べたモデルにそのまま当てはまる。それは図3・8と3・9をみればひと目でわかるところである。何という壮大な空想の物語を述べているのか？　と思われるにちがいない。ただこれが現実にタコの脳を調べて得られた一つの解釈なのである。

8. 進展の中で

その後興味深い事実がわかった。シカゴ大学の神経科学者M・シャーマンは、二〇〇二年の論文の中で、哺乳類の脳の、とくに大脳と感覚の統合の座である「視床」とよばれる中枢に、ユニークな回路パターンを同定した。それは図3・8の皮質類似物と視床を相互に無数に行き来する回路とたいへん似たものであった。これは哺乳類の脳とタコの脳で得られた回路のパターンが、先に記したカントの理論のように奇妙にも一致したことを意味する。細かく説明すると、感覚の情報は視床という中枢にまず入るが、その後に大脳皮質に入る。そこで修飾を受けた情報はまた視床に戻る。このようなループがつぎつぎと時間軸にそって形成されていく。彼はもちろんその構造を「自己意識」の構造と言っていない。時間の中枢であるとも言っていない。しかし、彼らが哺乳類の脳から得た結論は、明らかに図3・8が示したようなタコの自己意識のモデルと同じデザインである。さらに、カントが提唱しているモデルにも一致することは明らかだった。つまり、心の内で生じる『分析』をおこなう場、『総合』をおこなう場、さらに『時間』の場、『空間』の場、そしてそれらを基礎として生み出される芸術の感覚や、最後には神の存在まで――。そのデザインを基礎として科学的に説明することができる可能性がでてきたのである。

ここで言いたいことを要約しよう。タコのモデルとカントのデザインが奇妙にも一致した点。さらに人間を含む哺乳類の大脳と視床ループの構造にもかなりの類似点がある点。これはタコと人間の自己意識が同じ基盤で働いていることを意味しているように思えた。同時にカントが望んだように、この意識の構造のいちばんシンプルなデザインから、そこから生み出されるたいへん複雑な心の作用が説明できるかもしれないという希望がでてきた。少なくとも「意識なんて研究しても無駄である」と考えた学者よりはよほど前に、そして深く進めることができたと思うのである。そして、タコを用いるというユニークな進化の見方を導入することによって、これまで知られなかったことがわかったのは事実である。

当然、カントの理論や私たちの考えはあくまで仮説である。ただ、意識のような難しい問題を扱う場合、仮説なしで解決はありえない。最初の方向が与えられなければゴールには到達できない。また、私たちとシャーマンのモデルは実際の動物の脳の結果に基づいている。カントの理論の生物学的な実際の証明は、現代の研究者に委ねられているのである。とはいえ、カント以上に心的現象の深みに立ち入ることができた思想家はいないようにも思える。近代の哲学者はカントの思想を一度完全に捨てて、もう一度、独自の哲学を構築したのであるが、結果として似たような結論に陥ってしまったのが散見される。ドイツの哲学者ハイデガーはその名著『存在と時間』のなかで、存在という現象からすべての心の現象を説明しようとした。しかしその著作では、結局カントと似た結論に到達したように見える。またカントの崇拝者もときどき現れたが、その理論の細部を補完するのに終始する傾向があった。近代といえば、「カント」の名はどの書籍にも英雄として、もしくは逆に敵対者として登場する。ただしそこには名ばかりが利用されるだけで、彼の最大の発見である意識のデザインについてはわずかしか触れられない。さらに、現代の神経科学者や生物学者といえば、哲学など相手にしている暇はまったくない。その結果、意識を研究したとしても、自身が得た脳や行動に関する膨大な実験データをどのように解釈してよいかわからない。生命科学は自己意識という難しい問題に立ち向かうために、ふたたび哲学という基本に立ち帰る必要があるのかもしれない。

9. 思い残すこと

正直いうと本書のタイトルは「タコとカント――見えてきた自己意識の進化」というように挑戦的な哲学の話をしたかったのであるが、本書の性質上やや動物学よりの方向で記したつもりである。タコの体の新しい見方や脳の最近の成果も一般の読者に紹介したかった。編者からは「なるべく判り易く」と念を押されていたので、学生にでもわかるようにと書いてみた。ただ、とてもそのような作品になっていないので、どうかお許し願いたい。本稿の内容は、専門分野の方からすればかなり異端なものである。もし五〇〇年前に書いていたら、異端審問を受けて火炙《あぶ》りの刑にされたのは間違いない。二〇年前に書いていても、おそらく変人の考えとして無視されただろう。しかし、時代はここ数年で変わったように見える。ただ、タコと意識を結びつけるのはたいへん骨の折れる仕事だった。「自己意識」の問題に踏み入れると、動物学だけの知識だけではまったく歯が立たない。軟体動物の行動学だけでもその情報量が多いのに、眼前にあるのは心理学の膨大なる文献である。さらに恐ろしいことに、この「認識の問題」は有史以来、哲学の中心課題である。古代ギリシアだけでなく、古代中国などの四大文明もその起源にかかわっている。そのため、今、私は海洋研究開発機構という海洋学の研究所に働いているが、勤務時間以外のほとんどを（いや、すみません。少しだけ勤務時間内にも）代表的な古典を読破するのに費やさなければならなかった。この点で現在の上司にあたる丸山正氏や藤倉克則氏、以前のボスであるシカゴ大学のラグズデイル氏には結果が出せず、その寛大さに感謝するのみである。また小さい子供の世話の中で、家庭では家内にも迷惑をかけてしまったと反省している。近年の成果主義のなかで、一介の生物学者が哲学などに時間を割く余裕はなく、ほとんどの研究者は時間があれば論文をより有名な雑誌に出す努力か、論文数を増やすことに専心している。本当に面白い「心の進化」などの根本原則の解明に実際のところ、時間はかけられていないのかもしれない。結果として労力と時間、そして資金をかけて得た膨大なデータの大部分は、一般人には興味のない事柄となってしまっている。山のように出版される生物学書や脳科学書のなかで、本稿のような短い異端の動物哲学も歓迎の余地があることを願うばかりである。

4章

巨大タコの栄華
——寒海の主役

佐野　稔

1. 巨大タコ、ミズダコ

　ミズダコは非常に大きくなるタコである。通常、日本人のイメージするタコは本州のマダコであり、大きくても体重が四〜五キログラムしかない。それに対して、ミズダコは大きいもので三〇キログラム以上に達するため、その巨大さは一目瞭然である。これまで稚内水産試験場で測定した最も重いミズダコは、礼文島で二〇〇六年六月二七日に漁獲された体重三九・九キログラムである。そのミズダコの腕の太さは成人男性ほどあり、圧倒的な大きさに驚かされた。二〇一〇年四月二二日の北海道新聞ウェブ版によると、函館市で四二キログラムのミズダコが水揚げされた記録がある。さらに大きい記録としては、一九八四年にFAOから刊行された頭足類のカタログに体重二七二キログラムという記述がある。詳細が書かれていないので、いつどこで獲れたのかはわからないが、ミズダコが世界一大きくなるタコであることには間違いない。

　私が、このような巨大タコの調査、研究をはじめたのは、今から一〇年ほど前である。一〇年前、私は任期付きの博士研究員の契約期間が残り半分となり、危うく職を失う状況になりかかっていた。その時に、幸いにも北海道の公務員試験に合格して、採用後の初の赴任地として稚内水産試験場へ着任した。当時北海道の水産試験場では、担当者ごとに水産的に重要な魚種を割り当てて調査研究を行っていた。当時の諸先輩方は、ケガニ、スケトウダラ、ホッケ、ホッコクアカエビなど、北海道らしい華のある魚種の資源評価に取り組んでおられた。自分に割り当てられる魚種に期待を寄せていたところ、着任から数日後、上司から唐突に「ミズダコを担当してくれないか」と依頼された。ミズダコといえば、魚市場で大きな発泡スチロールに入って、生きたまま売られている巨大なタコといった印象しかなく、北海道の水産業における重要性や、しだいに明らかとなる調査研究の困難さもわからないまま、「はぁ」と気の抜けた回答をしたことを記憶している。失業の危機から、ようやく職を得た身分である以上、贅沢を言えるわけもなく、そうかと言ってミズダコに熱い思い入れがあるわけでもなく、私のミズダコ研究はスタートした。ミズダコ研究は水産試験場の研究であるので、最終的な目標は「漁業を通じて北海道のミズダコ資源を持続的に利用するには、どのように管理すればよいか?」を解決することである。そこで、ミズダコの初学者である私は、北海道におけるミズダコ漁業の状況について把握するために、手始めとして北海道の漁獲統計資料の整理をすることにした。

2. 北海道のタコ

北海道で水揚げされる主なタコは二種類ある。一つはミズダコ、もう一つはヤナギダコである。北海道のミズダコの漁獲量は年間約一万二〇〇〇~二万五〇〇〇トン程度あり、ヤナギダコは年間五〇〇〇トンから八〇〇〇トン程度である。この数量が多いのか、少ないのかはわかりづらいが、日本人が消費するタコは年間で約一〇万トンと言われており、その半分の約五万トンが国産のタコ類である。北海道産のミズダコとヤナギダコは合わせて約二万五〇〇〇トンであるので、日本人が食べるタコの約四分の一が北海道のタコということになる。そのため、このミズダコ、ヤナギダコの資源管理をして、持続的に利用する研究開発は、国産タコの安定供給からも重要であった。

漁獲統計を整理すると、意外にもミズダコは北海道周辺のほぼすべての海域から水揚げされていることがわかった。さらに、北海道だけでなく青森県から福島県までの東北沿岸でも重要な漁獲対象となっていた。もっと広範囲で見てみると、南は中国の沿岸域から日本、ロシアのカムチャツカ半島を経て、アリューシャン列島、さらにはアメリカのアラスカ、カリフォルニアに至る広範囲に分布していた。つまり、ミズダコは北半球の寒い海(亜寒帯域)に広く生息しているワールドワイドなタコであった。ミズダコは魚類、エビ類、カニ類などの動物を食べながら海底を這い回る巨大な生物であるので、海底を主な生活の場所とする、生態系の頂点に位置する非常に大型の高次捕食者と言える。つまり、ミズダコが寒海の主役というわけである。一方で、ヤナギダコは体重が四キログラム程度である。ミズダコと同様に北海道のほぼすべての海域で漁獲されるが、主な漁獲海域は北海道の太平洋側である。北海道以外ではサハリンの一部海域にしか生息しておらず、日本の地域色の強いタコである。

ふたたび繰り返すが、私の研究は寒海の主役たるミズダコ資源をいかに管理するかということである。そのためには、管理の対象すなわち海域のどこからどこまでを一つのミズダコのグループ(個体群)にするか決める必要がある。これを決めないことには、何を管理したらよいかわからない。北海道周辺に分布するミズダコについては、このような海域分けが行われていなかったので、私はミズダコの資源を区別する海域区分に取り組んだ。

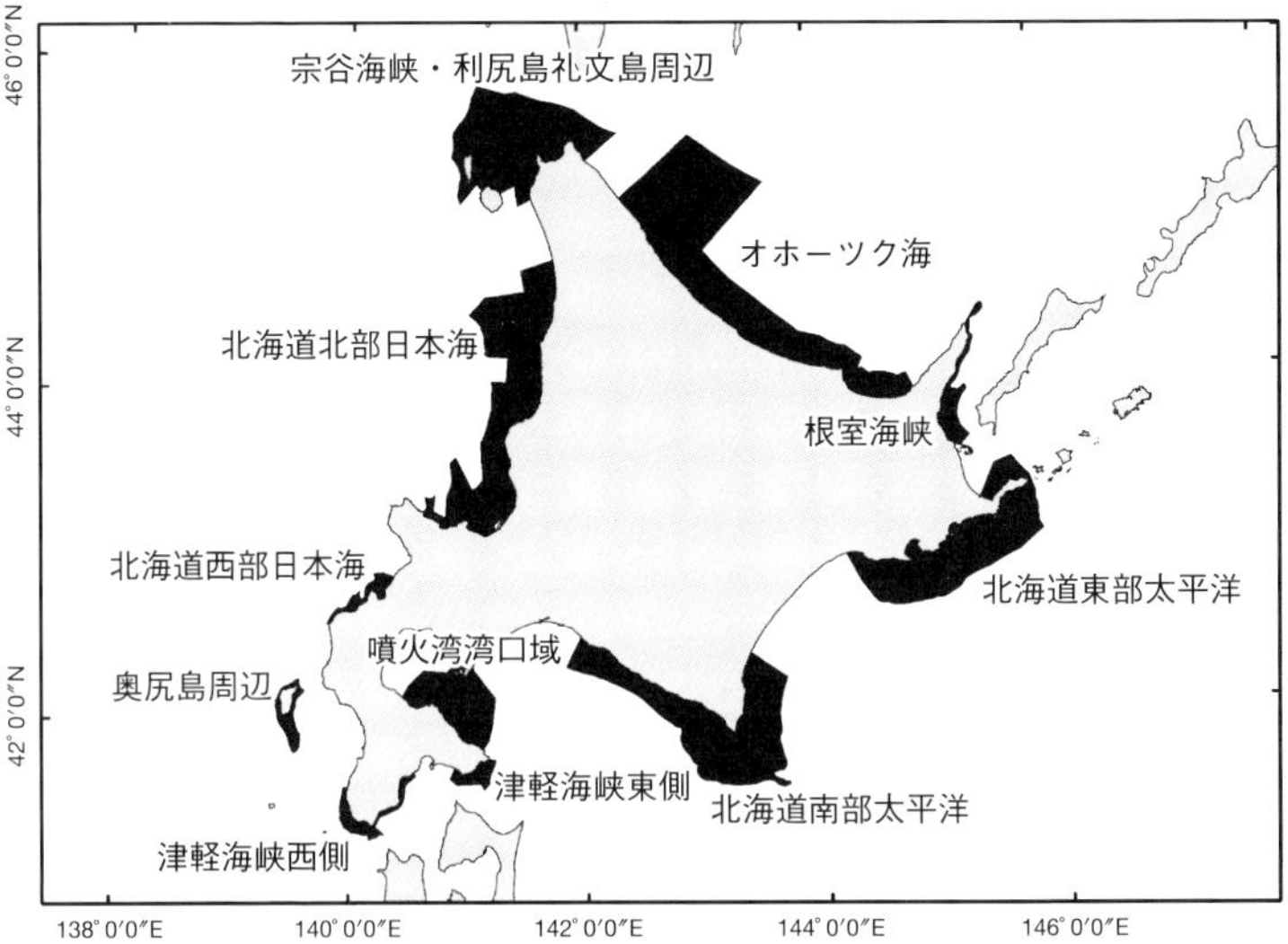

図4・1　北海道周辺海域のミズダコ資源の海域グループ（佐野，2010より作成）．現在，この海域グループに分けてミズダコの資源状況を評価して，公表している．

水産学ではこのようなグループ分けを系群判別といい、ふつうは成長、成熟、産卵、移動、分布などの生態学的情報、色や形などの形質をもとにした形態学的情報、DNAの塩基配列から得られる遺伝的情報などをもとに総合的に判別する。残念ながら、ミズダコについてはこのような情報はほとんど存在していなかった。そこで、苦肉の策として漁獲統計データを用いてグループ分けを行った。W・R・トブラー博士の地理学基本法則には「地区間の距離が近いほど事象間の相互作用が強く、逆に遠隔の地区に立地する事象間の相互作用は弱い」と述べられている。そこで、年間漁獲量の多い地区について、隣り合う地区間でミズダコの漁獲量が毎年同じような変化をすれば、同一のグループ（系群）であるだろうと判断して、北海道周辺の海域を一一に区分した（図4・1）。区分されたこれら海域は北海道のミズダコの産地と言い換えてもよいだろう。

　このように海域が分かれる理由として、地形や底質が関係していると思われる。北海道周辺のミズダコは、海岸線近くから水深二〇〇メートル付近まで生息しており、地形的には岩盤、礫地帯の巣穴に住んでいる。区分された海域の境目には、広大な砂地、急傾斜な岩盤域、水深二〇〇メートルよりも深い海底谷が認められた。これらの場所にもミズダコはいるのだが、高い密度で生息しにくいことが、グループ分けした海域の境界となったのかもしれない。また、グループ分けした海域ごとにミズダコの漁獲量の規模や、毎年の変化に特徴があった。宗谷海峡から利尻島、礼文島周辺の海域、北海道北部日本海では、過去二五年（一九八五〜二〇〇九年）の年間漁獲量が毎年、平均で三〇〇〇トンを超えており、有数の好漁場であった。また、北海道東部太平洋側は、同じく過去二五年間の年間漁獲量が二四九〜三七五七トンと一〇倍近く変化しており、豊漁、不漁がはっきりした海域であった。現在、稚内水産試験場ではこの海域区分に基づいてミズダコの資源状況を評価し、ホームページを通じて毎年公表している。漁業者は、この海域分けした結果をもとに、自分が漁獲しているミズダコの資源状況がどのようになっているのか？　どの地区と連携して資源管理に取り組めば効果的か？　知ることができる。ただし、この海域区分は、漁獲量の変化のパターンが似ているか、いないかだけで区別しているため、新たな科学的情報が得られれば再検討する必要がある。

3. ミズダコの調査は大きさとの戦い

資源管理の対象がはっきりとした後でやるべきことは、資源の中身、すなわちどのようなミズダコで構成され、どのような生態であるかを知ることである。漁獲統計はあくまでも、漁獲量という数値でしかないので、これだけでは生物としてのミズダコを知ることはできない。そこで、過去に明らかとなったミズダコの生態学的知見を学ぶことにした。

ミズダコの生態を学ぶ教科書的な文献は二つあり、一つは英国のP・R・ボイル博士が取りまとめた『頭足類の生活史・第Ⅱ巻』であり、もう一つは一九九五年に北海道立水産試験場によってまとめられた『タコ類の調査・研究』であった。これらには、それまでのミズダコの研究成果がすべて紹介されている。その大半は、日本、とくに北海道のミズダコに関する研究成果であり、世界的にみてもミズダコの生態に関する研究は日本が進んでいた。

ところが、ミズダコに関する論文をていねいに確認すると、ある事実に直面した。観察したミズダコの標本数が少ないのである。天然海域のミズダコの資源がどのような状況であるのかを明らかにするためには、いくつかミズダコ標本を抽出して、細かい観察を行い、科学的データを収集する必要がある。その標本数が少なかったのである。標本数が少ないと、観察した事例が平均的な状況を示しているのか、たまたまそのような状況であったのかが判断できないので、資源調査ではできる限り多くの標本を観察する必要がある。他の魚種では、少なくとも一回の調査で一〇〇匹以上の観察を行うのであるが、ミズダコで一〇〇匹を超える調査はまれであった。標本数が少ない理由は、ミズダコの巨大さである。ミズダコは非常に大きくなるため、一〇〇匹の観察といっても合計で軽く一～二トンを超えてしまう。こうなると、重労働である。さらに、ミズダコは単価が高いため、予算にゆとりのない水産試験場では一～二トンの標本を購入することは難しい。ミズダコの大きさゆえに、他の魚種では問題とならないことが、じつはミズダコ研究の壁となっていたのである。

そこで、私は予算をかけずにミズダコの測定を行う方法について、先輩方と作戦を練った。ミズダコは加工される際に食用となる胴、脚と、ほとんど食用とならない内臓に切り分けられる。ミズダコの生物学的情報を集めるうえで最低限必要なのは、体重と内臓のデータである。それをふまえて、ミズダコの体重を水産加工場で測定し、切り出した内臓を無償提供いただく作戦に至った。これで購入費用の問題はなくなった。一方で、ミズダコを扱っている水産加工場から、明らかに作業の邪魔となるような調査に協力してくれる加工場を探すこととなるのであるが、こちらは直接、お願いするしかない。にべもなく断られた場所もあったが、幸運にもこれまでにミズダコの主産地である宗谷漁業協同組合、船泊漁業協同組合、稚内漁業協同組合、北るもい漁業協同組合初山別村支所他いくつかの漁業協同組合から、ミズダコ調査へのご理解とご協力を得ることができた。さらには、北海道各地の水産技術普及指導所からも調査協力を得ることができた。これにより、ミズダコ調査の予算とミズダコの大きさの壁を乗り越えることができたのである。現在までに約一万五〇〇〇匹、重量で一〇〇トンのミズダコを測定してデータを収集している。本章で紹介するミズダコの知見は、このような多大な協力と数多くの標本に支えられたものである。ご協力いただいた機関には、この場をかりてお礼を申し上げたい。

4．「マダコ」と呼ばれるミズダコ

ミズダコの調査、研究はさまざまな漁業関係者の協力を得ながら進めている。水産試験場では、日頃の研究成果を地域に還元するために、漁業者や漁業協同組合の職員を集めた報告会を実施している。私もこのような報告会を通じて説明してきた。漁業者は日頃からミズダコと接しており、経験的に多くのことを知っている。その漁業者を前に研究成果を報告するのであるから、非常に緊張する。その中での失敗談を紹介する。

ミズダコは標準和名でミズダコであるのだが、北海道では地域によって雌のミズダコを「マダコ」と呼ぶ。そのうえ、この「マダコ」をミズダコとは違う種と勘違いしている人もいる。漁業者がミズダコに強い関心をもっているため、さまざまな呼び名があるのは結構なのだが、ミズダコの話をする立場からすると困った問題である。標準和名で「マダコ」といえば、本州沿岸で主に漁獲されるふつうのタコである。ある漁業者向けの報告会で、ミズダコの生態について報告していたのだが、質問の時間となり漁業者から「うちには、〝マダコ〟がいて、それについてはどうか？」と聞かれた。標準和名の「マダコ」がいる地域ではなかったので、私はすぐに質問された方がミズダコの雌と勘違いしていると思い、「マダコはミズダコの雌のことで、ミズダコの地方名です」と教科書どおりに答えたのだが、まったく受け入れていただけない。質問された方は、かたくなに〝マダコ〟（ミズダコの雌）はミズダコとは違う種と信じていた。私が別種であることを説明すればするほど意地になって信じて反論し、最後は司会進行の方が遮って閉会となる始末であった。意外なことに、北海道では〝マダコ〟（ミズダコの雌）を別種と信じている方はまだまだいるようで、最近、東京のとあるテレビ製作会社から「北海道の〇〇地区で漁業者から教わって〝マダコ〟の撮影をしてきたのですが」という問い合わせがあった。その地域には真のマダコがいる可能性は低いので、「おそらく、その〝マダコ〟はミズダコの雌ですよ」と回答すると、「いったい私たちは何を撮影してきたのでしょうか？」という落胆した返事をしていた。気の毒である。

5．宗谷海峡はミズダコの海峡

私が勤務する稚内水産試験場は、宗谷海峡を望む海岸線にあり、天気の良い日には水産試験場の窓から対岸のサハリンを見ることができる。この宗谷海峡は、ミズダコの漁獲量が北海道の中でも突出するほど多い海域であり、稚内市の漁獲量は年間約二五〇〇トンに達する（図４・２）。これは北海道のミズダコ漁獲量の一～二割となる。宗谷海峡の真ん中には日露の中間ラインがあるため、ミズダコの漁場は中間ラインよりも内側の稚内市沿岸の海域となる。大ざっぱな計算であるが、稚内市の年間漁獲量を稚内市のミズダコ漁場の面積二八七八平方キロメートルで割ると、ミズダコは一平方キロメートルあた

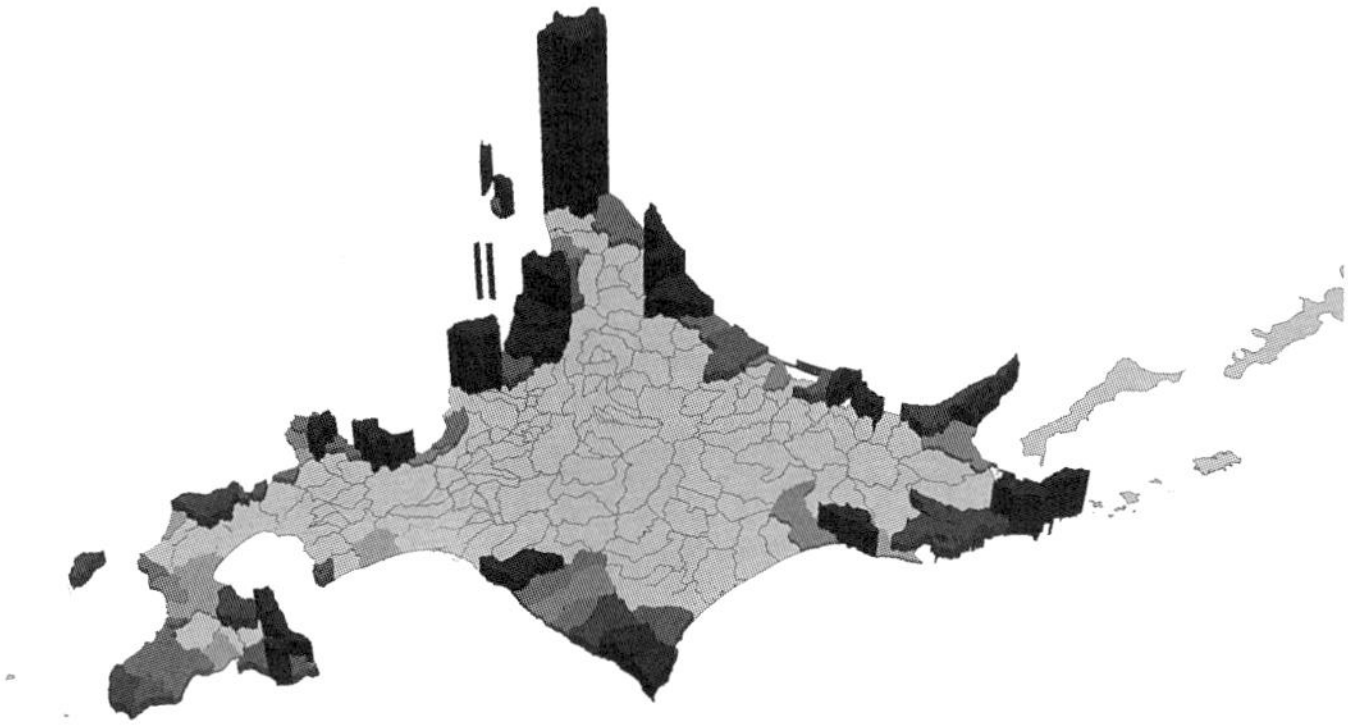

図4・2　北海道の市町村別のミズダコ年間漁獲量の平年値（1985～2009年）．漁獲量を高さで表しており，最高は稚内市の2555トン．

り八七〇キログラムとなる。漁獲されるミズダコ一匹の平均体重が約七キログラム程度なので、一平方キロメートルあたりから一二四匹漁獲されたこととなる。ちなみに稚内市の人口密度が五〇人／平方キロメートル（二〇一二年九月現在）であるので、稚内市民より宗谷海峡のミズダコのほうが過密である。このように、宗谷海峡ではミズダコが高い密度で生息しており、毎年安定して水揚げされている。まさに、宗谷海峡はミズダコの海峡である。この恵まれた地の利を最大限活かして、ミズダコの調査研究を進めてきた。

6．ミズダコの成熟

まず、ミズダコの一生を簡単にまとめると次のようになる。ミズダコは卵で生まれてから、プランクトンとして海中で浮遊生活を送る。その後、海底に降りて這い回るようになる。海底で生活しはじめたミズダコは、いろいろな動物を食べながら、徐々に体が大きくなり、成熟して交接を行うようになる。交接とは、雄から雌へ精子を受け渡す行動である。ミズダコの成熟した雄は体内で精莢《せいきょう》と呼ばれる精子の入ったカプセルを作り、体の右側の三番目にある交接腕で雌に受け渡す。雌は体内の卵管球内でこの精子を産卵するまで蓄えておく。そのため、交接時では卵への受精は行われない。交接は一回限りでなく、複数の相手と行うため、雌の卵管球の中にはさまざまな雄の精子が蓄えられることとなる。交接を続けた雄はやがて衰弱して死亡する。一方で、雌は巣穴に産卵する。受精は、成熟した卵が卵巣から卵管球を通過するタイミングで行われ、受精卵が体外に排出される。雌親は卵を外敵から保護する。卵から幼生が生まれるころには、卵を保護していた雌は衰弱して死亡する。一般に、ミズダコの寿命は四〜五年と言われている。

ミズダコ資源の管理に結びつける知見として基本となるのが、漁獲されるミズダコの生態である。宗谷海峡で行った最初の研究はミズダコがいつ、どのように成熟するのかを明らかにすることであった。ミズダコ資源は天然資源であるため、親を残せば子供を産んでくれる。適切な漁獲をすれば、持続的にミズダコ資源を利用することは可能である。そのためには、ある時期に獲れた一匹のミズダコを観察した時に、そのミズダコが親なのか？　子供なのか？　を（成熟しているのか？　していないのか？を）区別する必要がある。ミズダコは一生に一回しか産卵せず、北海道の北部の海域では六〜七月ごろに産卵することが報告されていた。つまり、毎年、新しく親になるミズダコが産卵しているので、ミズダコの成熟状態を見れば、いつ産卵する親であるのか？　を推定できるのではないかと考えた。

成熟に関する情報なので、内臓にある生殖器官を細かく観察する必要がある。そこで、一年間、毎月

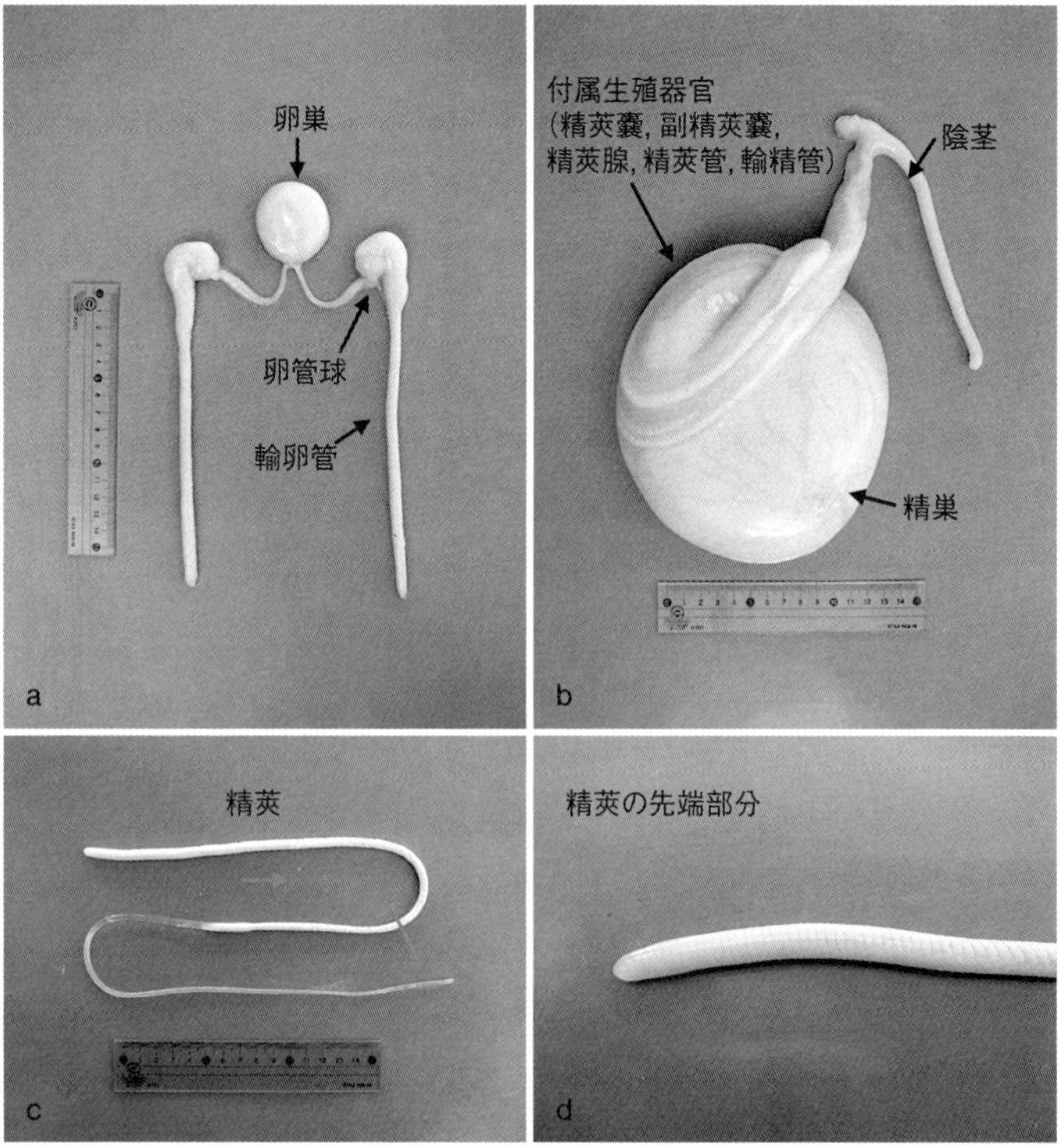

図4・3　体重約10 kgのミズダコの雌の生殖器官（a），雄の生殖器官（b），と精莢嚢に含まれていた精莢（c, d）．精莢の先端部分を拡大する（d）と，精子が充填しているのが確認できる．写真中の定規は15 cm.

一回、宗谷海峡で漁獲されたミズダコを用いて成熟調査を行った。宗谷漁業協同組合の加工場に集荷されたミズダコから、体重が偏らないように合計で一五〇個体以上（合計で約二トン近く）を毎回選び出した。一匹ずつ体重を測定し、加工場の職員の方が内臓を切り出した。この内臓を、個別にビニール袋にいれて水産試験場に持ち帰った。加工場では、本業のミズダコの加工も行っているので、調査は短時間で行わないと迷惑がかかってしまう。そのため、大人五～六人がかりのにぎやかな調査となる。

集められた内臓は、稚内水産試験場の研究室で器官ごとに切り出して詳細に観察した。最も重要な観察ポイントとなるのは、ミズダコの雌の生殖器官である。これは、卵巣と卵管球、輸卵管からなる（図4・3）。卵巣は小さいときには白色であるが、成熟が進行すると大きくなり黄色になる。黄色となった卵巣内には、一センチメートル近くある卵を容易に観察できる。成熟が進むと卵管球、輸卵管も大きくなり、交接していれば、切開した卵管球から粘性の強い白い液体（精子）が出てくる。これにより交接しているか、していないかを確認できる。一方で、雄の生殖器官は精巣、陰茎、精莢囊、副精莢囊、精莢腺、精莢管、輸精管からなる。成熟が進むと、精莢囊、陰茎には、精子のカプセルである精莢が認められるようになる。精莢は交接を活発に行っていない時期では、一〇〜七〇センチメートル程度と短く、本数も二本未満と少ない。活発に交接するようになると七〇センチメートルから最大で一メートル近くなり、二本以上もつようになる。雄の場合、精莢を受け渡してしまうので、生殖器官を見ただけでは交接しているのか、していないのかは確認できない。ただし、せっかく作った精莢を無駄に棄てることはないと思われるので、この精莢があるかないかで、交接しているか？　していないか？　そして、交接しているとすれば、活発にしているか？　どうか？　を識別する。

長くなったが、生殖器官の観察ポイントを整理すると以下のようになる。

雌：卵巣重量、雌性付属生殖器官重量（卵管球＋輸卵管）、卵巣の色（白、黄色）、卵管球内の精子の有無

雄：精巣重量、陰茎重量、雄性付属生殖器官重量（精莢嚢、副精莢嚢、精莢腺、精莢管、輸精管）、精莢の本数、精莢の長さ

これら観察ポイントにそって、宗谷海峡で漁獲されたミズダコの生殖器官の季節的な変化を観察した。一〇月ごろに、体重に対して生殖器官の重量の割合が小さい雌（生殖器官重量が体重の〇・二パーセント）と、大きい雌（生殖器官重量が体重の三・七パーセント）の二タイプが認められるようになった。このような生殖器官の大きい雌は交接しており、さらに卵巣の色が白から黄ばみはじめていたため、産卵へ向けて成熟が進んでいることが推測された。このタイプは、生殖器官がさらに大きくなりながら一一月以降も認められ、翌年の五月には体重が約一二～二二キログラムで、生殖器官の重量が約六〇〇～二三〇〇グラムとなり、産卵が近い状態と判断できた。そして、六月にはこのような雌が認められなくなった。漁獲されなくなったのは、産卵して卵を保護しはじめたためであると思われた。

一方で、雄も一〇月ごろから、体重に対して生殖器官の重量が小さい雄（生殖器官重量が体重の〇・六パーセント）と大きい雄（生殖器官重量が体重の六・六パーセント）の二タイプが認められるようになった。生殖器官の大きい雄は、その後も生殖器官を大きくしながら一二月まで認められた。このような雄は長さ七〇センチメートル以上の精莢を二本以上持っており、交接を頻繁に行っている成熟した雄であると推測された。このような雄の交接の相手は、当然、同時期に生殖器官が大きくなっている雌である可能性が高い。その後の四～七月の調査では生殖器官重量が相対的に大きい雄は採集できなかった。しかし、宗谷漁業協同組合では、六～七月ごろに肉質が軟化した（衰弱した）大型のミズダコを水揚げ

している。これは生殖器官の非常に大きな雄であることから、前年の一〇~一二月にかけて生殖器官重量が急激に大きくなった雄と思われる。つまり、活発な交接活動を行った雄は六~七月ごろに衰弱して死亡するのであろう。

雌、雄ともに、一〇月には産卵へと向かうミズダコの生殖器官が明らかに大きくなることが確認できるようになっていた。しかし、じつは一〇月より前に生殖器官が急に大きくなる兆しは認められていた。雌では、生殖器官が大きくなる前にすでに、卵管球に精子が認められていたのである。つまり、交接が先に行われて、その後にも活発に交接するのと平行して、生殖器官を急激に大きくしていた。雄でも、一〇月より前に一〇~六〇センチメートル程度の短い精莢を作りはじめて陰茎に装填していた。当然、雄も交接をはじめていたと考えられる。その後、生殖器官が急激に大きくなり、精莢も七〇センチメートル以上と長くなり、活発に交接していた。このような雌、雄のミズダコは前年の一一~一二月から、年が明けた九月ごろまで出現していた。これらが一〇月に生殖器官を顕著に大きくして活発に交接するようになり、次の年の六~七月には雌は産卵すると考えると、交接は最長で一年半近く行っていたことになる。ただし、生殖器官を急激に大きくする前の交接であるため、雄から雌へ渡される精子の量は、その後の活発な交接の時期に比べれば僅かである。ミズダコの繁殖戦略の中で、このような交接がどのような意味をもっているのか謎である。ミズダコは賢い生物であるので、雄は作った精莢を無駄にしない、雌はできるだけ精子を集めておくのではと想像している。

このような調査結果から、ミズダコの成熟の状態から親と子、さらに親の産卵年を推定する一枚の絵

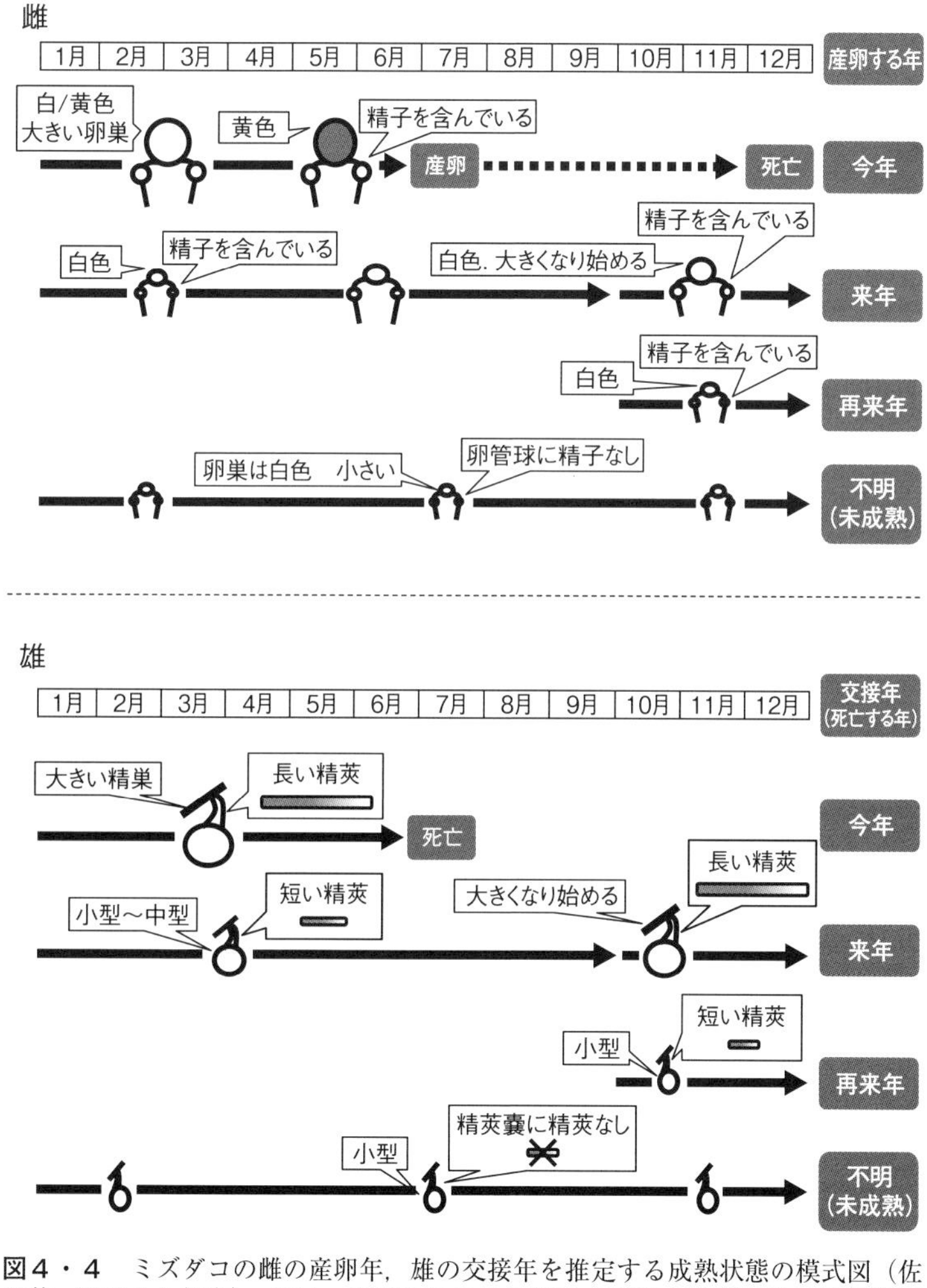

図４・４　ミズダコの雌の産卵年，雄の交接年を推定する成熟状態の模式図（佐野他，2011より作成）．雌は，卵管球における精子の有無と卵巣の色，生殖器官全体の大きさを基準にして判断する．雄は，精莢の有無，長さと生殖器官全体の大きさを基準にして判断する．

ができあがった。（図4・4）。ミズダコの成熟状態は、どんどん変化していくので月ごとに確認するポイントが異なっている。たとえば、六月にミズダコの雌を見た場合、卵巣が黄色で非常に大きく、卵管球に精子があれば、産卵間近の雌であることがわかる。一方で、卵巣が白色で小さいが、卵管球に精子があれば翌年に産卵する雌であることが予測できる。卵巣が白色で小さく、さらに卵管球に精子がなければ未成熟の雌であるので、産卵は早くても再来年以降であろうということになる。雄の場合も月を基準にして観察すれば、何年に産卵する雌と交接する雄であるのか、いいかえればその雄が衰弱して死亡する年がわかる。たとえば、六月に精巣が大きく、長さ七〇センチメートル以上の精莢が複数本認められれば、その年に産卵する雌と交接してきた雄であり、まもなく死亡するだろうと予想できる。同じ時期に、精巣は中ぐらいであり、精莢の長さが七〇センチメートル未満の小さい精莢しか認められなければ、来年産卵する雌と交接している雄である。精巣が小さく精莢もなければ、未成熟の雄であり、交接相手は、早くても再来年以降に産卵する雌と予想できる。

卵巣が黄色となり、産卵間近な雌がもつ卵数は一・八万～九・八万粒とされている。青森県水産総合研究センターの佐藤恭成氏の調査では、ミズダコの卵数は体重が大きくなれば多くなる結果を示している。巨大なミズダコといえども、体を大きくしなければたくさん卵を産めないようである。水槽内の観察では、産卵した雌は、その後卵を保護することが確認されている。天然海域でもミズダコは卵を保護すると思われるが、残念ながら北海道周辺海域では天然の産卵場はまだ報告されていない。そのため、天然海域でどのくらいの期間、雌が卵を保護するのかは確認されていないが、水槽の観察では、一四度で約半年、一一度は七か月以上かかるようなので、天然海域では少なくとも約半年はかかるのだろう。

7．孵化してから海底を這うようになるまで

卵から孵化したミズダコは、海中を漂う浮遊幼生として生活するようになる。しかし、この時期のミズダコの生態に関する知見はとくに少ない。水産試験場の先輩方も、この浮遊する子供のミズダコを探す調査を北海道の北側の海域で実施していたが、一回の調査で数匹獲れたというデータしかなく、北海道周辺のどこの海域にどのくらい分布しているのかということは明らかでない。一方で、国立科学博物館の窪寺恒己博士は、アリューシャン列島の沿岸域で合計五九四個体という大量のミズダコ浮遊幼生を採集しており、ミズダコ研究では貴重な知見となっている。

ミズダコが浮遊してから、海底に降りるまでの海の中での生活もまた明らかではない。そこで水槽内での観察に頼るしかないのだが、ミズダコを孵化させてから浮遊生活を過ごし、海底に降りて這い回るミズダコとなった事例は一つしかない。最長記録となっているこの飼育は、志摩マリンランドの大久保修三氏によって一九七八～一九八〇年に成功した。これによると、循環海水によって餌がつねにミズダコの浮遊幼生に供給される水槽を用いて飼育したところ、孵化したミズダコはエビのミンチやアミを食べながら三五日頃まで浮遊生活を行い、一一〇日頃には底を這うようになった。孵化直後の体重は〇・〇五グラムであり、底を這いはじめた時には〇・五グラムとなっていた。ミズダコは卵を保護するため、

孵化させるまでの飼育は比較的容易なのであるが、孵化から海底に降りてくるまでは、餌の種類や餌やりの問題があるため、育てあげるのが非常にむずかしい。私は、孵化してから海底を這うまでの研究に取り組んだことはないが、この時期の成長や生き残りの条件は、ミズダコの資源がなぜ増えたり減ったりするのかを解明するうえで重要な情報となるので、今後取り組んでみたい課題である。

8. 海底を這うようになってから漁獲されるまで

志摩マリンランドの大久保修三氏の飼育観察によると、海底を這うようになる体重は前述のとおり〇・五グラムで、孵化してから一年後には三九・七グラムとなった。この知見により、約〇・五グラム程度のミズダコは海底に降りた直後のサイズであることがおおよそ推定できるので、このような大きさのミズダコを育てれば海底を這いはじめてからのミズダコの成長がわかる。そこで、天然から採集するのだが、これがまたむずかしい。過去にも書誌などを通じて呼びかけたことがあるのだが、なかなか連絡は来ない。そんな中、二〇〇七年に北海道の北部日本海にある新星マリン漁業協同組合（留萌市、小平町）でミズダコ生態についての漁業者向け説明会を行ったときに、林博行組合長から「ホタテガイの採苗器に小さいミズダコがつく」という貴重な情報をいただいた。早速、組合長に標本提供のお願いをして、連絡が来るのを待っていたところ、二〇〇八年の四月～六月に体重二・七～六・七グラムのミズダコ一二匹を手に入れることができた。これらミズダコはすでに水槽の底を這い回っていた。志摩マリンランドの結果を参考にすると、この大きさであれば、孵化してから約半年と思われた。共食いをすることは予想できたので、個別に飼育水槽に入れ、水温は一〇度、餌は冷凍のオキアミを与えて飼育した。なんとか餌を食べるようになったこれらミズダコは、なかなか大きくならない。結局半年後の一二月にようやく一三・五〜三四・七グラムとなった。志摩マリンパークの結果では三九・七グラムであるので、私の得た結果は若干小さいようである。さらに飼育を続けて一年後の翌年六月には六二・三〜一六七・一グラムとなった。また、この実験とは別に礼文島の香深漁業協同組合で、一九九七年五月に四・〇グラムのミズダコを飼育しはじめ、一二月には二〇〇・九グラム、一年後の翌年五月には三一六・六グラムとなったことが報告されていた。成長する速さのちがいは飼育条件によると思うが、少なくともこれらの結果から、六月頃までに海底を這いはじめたミズダコは一二月までには一三・五〜二〇〇・九グラムになるようである。最終的に三〇キログラムを超えるミズダコといっても、一年目の成長は意外にゆっくりしているようだ。

さて、孵化してから一年後、一歳から二歳になる時の成長であるが、これも情報がない。そこで、一歳と思われる体重二〇〜二〇〇グラム程度のミズダコを春先に天然から集める必要があるのだが、なかなか思うようにいかない。そんな中、幸運にもミズダコの漁獲物調査で日頃からお世話になっている宗谷漁業協同組合の坂東忠男氏から、ホタテガイの調査で混獲した小型のミズダコを二〇〇八年三月にご提供いただいた。このミズダコ体重が六五グラムの雄であった。この体重であれば前の年に孵化したミズダコの可能性が高い。そこで、水温一〇度で飼育をはじめたところ、九か月後の一二月（約二歳）には一・八キログラム、そして翌年の一二月（飼育開始から一年九か月後、約三歳）には九・九キログラムとなった。その三か月後の二月には体重が最大となり一二・九キログラムとなった。注目すべきは、死亡するまでの残り半年間である。一一月頃から翌年の二月まで突如成長のスピードが速くなり、月に一・五〜二・〇キログラムのペースで大きくなっていた。その前の一年間では、月に平均四〇〇グラムのペースで成長していたので、急に大きくなったのである。そして、この時期には水槽内に空の精莢が落ちているのが認められた。つまり、成熟しながら、急激に成長したのである。ピークに達した後、しだいに痩《や》せはじめ、最終的に四月下旬に死亡した。宗谷海峡で行ったミズダコの漁獲物調査でも、成熟したミズダコの体重が九月以降顕著に大きくなる現象が認められていた。このことからも、ミズダコは成熟のスイッチが入ったら、急激に大きくなるようである。

約二歳と思われる体重約二・〇キログラムからのミズダコの成長は、天然海域でも標識放流調査によって確認されている。標識放流調査とは、体重を測定したミズダコに標識（名札）をつけて放流し、ふたたび捕まった時の体重を測定することで、放流してからふたたび捕まるまでの成長を把握する調査方法である。水産試験場ではこのような調査を一九六〇年代から三〇年近くにわたり、北海道の北部の海域を中心に実施してきた。その調査では体重一・〇〜二・〇キログラム程度で放流したミズダコが、一年後に約七・〇キログラムになっていた。青森県水産総合研究センターの佐藤恭成氏も津軽海峡で標識放流調査を実施しており、体重一・〇〜一・九キログラムで放流したミズダコの大半は一年後には一〇キログラム以上となっていた。

標識放流調査はもう一つの重要な結果を示していた。体重約一・〇〜二・〇キログラムで放流して約一年後に一〇キログラム以上になっているミズダコがいる一方で、三〜四キログラムとほとんど成長していないものもあった。津軽海峡での結果も、同じような傾向を示していた。津軽海峡の結果では、すぐに大きくなり一年後に一〇キログラム以上になるものもいれば、二年後に大きくなるのもいるし、三年目に大きくなるものもいた。とくに、一〇六二日後に再捕されたミズダコでは、放流時に一・五キログラムであった体重がなんと三七・〇キログラムとなっていた。急激に大きくなる原因は、成熟のスイッチが入るかどうか、活発に交接活動を行うかどうかである。そのため、一年後に一〇キログラム以上になったミズダコは、放流した後に成熟のスイッチが入ったミズダコであり、三〜四キログラム程度にしかならなかったミズダコは、まだ成熟してないミズダコと思われる。秋に成熟が始まれば、産卵を行う翌年の初夏までが急激に成長する最後のチャンスとなる。そのため、体重三〇キログラム以上となる超大型のミズダコとなるのは、成熟する前にできるだけ大きくなる必要がある。実際に、宗谷海峡の漁獲物調査では体重が一〇・九キログラムであるにもかかわらず、生殖器官が小さく、産卵まで一年半以上あるようなミズダコも観察された一方で、体重一一・八キログラムしかないのに産卵まで一〜二か月と思われる十分に成熟したミズダコも認められた。巨大ダコといっても、すべてのミズダコが三〇キログラムを超えるわけではなく、未成熟の期間を長く過ごして体を十分に大きくしたミズダコが、成熟のスイッチが入ることで成長の速度を加速させ、巨大ミズダコとなるようである。

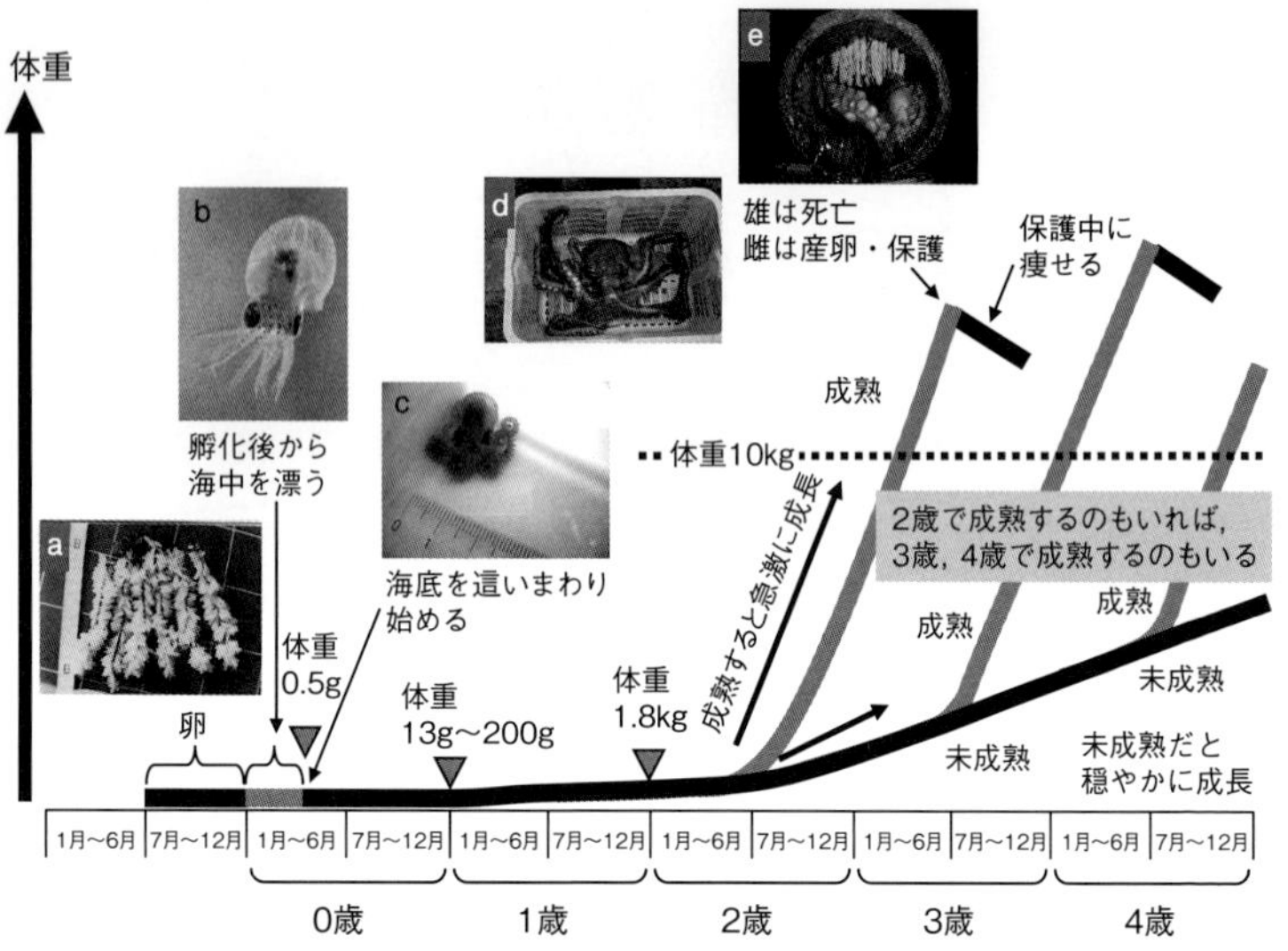

図４・５　ミズダコの生活史のまとめ．(a) ミズダコの卵，(b) 海中を漂う浮遊幼生，(c) 海底を這い回りはじめたミズダコ，(d) 漁獲されたミズダコ，(e) 産卵保護中のミズダコ．
１月１日を卵から孵化した誕生日として，年齢を計算している．

9. ミズダコの生活史——仮説

貴重な知見や実験結果、調査結果をかき集め、なんとか北海道周辺海域のミズダコの生活史をまとめた一枚の仮説ができた（図４・５）。六月から七月にかけて卵で生まれたミズダコは約半年間、雌親の保護のもとで過ごす。年明けの一月には卵から孵化して、全長約一〇ミリメートルの浮遊幼生となる。浮遊幼生は二～四か月海中を漂いながら過ごして大きくなり、体重〇・五グラム程度のミズダコとなって、四月ごろから海底を這いはじめる。海底を這いはじめたミズダコは、翌年一月に一歳になるころには体重一三～二〇〇グラムになり、二歳では体重一・八キログラムと大きくなる。二歳以降では成熟するか、しないかによって成長のスピードが異なる。成熟のスイッチが入ったミズダコは、交接活動を行いながら急激に成長して、三歳となる一月には体重が一〇キログラムを超えて生殖器官も十分に発達し、さらに活発な交接を行う。そして六～七月に雌は産卵し、雄は衰弱して死亡してしまう。つまり、卵で生まれてから産卵するまで四年、孵化してからだと三年半かかる。二歳の時に成熟のスイッチが入らなかったミズダコは、三歳もしくは、四歳以降に成熟のスイッチが入り、三歳で成熟しはじめるミズダコは、卵で生まれてから五年後、四歳で成熟するミズダコは六年後に産卵する。以上の仮説から、ミズダコの寿命は四～五年、長くても六、七年ということになる。ミズダコは何十年も生きて巨大になるということはないのである。

これは、あくまでも仮説である。従来からミズダコの寿命は四～五年と言われているので、この仮説も的はずれではないと思う。しかし、根拠とする知見がまだまだ乏しく、とくに天然海域での海底を這い回りはじめてから漁獲される大きさになるまでの成長が明らかでない。今後の研究によって、修正していく余地はまだまだある。

10．浅い場所と深い場所を行き来するミズダコ

このような一生を過ごすミズダコであるが、どこで生まれ、どこの海域を漂い、どこの海底に降りて、海底を這いはじめるのかは明らかでない。しかし、漁獲される体重二キログラム程度になると、いつ、どこに移動するのかを漁業の情報から間接的に知ることができる。漁業者の経験則ではあるが、北海道

日本海沿岸、津軽海峡ではミズダコが夏に沖側の深い場所、秋季から春季にかけて沿岸の浅い場所に移動することが知られている。福島県の常磐沿岸では、漁獲状況からミズダコが、七～八月に水深一六〇～三六〇メートル、一〇～三月に水深二〇～六〇メートルに分布することが報告されている。ただし、このように季節的に浅い場所と深い場所を行き来するミズダコが、未成熟の子供であるのか成熟した大人であるのかは明らかでなかった。

そこで、私が研究フィールドとしている宗谷海峡で、ミズダコが浅い場所と深い場所をどのように行き来するのかを明らかにする調査を実施することにした。ただし、ミズダコの分布を把握するためには、ミズダコを獲ってデータを集める必要があるのだが、素人が宗谷海峡でミズダコを獲ることはできない。そこで、ミズダコの漁場の情報を活用することとした。宗谷海峡では、漁業者は樽流しという漁法でミズダコを漁獲している。この漁具は、浮きとなる樽に道糸をつけ、先端に擬餌針を結んだシンプルな構造である。これを海流にまかせて一五～二〇個程度流し、擬餌針にミズダコが飛びつけば、樽が止まるのでそれを引き揚げて漁獲する。一人前になるには三年かかるといわれている難しい漁法である（図4・6）。そこで、宗谷漁業協同組合のたこ漁業者の協力を得て、調査を実施した。協力してくださる漁業者の漁船にGPS情報（緯度、経度、時刻）を記録する装置を搭載して、どこで獲ったのかという情報を集めた。同時に、その漁業者が、どのような銘柄（大きさ）のミズダコをどのくらい獲ったのかという情報を水揚げの伝票から集めた。これら情報は、地理情報システムと呼ばれる空間情報を処理できるパソコンソフトを用いて処理し、月ごとにミズダコの分布図を作製した。調査データは二年半集め

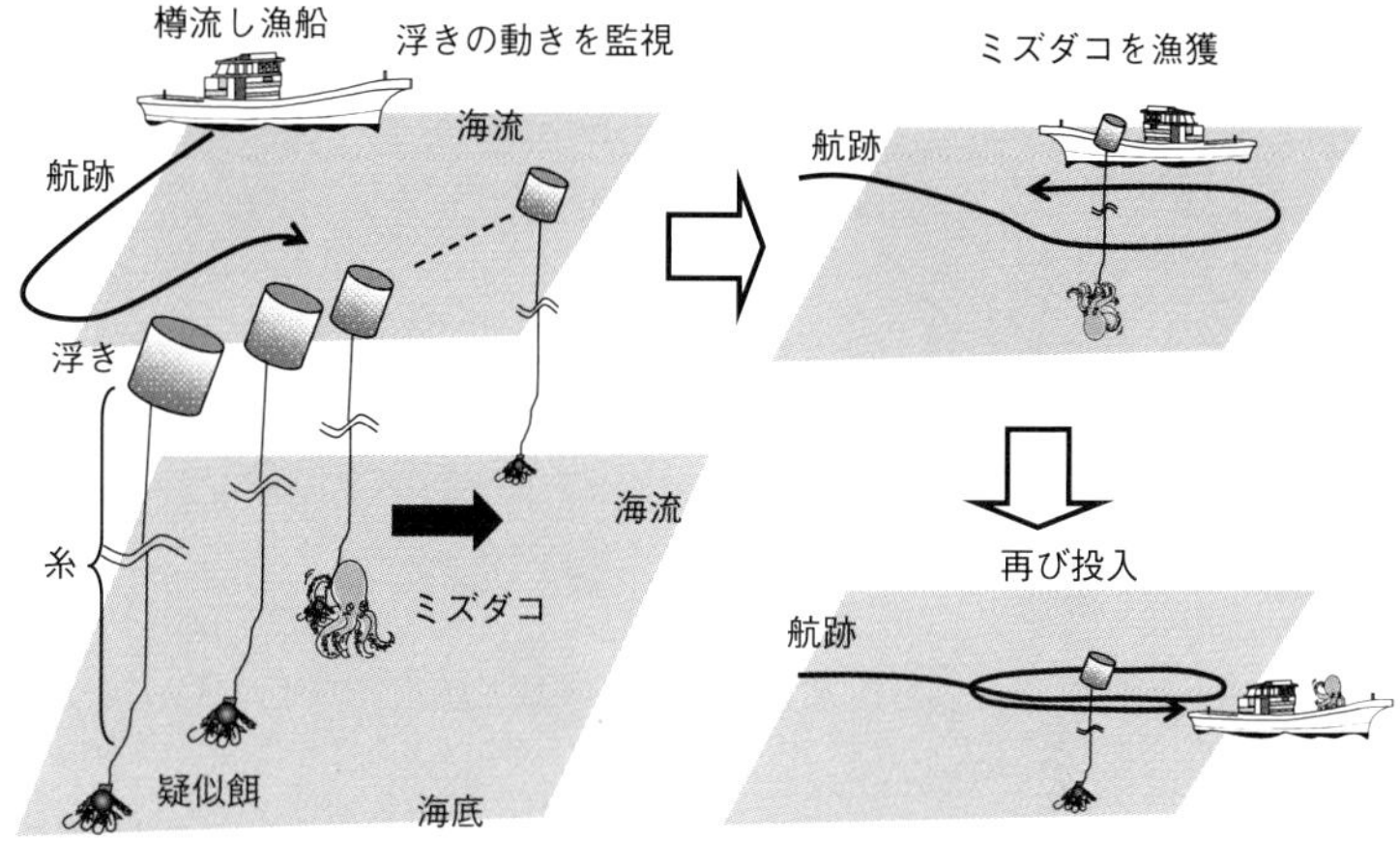

図4・6　ミズダコを漁獲する樽流し漁業（佐野他, 2012より作成）.

ることができ、宗谷海峡におけるミズダコの詳細な分布域の変化を詳細に把握することができた。

宗谷海峡内でもミズダコは、夏には水深四〇〜五〇メートルの深い場所へ移動し、冬から春にかけて岸側の水深二〇〜四〇メートルの場所へ移動することを繰り返していた（図4・7）。このような移動を繰り返すのは、未成熟および交接しはじめたミズダコであることも明らかとなった。ただし、交接していたミズダコは、成熟が進んで生殖器官が十分に大きくなり産卵直前となる六〜七月に、水深五〇メートルより深い場所に分布していた。初夏に産卵するミズダコは、未成熟のミズダコよりも一足早く深い場所へと移動していたのである。このように、ミズダコが季節的に深い場所と浅い場所を行き来する原因として、青森県水産総合研究センターの佐藤恭成氏は、ミズダコは冷たい水温を好むので、夏は高水温を避けるために深い場所へ移動し、水温が下がりはじめる秋にはふたたび浅い場所へ移動するとの仮説を立てている。そして、岸側へ移動するのは、ミ

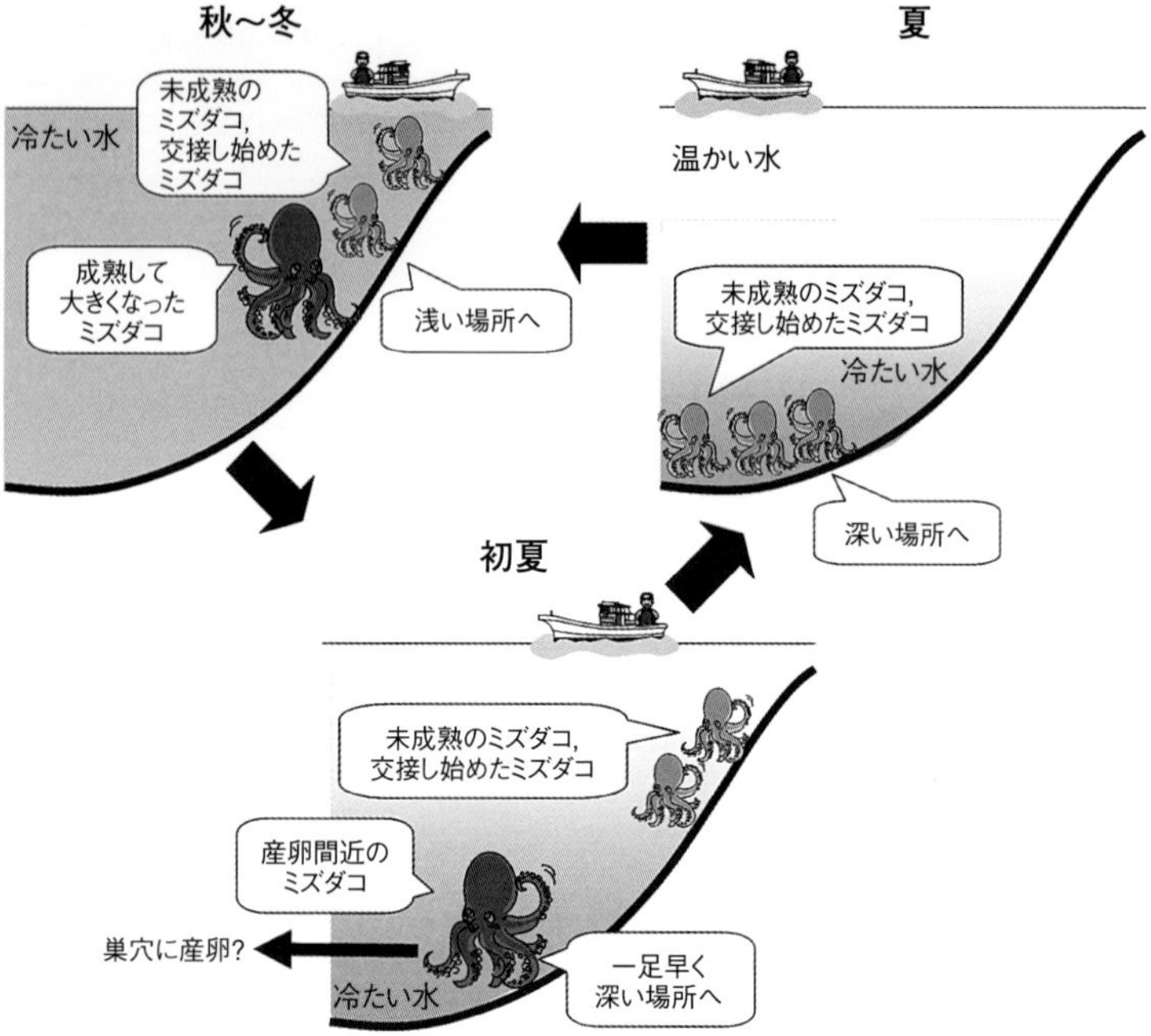

図4・7　宗谷海峡におけるミズダコの季節的な移動の模式図．未成熟のミズダコや交接しはじめたミズダコは，秋から春に浅い場所へ移動し，夏には深い場所へ移動する．ただし，初夏に産卵間近のミズダコは，より深い場所へ移動する．

ズダコの餌環境が沖側より岸側がよいためであるとも述べている。私もこの仮説に賛成である。ただし、佐藤氏も述べているように、この仮説を裏付けるデータが存在しない。今後データを積み重ねていき、検証することが重要である。一方、宗谷海峡で成熟した産卵直前の雌が沖側の深い場所へ移動していたことは、ミズダコの産卵場が深い場所にあることを予感させるものではある。しかし、残念ながらミズダコの天然の産卵場も確認されていない。こちらも、取り組まなければならない課題と考えている。

　季節的には浅い場所と深い場所を行き来するミズダコであるが、一日の行動について観察した事例が、ロビン・リグビー博士によって報告されている。ミズダコが浅い場所に現れる二〇〇三年四～六月に、北海道の南部にある南茅部町においてミズダコに発信機を取り付けて放流し、その後の行動を観察している。ミズダコは一日のほとんどの時間は特定の狭い範囲にとどまっており、この特定の範囲（平均四六平方メートル）はミズダコごとに離れていた。博士は、この狭い範囲が縄張りと想定している。また、ミズダコが巣穴から刺し網のある場所に行ったり来たりしており、刺し網に引っかかっているホッケやカレイ類などの魚を食べていたことを確認している。ミズダコは、肉食性でさまざまな食物を食べており、その時々で最も利用しやすい餌をとることが考えられる。そのため、刺し網にからんで動けなくなった魚を食べていたと思われる。北海道では刺し網でミズダコを混獲することがしばしばある。ミズダコは、餌を失敬している最中にうっかり絡《から》まってしまったのかもしれない。

11. ミズダコの食べ物

ミズダコの胃を開くとさまざまな内容物が出てくるため、ミズダコが何を食べていたかを知ることができる。宗谷海峡で漁獲されたミズダコの胃内容物を観察すると、エビ類、カニ類、ヤドカリ類、巻貝類、二枚貝類、ユムシ、魚類、魚類の卵などが見られる。また、タコ類の破片も見られる。宗谷岬の東側にはホタテガイの漁場があるため、ホタテガイも胃内容物で観察されるのであるが、胃内容物に占める割合は低く、主食とはなっていないようである。一方で、宗谷海峡で見られる棘皮《きょくひ》動物（ウニ類、ヒトデ類、ナマコ類）やホヤ類は、ほとんど出てこず、食べていないようである。

北海道北部の日本海沿岸の初山別村でも、たこ箱に漁獲されたミズダコの胃内容物を観察している。ここでは、沿岸の水深一〇～五〇メートル付近にたこ箱が一年中設置されており、春から初夏と冬場に沿岸へ来遊してくるミズダコを漁獲している。ミズダコは初夏ではユムシ、カニ類、魚類、冬ではタコ類、魚類を主な食物としていた。一月に胃から出てきたタコ類はミズダコと思われ、共食いの可能性が高い。五年以上調査を行ってきたのだが、胃内容物組成の基本的な傾向は変わっていない。このように、ミズダコの胃内容物は生息する海域によっても、同じ海域でも季節によっても異なっていた。つまり、ミズダコは、特定の餌に固執することなく、生息する環境や状況にあわせて、手に入れやすいさまざまな動物を食べている。

12. 増えたり減ったり宗谷海峡のミズダコ資源

宗谷海峡では、稚内水産試験場が中心となってミズダコの資源状況を毎年モニタリングしている。海の中は肉眼では見えないため、さまざまな方法で資源が多いのか少ないのかを評価する必要がある。宗谷海峡では、ミズダコの資源状況の指標として、樽流しのＣＰＵＥを用いている。ＣＰＵＥとは、一日に一隻の漁船が漁獲したミズダコの重量であり、資源状況がよければＣＰＵＥが大きくなり、悪ければ小さくなるという関係を前提とした指標である。この指標の二〇年以上の分を並べると、この指標が周期的に上がったり、下がったりしているのがわかる。周期性を解析したところ、平均で四・五年の周期で変動していた。つまり、宗谷海峡では四・五年ごとに豊漁年が現れていた。さらに、豊漁年の二年後には不漁年となる関係も確認できた。

気になるのがこの理由である。CPUEは一日に一隻の漁船が漁獲したミズダコの重量であるが、その漁獲物の内訳は、未成熟の雌・雄、翌年に産卵する雌、その雌と交接する雄であった。翌年に産卵する雌だけのCPUEを見ても、四・五年の周期性が確認されており、CPUEが大きいということは、翌年に産卵する親の量も多いということになる。卵で生まれてから産卵するまで、ミズダコは四〜五年かかるため、この親の量が多い年のミズダコが生んだ子供が親となって漁獲されるのが四〜五年後となる。豊漁年に生まれた子供が、四〜五年後の豊漁年のミズダコの親となり、不漁年に生まれた子供が四〜五年後の不漁年の親となっていたために、これがミズダコ資源の変動に四・五年の周期が認められた理由だと考えられる。

このように宗谷海峡のミズダコ資源に周期性があることは、ミズダコの資源が安定して推移していることを意味している。現状では漁業とミズダコの再生産がバランスよく保たれているのである。また、不漁年を底上げして豊漁年と同じような水準にするには、不漁年の親をどれだけ残すのかが重要となる。ただし、どれだけ残すのかということは、漁獲しないことでもあり、漁家経営に直結する問題でもある。現状の豊漁・不漁の範囲で問題がなければ、現状維持を続けるべきであるが、経営に影響がでるほど漁獲できなくなった場合や、さらに水揚げを増やそうとする場合にはなんらかの資源管理の措置をとる必要が出てくる。資源管理は、経営と切っても切れない関係であるので、最終的にどのように管理するのかは、漁業者自身で意志決定をしなければならない。そして、意志決定を支援するのに必要なのは、ミズダコ資源に関する情報である。最後に紹介するのは、水産試験場が中心となって構築した宗谷海峡のミズダコ資源管理システムである。

13. 宗谷海峡ミズダコ資源管理システム

宗谷海峡のミズダコの資源管理と漁家経営を両立させるミズダコ資源管理システムでは、稚内水産試験場から漁業者に、ミズダコの資源情報と宗谷岬沖の潮流カレンダー（図4・8）が提供される。ミズダコの資源情報は、ミズダコの漁獲物調査や漁獲量に関するデータをもとに、現在までの資源状態がどのようになっているかと、今後どのように推移していくのかを説明した資料となっている。これは、漁業者が宗谷海峡におけるミズダコの資源状況がよいのか、悪いのか、ふつうであるのかの認識を共有し、資源管理をどうするのかを決定する資料の一つとなる。

一方で、潮流カレンダー（図4・8）であるが、これは樽流し漁に適した時間を示したカレンダーである。樽流しは、潮の流れに任せて漁業を行うため、ミズダコが獲れるかどうかは潮の流れが重要な要素となっている。最適な潮の流れの時には、漁具についた擬餌針は海底を引きずるように移動するので、

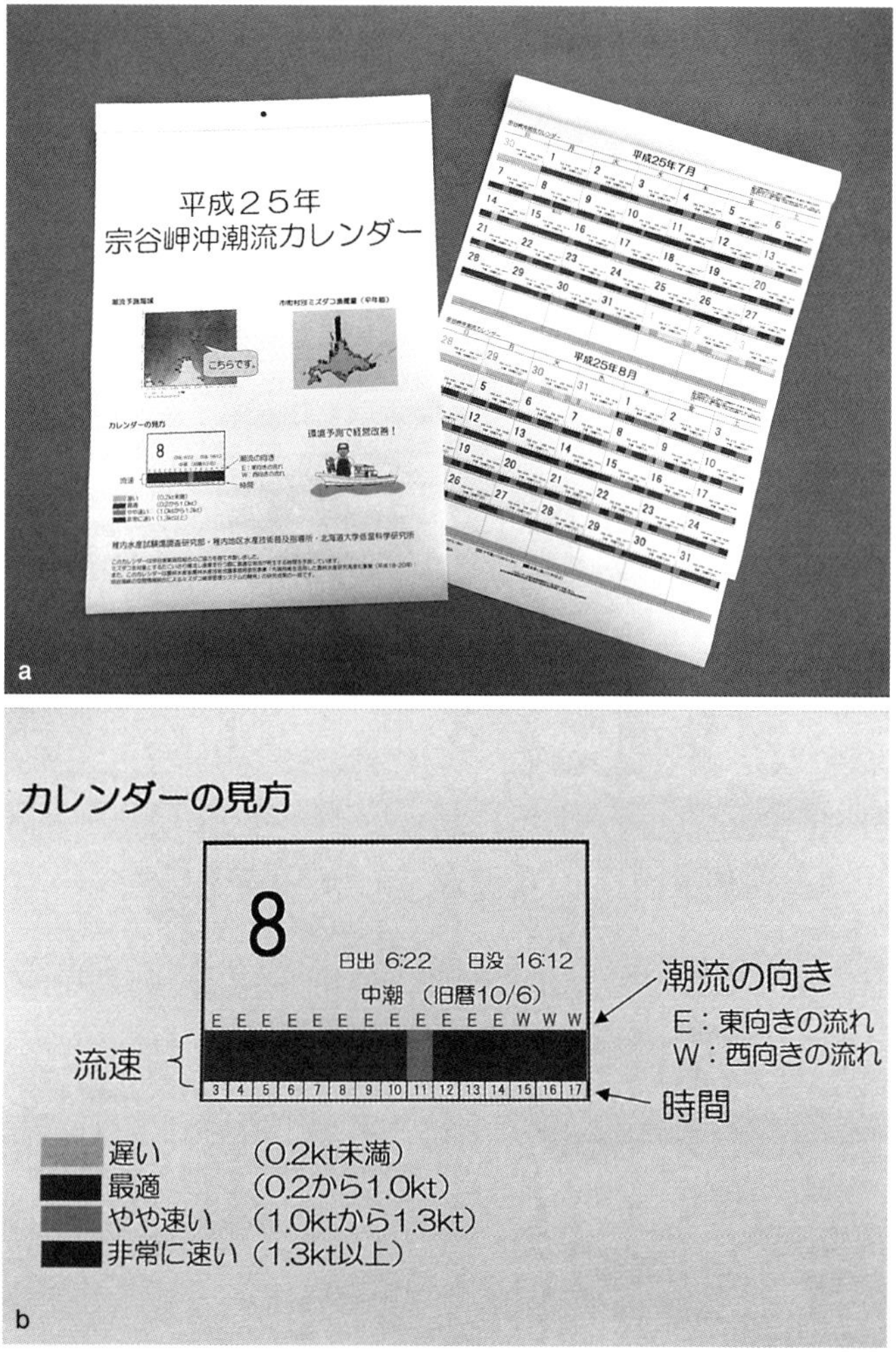

図4・8 宗谷岬沖潮流カレンダー (a) とカレンダーの見方 (b).

ミズダコが餌だと思い、飛びついて漁獲されるのである。もし、速すぎると、餌が海底から離れてしまいミズダコは餌だと認識できず、漁獲できない。また、遅すぎると擬餌針が動かず、ミズダコは餌だと思わず、漁獲できない。北海道大学低温科学研究所と稚内水産試験場では、宗谷海峡で最適な潮の流れが発生する時間帯を予測して、それを稚内地区水産技術普及指導所がカレンダーとしてデザインした。このカレンダーを見れば、何月何日の何時から何時が最適な出漁時間であるのかがわかるため、計画的なミズダコ漁が可能となり、無駄な出漁をなくすことができる。無駄な出漁は、ミズダコ資源をいたずらに減らすだけでなく、出漁の経費もかかるので、計画的な出漁はミズダコ資源にとっても、漁家経営にとってもメリットがある。実際に、宗谷漁協のミズダコ漁業者は、ミズダコ漁だけでなく、コンブ漁やナマコ漁も行うため、カレンダーで潮の動きを見て操業のスケジュールを決め、効率的な操業を行っている。さらに、漁業者だけでなく、ミズダコ加工業者にも利用され、ミズダコの水揚げが予想される日は、他の原料を仕入れないなどの計画的な加工作業にも貢献している。変わったところでは、地域の幼稚園、学校にも掲示され、父兄の集まりの日程調整にも使われているらしい。このカレンダーは、宗谷岬近隣の地区で生活に根付いているのである。潮流カレンダーの反響の大きさは、開発した私たちの想像を超えるものであったので、驚くとともに水産試験場職員として最も嬉しい経験となった。この資源管理システムは、稚内水産試験場が中心となり宗谷海峡のミズダコ資源の持続的利用とたこ漁業の効率的な経営の実現を目指して、これからも情報提供を続けていく予定である。

5章

イイダコの日々

瀬川　進

1. イイダコに会う

タコの仲間について学問的にどれだけのことがわかっているか、あるデータベースで調べてみると、過去一〇年間に世界で発表された論文数は、マダコで六一二件であったのに対して、二番目のミズダコでは五五件、イイダコはたったの一四件で、とくに実験生物学的な研究ではマダコ以外の論文はほとんどないことがわかった。

大都会の真ん中にある大学の研究室で、タコ類を飼育して実験生物学的な研究をしようと考えた時に、大きなマダコを多数飼ってデータを取るということは、よほど立派な施設でもないと無理である。今までのイカ類を主な研究材料としていた私の研究室で、タコの生物学をはじめようと考えた時に、その第一候補として白羽の矢が立ったのが、親が比較的小型で、手に入りやすく、卵が大きくて、実験室でも卵から育てることができそうなイイダコであった。

2. イイダコの素顔

イイダコは、全長は最大三〇センチメートル、ふつうは二〇センチメートル前後に育ち、胴長五センチメートルくらいで、四対（八本）の腕は長さ形ともあまり違いがなく、体長の五八～七〇パーセントである。腕の付け根は傘のような膜でつながっていて、第二腕と第三腕の間の膜に、左右一対、とても

図5・1　イイダコ.
両目の間に長方形で白っぽい斑紋（方形斑）が，前から２番目と３番目の腕の間の膜に黒っぽく縁どりされた金色の輪の模様（眼紋）があり，体が白っぽくなった時には腕に黒色の帯が走っているのが特徴である.

よく目立つ金色に光る大きなリング状の目玉模様があるのと、目と目の間に横長の長方形の白い模様が一つあることが目立った特徴である（図5・1）。また、雄の右側の第三腕には、精子を詰めたカプセルを雌に渡すための溝があり、左の第三腕よりもわずかに短く、水槽の中で飼っていると、その腕先を心持ち丸めていることが多いようである。タコ仲間は種がちがっていても形がよく似ていることが多く、微妙な差を言葉で表現しようとしてもきわめてわかりにくいのが難点である。

日本では、北海道南部から本州沿岸、九州までほぼ全域に、朝鮮半島の慶尚南道から黄海沿岸全域、中国沿岸では渤海、東海、南海に分布する。そして、より南の東南アジアに行くと、そこには形はそっくりであるが、イイダコと比べると明らかに小さい卵を産む、近縁種のコツブイイダコがいる。

イイダコの産卵期は日本沿岸では二月から八月の間

と考えられており、産卵前のイイダコの雌は、体の割に大きな卵が胴の中に発達し、いかにもご飯粒がぎっしり詰まっているようなので飯《いい》ダコと呼ばれている。産まれた卵は直径約三ミリメートル、長さが約八ミリメートルの細長い形をしており、マダコの長さ三ミリメートルの卵と比べるときわめて大きい（図5・2）。

日本におけるイカ・タコの発生や生活史の研究の草分けで、朝鮮総督府水産試験場で研究していた山本孝治氏は、昭和一八年に日本海洋学会の雑誌の水産生物の生活史の特集号でイカ・タコ類の生活史を紹介している。その中には、生まれたばかりのイイダコ（図5・3）は全長が九・五～一二・五ミリメートルあり、脚（腕）は細くて長く、各脚には二二個の吸盤が並び、頭部腹面を除いた体の各部には大型の黒褐色素胞および小型の橙黄色素胞を散布し、きわめて美しいこと、孵化稚仔の飼育は容易で、アサリ、ハマグリ等の剥《む》き身で一二六日飼育し全長八九ミリメートルまで育てたことや、この種の特徴である黄金色の眼紋は孵化後一九～二五日頃に出現すること等が書かれ、その文章から研究を楽しんでいる様子が伝わってくる。また、飼いやすいタコであるにもかかわらず、増養殖の観点からの研究は少なく、一九六四年と一九八六年に発表された兵庫県の水産試験場による孵化タコの飼育の試みと、一九八五年に長崎水産試験場で報告されている飼育実験程度である。しかし、遊漁としてのイイダコは結構よく知られていて、岸からの投げ釣りや釣り船の情報は季節折々新聞や釣り雑誌をにぎわせている。

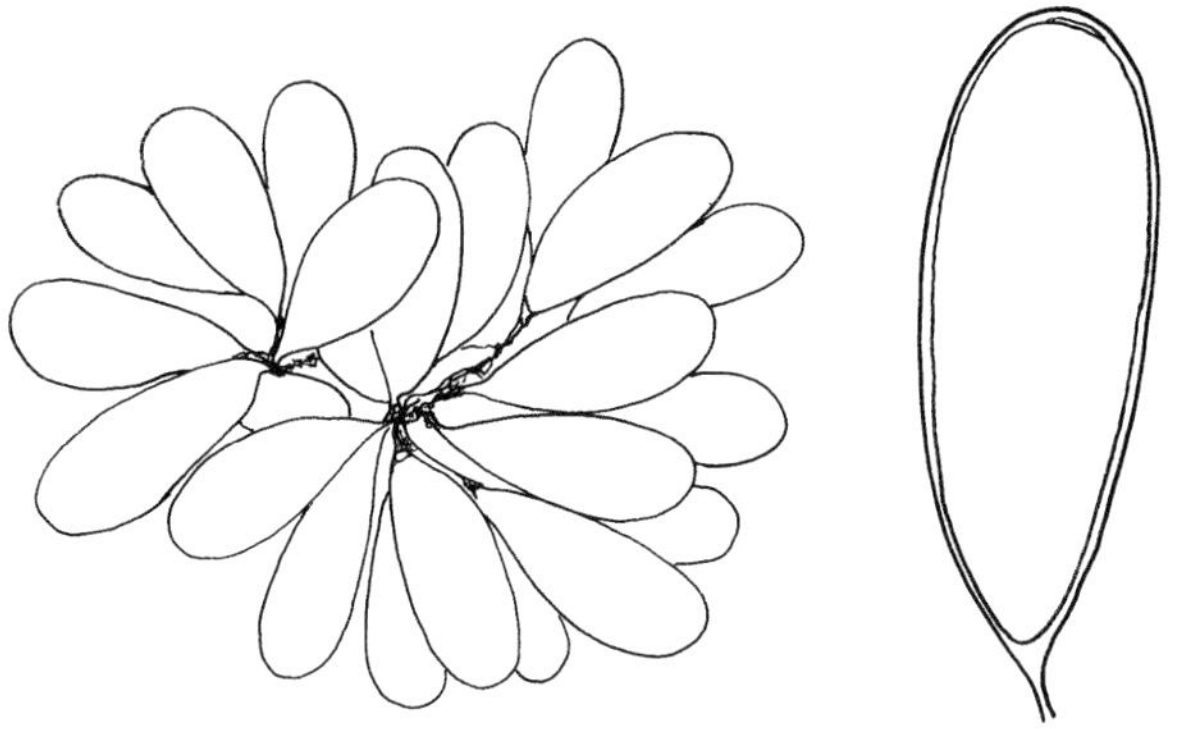

図５・２　イイダコの産卵直後の卵.
１つの卵の長さは７～８mm と細長く，卵の柄でより合わせて二枚貝や巻貝などの巣穴の内側に卵塊を付着させる．卵塊の形から海藤花とよばれる.

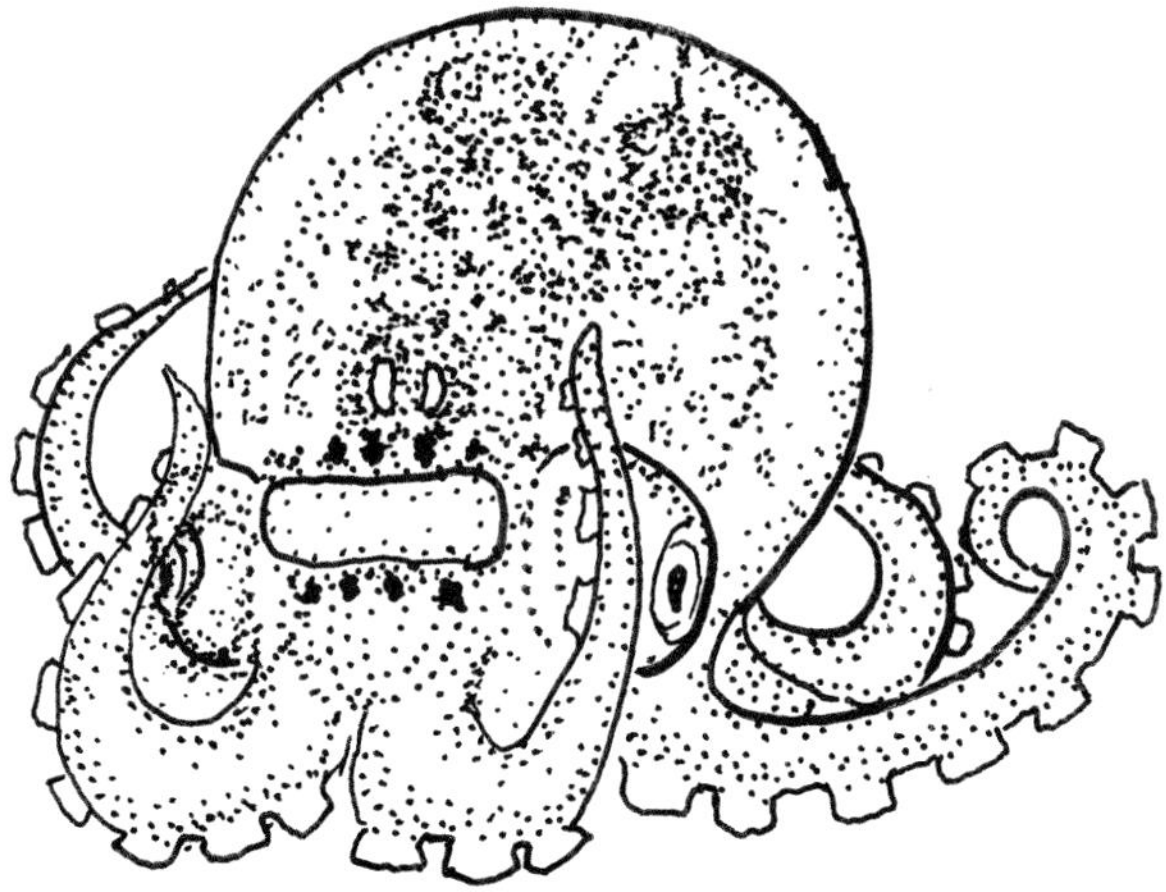

図５・３　孵化直後のイイダコ.
マダコでは全長３mm 程度の浮遊幼生で孵化するが，イイダコの稚ダコは全長が１cm よりわずかに大きく，腕は発達し，しばらくは泳ぐけれども，まもなく海底を這い回って餌をとることができる．孵化直後から，イイダコの特徴である両目の間の白い方形紋がはっきり見える.

3. 漁師さんから見たイイダコ

イイダコの漁業としては、釣り、蛸壺漁、底引き網などが知られている。イイダコ釣りでは、釣り糸と釣り針を使い、餌または擬似餌で誘引し、鉤《かぎ》に掛けてとる。疑似餌として、白またはピンクの玉と錘《おもり》、返しのない針のついた仕掛けがセットになった、テンヤと呼ばれる仕掛けを使う。疑似餌としてはラッキョウなどの球根や白い陶器、白い豚の脂身やカニの偽物などを使う所もある。これは、イイダコが白いものに飛びつく習性があると考えられているからで、白のほかピンク、赤など鮮やかな着色されたテンヤを使う釣り人もいるようだ。イイダコが周りの環境に合わせて体の色や模様を多様に変化させることを考え合わせると、色覚がないといわれるタコ類が本当に色を見分けられないのかどうか不思議である。

東京湾ではイイダコ釣りのシーズンはおおむね七月中旬から一一月中旬で、磯・投げ釣りの情報誌があるくらいで、船釣りばかりでなく岸からの投げ釣りも盛んで、富津沖では毎年秋に富津名物イイダコ釣り大会が行われている。夏を過ぎたイイダコは大きく育つが、まだ体の中には卵は発達していない。私の研究室でも時期になると学生たちが産卵用の親ダコの入手のために富津の干潟や船釣りに出かけている。また、有明海では雲仙などを眺めながらの船釣りが秋の風物詩になっている。

イイダコの蛸壺漁はその発祥は兵庫県明石とされ、弥生時代や古墳時代の地層から、イイダコ漁に使ったとみられる素焼きの蛸壺が発見されている。その後、蛸壺漁は瀬戸内海から九州北部に広がったと考えられている。蛸壺漁の起源や蛸壺の材料などについては平川敬治著の『タコと日本人』にとても詳しく書かれている。

蛸壺漁は延縄《はえなわ》のように長い幹縄に枝縄を付けて、枝縄の先に蛸壺を結び、これを海底に沈めて、蛸壺に入ったタコをとる、タコの生態をうまく利用した漁業である。蛸壺には大きな二枚貝の貝殻、アカニシ（図5・4）など巻貝の殻、土器の壺や竹筒等が使われるが、最近ではプラスチック製の二枚貝などの模造品に加え、缶ジュースの空き缶などが有効利用されている。二枚貝は地域によりサルボウ（図5・5）、ウチムラサキ、トリガイ、ホッキガイなどが使われ、必ず別の貝の殻を二枚合わせて、カスタネットのように結んで作られ、イイダコは吸盤を使って二枚の殻を固定しその間に入り込む。そして、成熟した雌は、その二枚貝の殻の内側に産卵することが多い。巻貝類では、アカニシ、テングニシ、サザエ、アワビなどが使われ、アワビは二枚合わせて二枚貝のようにして使われる。平川さんの本によると、貝を使った蛸壺漁は瀬戸内海、青森から鹿児島までの日本海側、東京湾（アカニシを使う）に分布し、土器の蛸壺漁は瀬戸内海から有明海までの日本海側に分布するとされ、イイダコの蛸壺漁が日本の西海岸と瀬戸内海全域の思いのほか広い地域に広がっていることがわかる。長崎県の大村湾では、イイダコは地域の特産物となっていて、ひと口ダコといわれる小型の夏ダコが七〜九月に、大型で飯が詰まった冬ダコが一〜三月にとれる、まず蛸壺漁で雌をとり、その雌をかごに入れて囮《おとり》にして雄をとる、タコの習性をうまく利用した漁法が残っているそうである。大村湾ではマダコはほとんどとれず、春から夏には砂地に生息するテナガダコがとれる。これは、イイダコとテナガダコはいずれも波打ち際から水

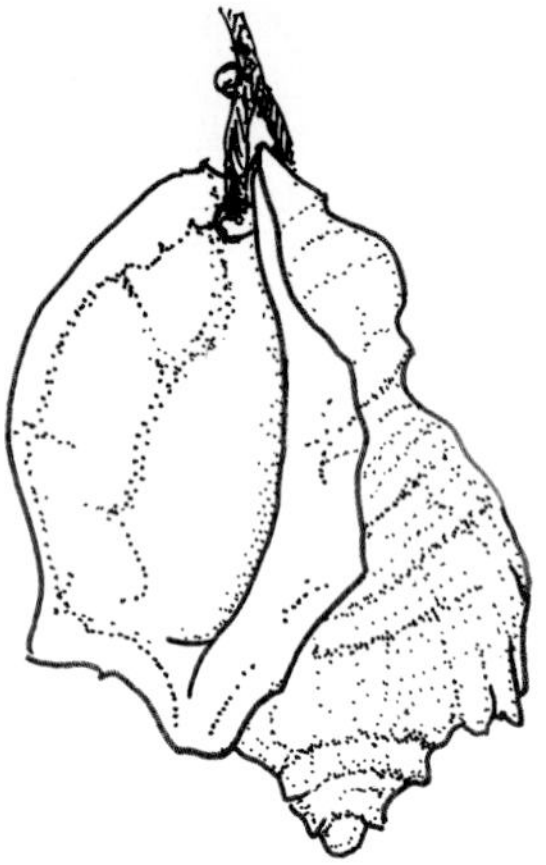

図5・4　アカニシの蛸壺.
東京湾をはじめイイダコの蛸壺漁のあるところではふつうに蛸壺として使われてきた.

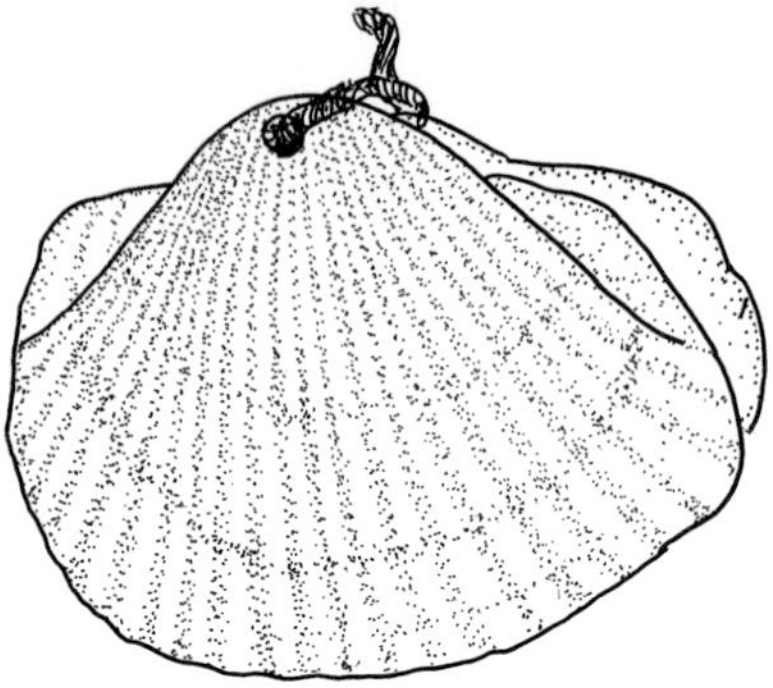

図5・5　サルボウの蛸壺.
有明海等九州や瀬戸内海では二枚貝の蛸壺としてサルボウなどの大型の二枚貝が使われている. 左右の貝殻は, 殻がぴったりと閉じないよう必ず別の個体の殻を使っている. 東北になるとウバガイ（ホッキガイ）が使われる.

深一五メートルくらいの岩礁や転石が点在する砂泥底の穏やかな内湾を好み、生息域が重複しているためである。

イイダコは砂泥地の底曳きでも漁獲され、瀬戸内海は日本有数のイイダコの産地である。イイダコは兵庫県の高砂市や明石の二見町などが特産地で、加工品としてその腹子を塩漬けにして諸国に出荷していることが、明治八年に出版された『日本地誌略物産弁』に記されている。明石では、小型底曳きによるイイダコの漁期は一一～五月で、冬を代表する子持ちイイダコは、出始めの一一月にはあまり飯が詰まっていないけれども、旬の二～三月には腹部が卵でいっぱいになり、現地での消費のほか名物として通販で全国に出荷されている。

4. 研究材料としてのイイダコ

私の研究室では、主に大学の臨海実習場である、かつては千葉県の小湊、今は館山市坂田にある館山ステーションを利用して、イカ類の発生、成長、生理生態などの研究を続けてきたが、身近な品川のキャンパスでもイカやタコを飼育したいと考えていた。東京で飼育できる材料として、イイダコがノミネートされたけれども、実験材料として十分な数を飼育できる自信がなく、そのままになっていた。ちょうどそのころ、一九九七年に北里大学を卒業した野本さんが、動物の世話をしながら、成長や生理生態について研究することを希望して修士課程に入学してきた。イイダコの話をしたら、このテーマに興味を持って、東京湾富津の浅瀬で親ダコを手に入れ、研究室の循環水槽を使って、雄と雌の交接を観察し、卵を産ませ、孵化までの卵発生の過程を観察し記録した。タコ類の卵の房は、一つひとつの卵の粒が細い柄でつながり垂れ下がっているのが藤の花房に似ていることから、江戸時代の明石藩の儒者である梁《やな》田蛻巌《だぜいがん》によって海藤花《かいとうげ》と名付けられている。タコの卵の房は巣の壁などに産みつけられ、母親が孵化まで面倒をみている。今では親から離しても、孵化まで問題なく飼えるようになったが、この時は、卵の房を切り離して水槽にぶら下げて飼育すると途中で死んでしまうため、親が保護している卵を定期的に少しずつ採集することで孵化まで発生を観察することができた。野本さんのあとを受けて、博士課程の一色君は大きな卵のイイダコと小さな卵のマダコの発生を比較し、その成果をブラジルで開催された国際頭足類学会で発表して学生最優秀ポスター賞をもらっている。

イイダコの卵は長さ七〜八ミリメートルと大きく、孵化直後から餌を食べるために、三ミリメートル弱の小型の卵で浮遊性の稚ダコで生まれるマダコと比べてはるかに飼いやすい。とはいえ、イカ・タコ類の飼育はそう簡単ではない。野本さんは、生まれたばかりの稚ダコに愛情を注ぎ、いろいろな餌を試み、ヤドカリの脚で餌付けすることに成功し、孵化から親になるまで順調に飼育することができた。孵化した直後から個体識別をして、毎日食べた餌の量を測定し、数日毎に体重を計測する。書くと簡単であるが、繊細な子供のタコを水から取り出してはかりの上に乗せ、重さを量って、また水槽に戻し、飼育を続けるのは、容易なことではない、最初は順調に成長させるのに苦労していたが、タコに対する愛情の深さで、体重を測定しても、ほかの個体と同じように成長させることができる技術を身につけたようである。自然の温度で飼育した場合、最初は雄の成長が速く、一〇〇日目に雄では五〜一〇グラム、雌では一・三〜五グラム程度であるのが、途中で雌が追い越し大きくなる。孵化後二五〇日前後に雄と交接させた雌は孵化後三五〇日前後で卵を産んだ。このことからイイダコの寿命はほぼ一年であろうと考えられた。また、いろいろな水温で酸素消費量やアンモニアの排泄量を測定し、イイダコがふつうに生息できる水温は一〇〜三〇度で、適水温は一三〜二七度程度であることがわかった。野本さんのおかげで、イイダコの飼育方法は確立され、研究室の大事な実験生物の一つとして、後輩たちによって、生きたイイダコを使ったいろいろな分野の研究が進められることになる。

5．イイダコには学習能力があるか？

イイダコが研究室で飼育できることがわかった翌年に、卒業論文の研究で岡村さんはタコの学習についての実験を希望した。そこで、アメリカのＢ・Ｂ・ボイコットらがマダコで行った有名な学習実験と同じ実験を、イイダコと、たまたま実験室で子ダコから育てて研究室のペットになっていたサメハダテナガダコのケンタ君で試してみた。タコの大好きなカニに捕食行動を起こした時には報酬としてカニをそのまま与え、カニとＶ字型の図形をセットで見せて、これに捕食行動を起こした時には罰を与える実験を行った。サメハダテナガダコは八日間学習実験を続けると、カニだけの場合は捕食行動を起こすけれども、カニと図形をセットで示した時には一〇〇パーセント捕食行動を起こさなくなったことから、カニと図形のセットに対して捕食行動を起こすと罰を受けることを学習した。しかし、イイダコはカニを見ると図形があってもなくても捕食行動を起こしてしまい、罰に対する学習能力がない頭の悪いタコという結論になってしまった。また、マダコでは報酬と罰をうまく使うことでいろいろな学習実験が行われているが、イイダコの学習実験で電気ショックの罰を与え続けると、タコによっては餌を与えても巣穴に引きこもって出てこなくなるなどもあって、その後しばらくイイダコの学習の研究は中断された。

一橋大学を卒業したのち大学院に進学してきた海部君は、タコ類の聴覚と生態の関係について興味を持ち、聴覚があるとしたらどのようにして音の振動を認識しているのか、という大きな課題に挑戦した。このときに、海部君はタコが聴覚を識別しているかどうかを判断する手法として、タコ類の学習能力に

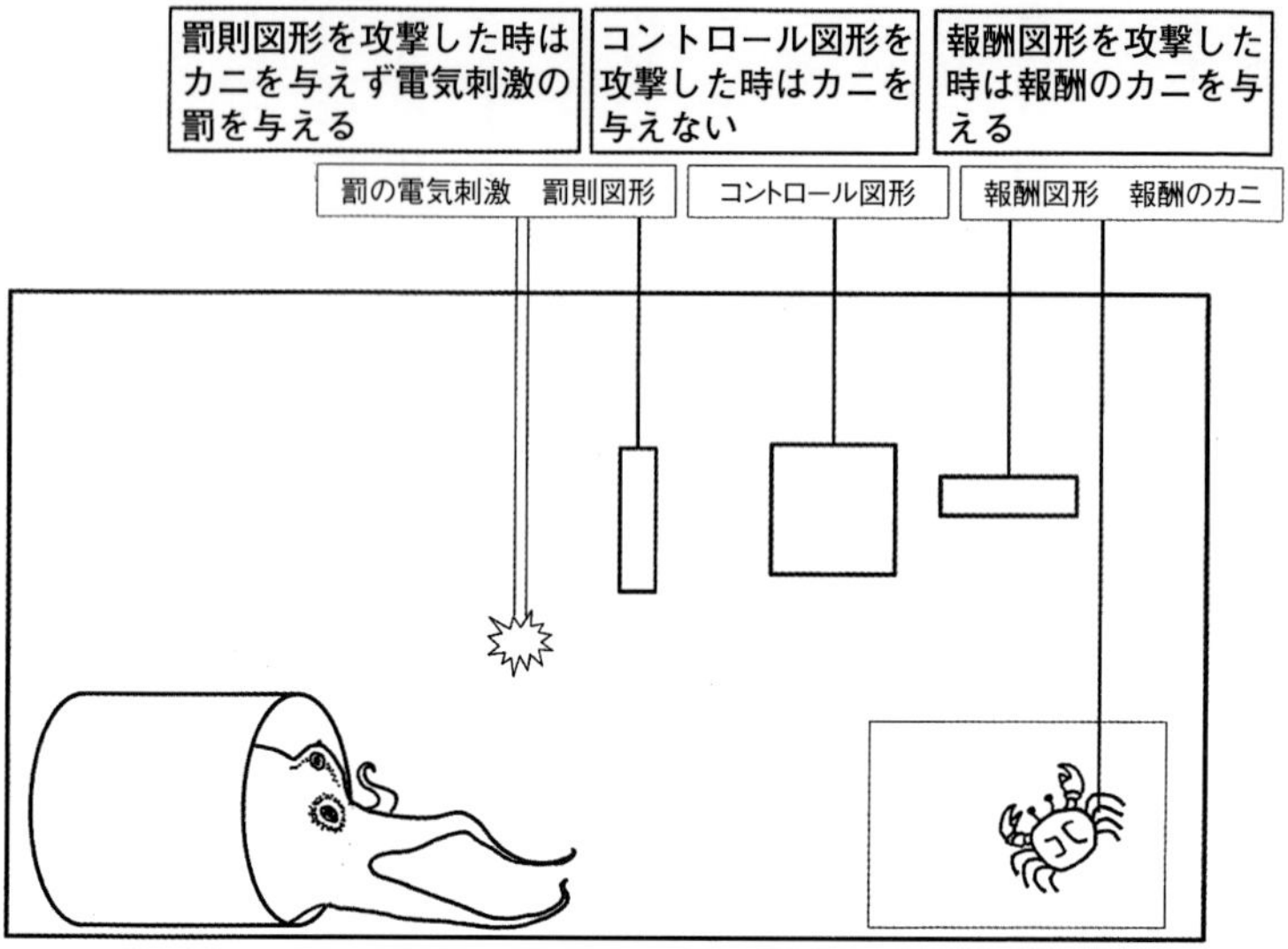

図5・6　海老澤君が行ったイイダコの学習実験方法の一例.
一回の実験は, 三種類の図形のうちの二つの図形を一組で行った.

着目し、音波と三ボルトの電気刺激を同時に与えて条件付けを行った後で、音波刺激を与えた場合に、マダコとイイダコは電気刺激とセットの音波を与えた場合と同じ反応を示し、音刺激に明らかに反応することを示した。また、イイダコは音刺激に連動して目の基部を収縮したり、巣穴に体を引っ込めたりすることから、音刺激による情報を危険の察知にも利用しているらしいことがわかった。この実験を手始めに、海部君はイイダコをモデル動物として飼育実験を重ね、頭足類は、自分から離れた場所の音源が発生する粒子運動を平衡胞で感知できることを証明した。海部君は修士課程を修了した後、東京大学に進学し、ウナギの研究でも素晴らしい成果を残して博士の称号を取っている。このように、イイダコの学習能力の研究面での応用範囲は広く、その後、海老澤君はイイダコの学習能力に強い興味を持ち、卒業研究で、餌とセットで見せる報酬図形と、三ボルトという弱い電流と罰図形のセットに加えて、餌や罰を伴わないコントロールの図形の三種類を使って、いろいろな組み合わせで学習実験を行った（図5・6）。その結果、イイダコには報酬図形に対する学習能力が認められ、罰を使わなくても十分学習が成り立つことが明らかになり、イイダコは学習実験の材料として最適のモデル動物であることがわかった。このイイダコの学習能力を使えば、サッカーの試合の結果を当てたマダコのパウロ君ではないが、恋占い上手のイイダコのイイコ君を仕立てて、大学祭などで活躍させたらどうか、と言いながら、いつもお話だけで終わってしまう。

6. イイダコは何をどうやって食べているの？

マダコでは海外では、自然下でいつ、どんな餌を、どのようにして食べているかなどが観察されているが、イイダコでは釣りにかかわる情報以外には、その生態はほとんど知られていない。しかし、イイダコの飼育ができるようになったおかげで、実験室でイイダコにいろいろなものを食べさせて、イイダコの食べ物の好き嫌いを調べることができるようになった。修士論文でこのテーマに取り組んだのは、諸星君で、まず、イイダコの食性を知るために、砂地や磯で採集した四九種類の動物を与えたところ、イイダコがふだん棲んでいる砂地の動物ばかりでなく岩場にいる動物もよく捕食し、食べなかったのは固着性のカキやヒザラガイ、棘皮《きょくひ》動物のウニ類など九種類だけで、食べ物には好き嫌いが少ないことがうかがえた。また、二枚貝類など外側に殻のある動物を食べるときには、マダコで知られているように、貝を抱えて腕と吸盤で無理やりこじ開ける場合と（図5・7）、口にある小さな歯を使って殻に穴を開け（図5・8）、毒を使って貝柱の力を弱らせてから貝を開けて食べる二つの方法を使うことを確認した。さらに、二枚貝類に対する餌を食べる方法を詳細に観察し、イイダコはこじ開けと穿孔の二つの方法を柔軟に組み合わせて、二枚貝の生態的特徴に対応して合理的な方法で捕食しているらしいことがわかった。

ついで、卒業論文でイイダコの学習能力をテーマにした海老澤君は、大学院のテーマとして、タコ類が二枚貝を食べるときの、こじ開けと穿孔の使い分けに興味を持った。そして、試行錯誤の結果、タコの酸素消費量を物差しとして、それぞれの捕食行動にどれだけのエネルギーを費やして、最終的にどれだけのエネルギーを得ることができるかを明らかにすることにより、タコの捕食行動の選択の理由がわかるだろうと考えた。このために、タコの行動を詳細に観察し、個体ごとの安静状態のタコの酸素消費量を求め、摂食行動のときの酸素消費量から安静時の酸素消費量を差し引くことで餌を捕まえて食べるまでの酸素消費量を詳細に測定した。これまでマダコではまず貝を捕まえて、こじ開けを行い、それで開けられなかった時には穿孔して毒を注入し、殻を開けて食べることが知られていた。しかし、今回の測定では、貝を捕まえた後で、すぐに酸素消費量の高いこじ開けを行い成功する場合と、こじ開けに失敗して、酸素消費量は少ないが時間がかかる穿孔を行い、その後ほとんど酸素を使わないで殻を開けて食べる場合のほかに、貝を捕まえたあと、しばらくほとんど酸素を使わずに貝を抱えた後、こじ開けを

図5・7　アサリを捕食しているイイダコ.
腕の吸盤を上手に使って殻を開けようとしている.

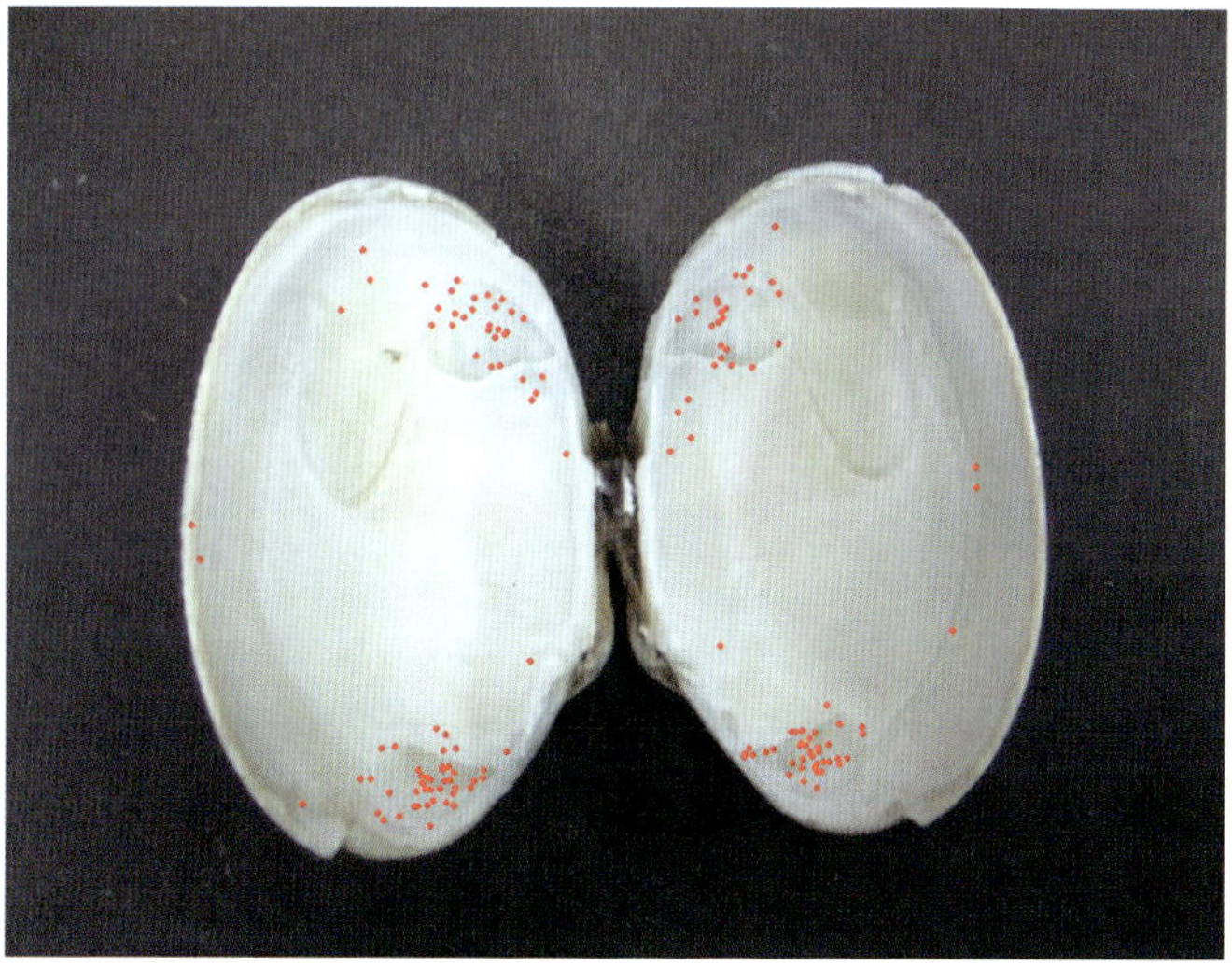

図5・8　イイダコがアサリを捕食するために開けた穴の位置.
殻を綴じる筋肉である貝柱の周りに重点的に穴をあけている. イイダコはこの穴から毒を注入し, 弱ったアサリの殻を開けて食べる.

行わず穿孔をして食べる場合があることがわかった。詳細に解析したところ、これは、貝が大きすぎるか、貝柱の力が強いために、こじ開けでは開けられないと判断して直ちに穿孔をはじめる、省エネ型の摂食行動で、ためしに貝をもって吸盤で軽く引っ張ってみて、次の行動を効率よく決めていることがわかった。これは、たぶん、今までの経験から力加減を学習して、その経験を活かしてなるべくエネルギーを使わないで餌を食べる方法を獲得した、学習能力の高いタコならではの工夫であると考えられる。しかし、必ずしも効率いい方法を選択しないタコもいることから、タコにもいろいろなセンスの持ち主がいて、必ずしも損得勘定だけで餌の食べ方を決めているのではなさそうであるが、イイダコは平均的にはかなりエコ上手な餌の食べ方をしているようである。

イイダコをタコ類のモデル動物として活用しているのは、今のところ、わが研究室だけであるが、アメリカの海洋研究の中心の一つであるウッズホールでは、頭足類に着目し、もともと新大陸にはいないヨーロッパコウイカなどいくつかのイカ類を実験生物として用いている研究センターがあり、研究材料として研究者に生きた材料を提供する試みなどもなされている。イイダコは小型で飼いやすく、入手も容易であることに加えて、飼育や生態に関する情報もそろってきたので、今後のタコ類研究のモデル動物として使われるようになることが期待される。

6章

日本のイイダコ，フランスデビュー

――学名ファンシャオ（飯蛸）のルーツを探る

滝川祐子

数あるタコの中でも、イイダコ（飯蛸）は一般的によく知られている種であろう。とくに筆者が住んでいる瀬戸内海に面した地域では、イイダコは釣りの対象や食材としてなじみ深い。ご存じのとおり、イイダコは大人の個体でもかなり小ぶりなので、丸ごと茹《ゆ》でて食べられる場合も多く、全体の姿がわかりやすい。イイダコのいちばんの特徴は、春になると、その名が示すとおり、ご飯粒のような卵が、頭のような胴部にびっしり詰まっている点であろう。また、眼の斜め下にある腕の付け根に、キラリと光る金色のリングも印象的だ。

生物学において、現在用いられている二名法による学名の運用は、近代生物学における「分類学の父」と呼ばれるリンネを起点とする。筆者はフランスで、たまたま資料に遭遇したのをきっかけに、イイダコの学名の由来について調査した。すると、意外な研究史が明らかになった。イイダコの生物学的研究は、一八世紀後半から一九世紀前半の日本と西欧との関係や、西欧における鎖国時代の日本研究が密接にかかわっていた。では、イイダコの学名は、いつ、誰によって与えられたのだろうか？

まずは、イイダコについて調べるきっかけとなった、資料との出会いについて述べたい。

魚からイカ、タコへ――パリでの遭遇

二〇〇九年春、私はフランス、パリの国立自然史博物館の中央図書館で資料調査をしていた。フランスの有名な生物学者である、キュビエとバランシエンヌが、日本産の魚類の研究に用いた資料などを調

べるためだ。国立自然史博物館の中央図書館には、生物学者らが研究に用いた資料や手書きの原稿など、たいへん貴重な資料がきっちりと整理・保管されている。驚いたのは、キュビエによる直筆の原稿なども数多く残されていることだ。推敲《すいこう》の跡が残る原稿に触れると、偉大な生物学者に出会えたような、そして厳《おごそ》かな気持ちになり、最初は原稿を持つ手も震えたほどだ。

私は閲覧室で、大きな箱の中を開け、さらにその中に複数あるフォルダーを取り出し、魚の図を一枚、一枚、手にとって調査していた。すると、突然、フランス語の手紙が、しかも横文字の中に書かれた「烏賊魚」という漢字が目に飛び込んできた。明らかに、西洋人が書いたような、たどたどしくも一生懸命書いた筆跡であった。漢字の「烏賊」が何とも印象的で、ノートにメモしておいた。

続いて、印刷された二個体のイカの図版が現れた。キャプションの一部の chinois（中国の）は上から訂正線が引かれ、その下に、japonaise と手書きで修正されていた。「日本?」と思った。

しばらくしてから、ふと気になることがあった。イカの絵の一方の、甲の部分の模様に、見覚えがあるような気がした。急いでそのイカの図に戻って、その場で手持ちの資料と比べたら、なんと見事に一致したのだ。それは、ちょうど別件で調べていた絵本『海乃幸』に描かれたコウイカの図だった。そこで、司書の方に印刷された図版の出典を尋ねてみたが、わからなかった。

帰国後、魚類学の歴史についてご教示いただいている吉野哲夫先生に、調査についてご報告した。余談で、『海乃幸』のイカの図がまったくそのまま転載され、何かの図版に利用されていたことに触れた。するとすぐに、心当たりがあります、とのこと。そして、以前アオリイカについて調査したときに入手した文献です、と送っていただいたのが、フェルサックとオルビニによる『一般と個別の頭足類自然史』（Histoire naturelle generale et particuliere des céphalopodes acétabulifères vivants et fossiles）だった。さらに図版を調べると、『海乃幸』に描かれている別のイカ、タコの絵も含め、合計四点の絵が、フェルサックとオルビニの図版にそのまま利用されていることがわかった。

この偶然の一致に興味を覚え、このフランスの頭足類図鑑と日本の文献資料、そして現在の学名について調べたところ、とりわけイイダコの学名由来について、手ごたえがつかめてきたのである。

現在の学名との関係――イイダコ研究史

フェルサックとオルビニが『一般と個別の頭足類自然史』を編纂したのは、一八三四年から一八四八年である。わが国では、天保から弘化の年間に当たる。内容を調査すると、フェルサックとオルビニが、日本の文献、『和漢三才図会』と『海乃幸』を参照していたことがわかった。『和漢三才図会』は、大阪の医者、寺島良安がまとめた絵入りの百科事典である。そして、絵本『海乃幸』は、絵入りの俳諧集である。『自然史』の中で、フェルサックとオルビニは『海乃幸』に描かれた日本のイカとタコの図に新種としてそれぞれ学名を記入している。では、この時に紹介された日本のイカとタコは、現在ではどのような学術的価値を持つのだろうか？

調べた結果、唯一、イイダコの学名が、現在も有効であることが判明した。

かの佐々木望《まどか》は、日本近海産頭足類のモノグラフ（一九二九年）の中で、『和漢三才図会』と『海乃幸』がイイダコの記載の出典であることをすでに指摘していた。佐々木が参照した『海乃幸』は、現在も北海道大学附属図書館に保管されている。ただし、表紙が失われて、なぜか『魚尽くし』というタイトルになっており、佐々木もこの名前に従ったようだ。とにかく、佐々木は、『海乃幸』に描かれたイイダコの絵に、二点の特徴、つまり眼の斜め前の腕の付け根にある二つの斑紋と、眼の間にあるダンベル型の紋が、きちんと描きこまれていることに注目している（図6・1）。

『和漢三才図会』に書かれているイイダコを、一部引用してみよう（図6・2）。

いひたこ

望潮魚　俗に飯鮹

△思うに、望潮魚［イイダコ］の状は章魚［タコ］に類似して小さく、およそ五、六寸ばかり、頭は鳥の卵のようで、中に白肉が満ちている。煮て食べる。その肉は粒粒としていて蒸飯のようで、味もそうである。それで飯鮹という。足も軟らかくて美味である。正、二月に盛んに出る。…季春（陰暦三月）になると魚は痩せて飯はなくなる。（後略）（『和漢三才図会7』東洋文庫より）

近年では、グリードール＆ナッグス（一九九一）が、イイダコの学名について佐々木のモノグラフを再検討している。そして、『和漢三才図会』とオルビニのフランス語による記載文を比較し、その翻訳

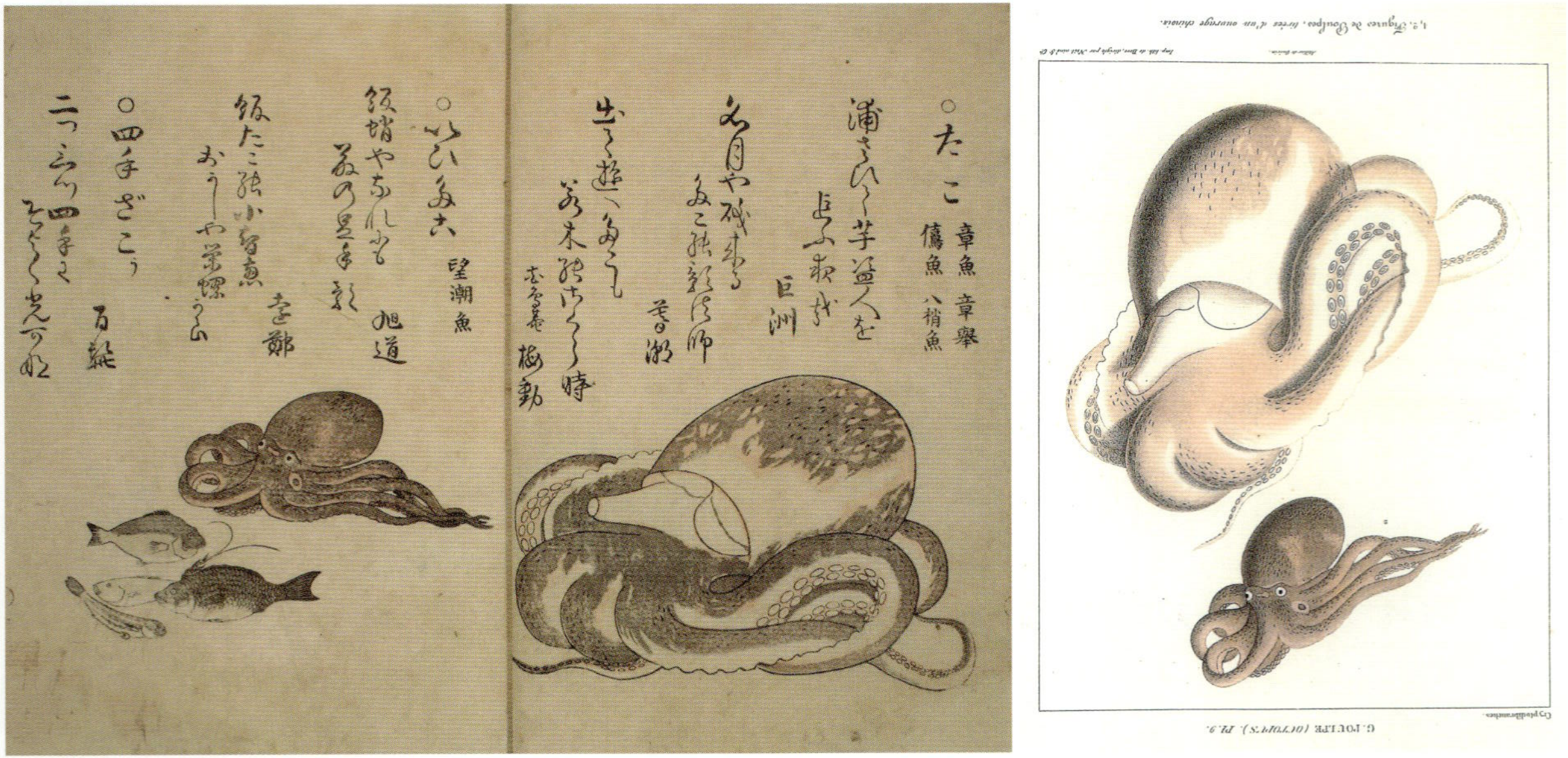

図6・1 『海乃幸』（左図，早稲田大学図書館所蔵）と『一般と個別の頭足類自然史』．生物図鑑では口が上部になるように描かれるため，右の『自然史』の図版は上下が逆に印刷されているが，明らかに『海乃幸』を転写したことがわかる．『海乃幸』のイイダコに描かれた斑紋（腕の付け根と眼と眼の間）が，この種の重要な特徴．

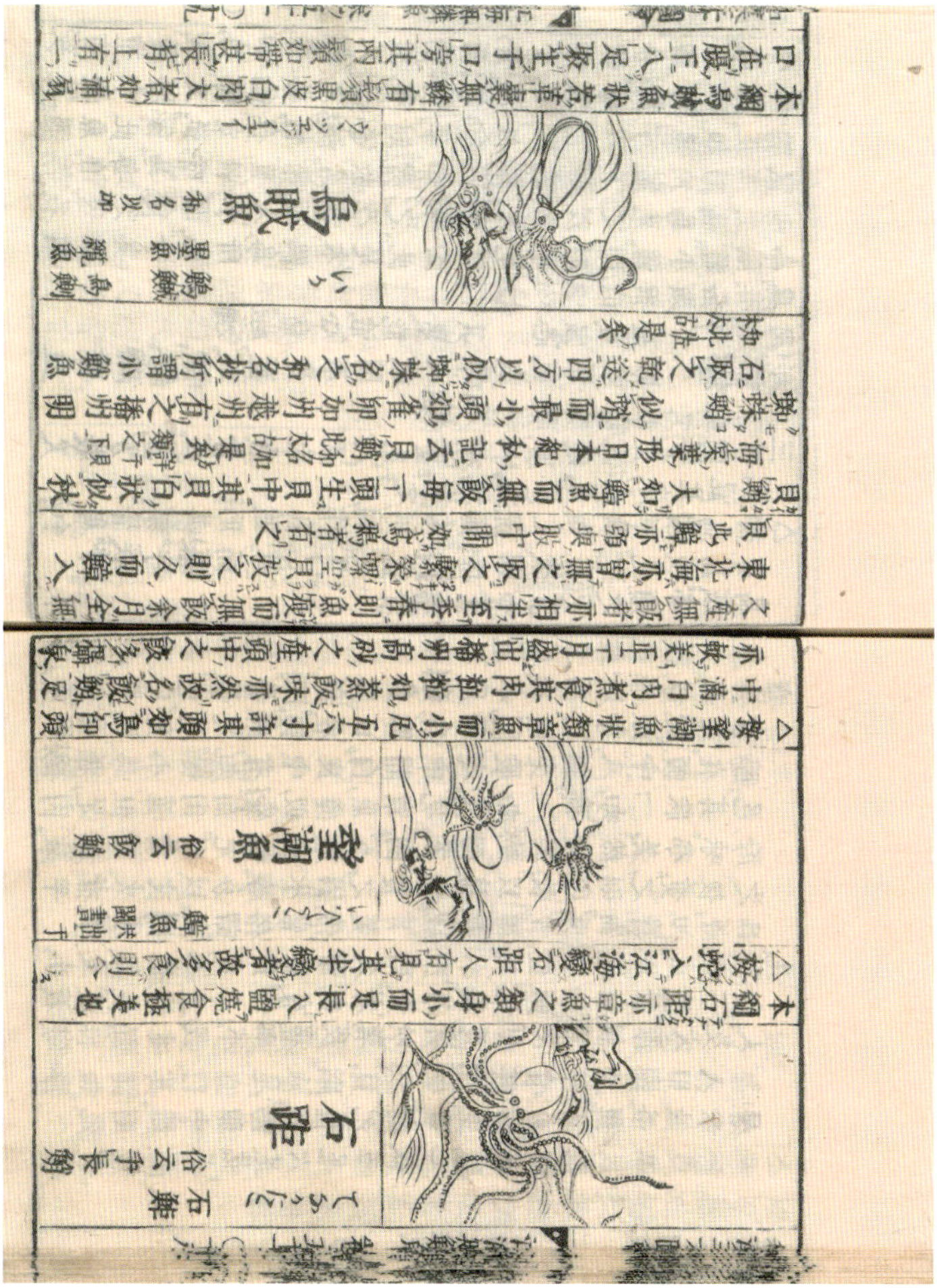

図6・2 『和漢三才図会．105巻首1巻尾1巻』より，イイダコ（飯蛸）の部分（国立国会図書館ホームページから転載）．

が正確であることと、そこにイイダコという種を決定する特徴、すなわち卵のサイズが大きく、成熟した個体のサイズが小さいという特徴が明白に描写されている、と評価した。しかし、同時に、オルビニがどうして日本の文献を参照可能だったのかについては、疑問を投げかけている。

では、鎖国時代に日本との国交がなかったフランスで、日本の文献がどうして参照可能であったのだろうか?

日本からフランスに渡った本草学文献の由来

調査の結果、フェルサックとオルビニが参照した日本の文献は両者ともパリに現存していることがわかった。しかも、私がパリの国立自然史博物館の図書館で調査していた絵本『海乃幸』こそが、フェルサックとオルビニが利用した実物そのものだったのだ。

一方、『和漢三才図会』もパリの国立図書館に保管されていた。一八〇三年に、オランダ人イサーク・ティチングが寄贈していたのだ。ティチングは、一七七九から一七八四年まで、オランダ商館長として、合計三回、通算三年半、日本に滞在していた。日本滞在中、彼はさまざまな日本の文物を蒐集しており、また通詞、蘭学者、そしていわゆる蘭癖大名といった、日本の知識人とも積極的に交流していた。彼は日本から離れた後も、手紙のやり取りを続けていたほどだった。また、東洋学者も含め、西洋の知識人とも広く交友があった。残念ながら、ティチングは日本研究半ばでパリで亡くなってしまい、彼のコレクションも分散してしまったが、フランク・レクイン氏が精力的に研究を重ねた結果、その概要はほぼ復元されている。

ティチングは鎖国中の日本に、西欧の文物や学術をもたらしたが、同時に彼が西欧に持ち帰った日本の資料、情報は、当時の東洋学者にとって、たいへん貴重な日本研究資料となった。その恩恵は東洋学者に限らず、やがて、フェルサックとオルビニのような生物学者も受けることになったと言えよう。

パリの国立自然史博物館の中央図書館に保管されている『海乃幸』についての詳しい来歴は不明である。しかし、日本より持ち帰られ、一七九五年まではオランダ総督のコレクションに加えられていたことがわかった。このオランダ総督のコレクションは、オランダ東インド会社による交易を通じて、世界中から集まってきた珍品稀品の宝庫であった。

『海乃幸』は、多色刷りの絵本で、勝間龍水が描いた魚介類を主題に、俳句が添えられている。当時としては、かなり写実的な図であった。木村陽二郎氏によると、描かれた魚介類の数は合計一三二種という。日本においては「絵入り俳諧書」であったが、来日した西欧人にとっては、文字は読めずとも、格好の「生物図鑑」に映ったことは想像に難《かた》くない。今、私自身にとっても、くずし文字を読むのに苦労するが、絵なら一目瞭然である。実際、出島の三科学者のうちの一人であるツュンベリーも、『海乃幸』を購入しており、それがスウェーデンのウプサラ大学に保管されている。また、かの平賀源内が、来日していた西欧人に『海乃幸』を贈った、という逸話も残っている。西欧に現存する『海乃幸』は複数あるため、パリに現存する『海乃幸』は誰が持ち帰ったものか、現時点ではわからない。しかし、来日した外国人がツュンベリーのように購入したか、あるいは贈られた結果、オランダに持ち帰られていたのだろう。

それが、一七九五年に、フランス革命軍の侵入により、オランダはバタビア共和国となった。これは事実上、オランダがフランスに併合されたことを意味する。そして、フランス軍は、ハーグにあったオランダ総督コレクションを接収したのだ。こうして、パリにもたらされたコレクションの中に、『海乃幸』も入っていたことが報告されている。

後に、フェルサックとオルビニがパリの『和漢三才図会』と『海乃幸』を活用することによって、日本のイカとタコが紹介されていたのだ。

フランスの東洋学と日本の本草学

鎖国時代の日本は、西洋にとって未知の世界であった。歴史的な経緯でパリに渡ってきた『和漢三才図会』と『海乃幸』は、当時のフランスにとって、いや西欧にとっても非常に貴重な日本の文献であった。それらの文献が、結果的に日本の生物資料として活用可能だったのは、複数の条件が十分に備わっていたからである。ここでは、①西欧での生物学の発展、②フランスにおける中国学の発展、③日本資料の生物学的価値、という三つの観点から考えてみよう。

一つは、当時の生物学の発展である。フランスでも科学的な調査を兼ねた世界的な大航海が実施され、さまざまな動植物資料が持ち帰られた。他の西欧諸国と同様に、フランスでも生物学の進展により博物学のモノグラフが盛んに出版された。とくに比較解剖学の父とも言われるキュビエに代表されるように、精密な図版を伴う図巻が多数出版された。フェルサックとオルビニによる『自然史』も、世界的に収集された生物資料から、頭足類についてまとめた意欲作であった。また、このような科学的成果物を生み出す知的生産活動が、その国の力を示すものとみなされたことも考えられる。

二点目は、フランスにおける東洋学、とくに中国学の発達である。西欧では一六世紀以降、イエズス会による中国への布教のため、中国語研究が行われていた。そしてフランスにも数多くの漢籍が持ち帰られるなど、中国資料の蓄積があった。オルビニは、『和漢三才図会』に書かれたイカ・タコの翻訳を、スタニスラス・ジュリアンに依頼していた。彼は、フランスにおける最初の中国学の教授、アベル＝レミュザの後任であった。アベル＝レミュザは、前出のティチングと交流があった人物でもある。『和漢三才図会』は漢文で文章が書かれている。それを正確に翻訳することができたのは、当時のフランス、パリにおける中国学発展の恩恵を受けることができたからである。イイダコ（飯鮹）の学名 *fang-siao* は、『和漢三才図会』に書かれていた名称「飯鮹《ファンシャオ》」の中国語発音の表記に基づいていたのだ。

三点目は、『和漢三才図会』と『海乃幸』の学術的価値である。

生物を科学的に記載するためには、種の特徴を観察して十分に記載することが必要であるため、生物標本の収集が必須である。しかし、フェルサックとオルビニが生物研究に取り組んでいた一九世紀の初頭、鎖国の日本から西欧に持ち帰られた生物資料は非常に限られていた。一八世紀後半以降、ツュンベリーのように植物の乾燥標本や一部の動物標本を持ち帰った事例も若干ある。しかし、それらの数はまだまだ少数であり、ましてやイカ・タコのような頭足類の標本は、輸送上の問題もあったであろうことから、資料がなかったと思われる。

そのような時代背景で、『海乃幸』に描かれたイカ・タコの図は、日本の生物標本資料の代用として十分通用するという価値が見出されたといえる。『自然史』の図版のイカ・タコ図は、どれも驚くほど細密に描かれた生物図で、手彩色である。しかも、非常に細かい点描で、生きたイカ・タコの繊細な色彩も表現している。それに比べると、『海乃幸』のイカ・タコ図は大まかな特徴はとらえているものの、稚拙であることが否めない。しかし、世界的な頭足類資料を網羅し、充実させたいというフェルサックとオルビニは、あえて『海乃幸』をそのまま転載することを選択したと考えられる。ちなみに、『和漢三才図会』にも絵はあるが形式的で、種を特定するには不十分なので、利用されなかったと思われる。

イイダコに関していえば、『和漢三才図会』に描写されていたこの種の特徴、抱卵時期や、生息地などの情報と、『海乃幸』に描かれた生物学的特徴、つまり両眼の間にみられる環状の斑紋と、腕の付け根の金色の斑紋の両方が、正確に描かれている。フェルサックとオルビニが、これらの情報を活用して記載していることが、後に佐々木望やグリードールらも認めるように、生物としてのイイダコという種の記載に十分であり、現在でも学名が有効とみなされる理由となっているのである。

オルビニは、イイダコを *Octopus fang-siao* と命名していた。現在、イイダコの学名は、*Amphioctopus fangsiao* (d'Orbigny, 1839-41) として有効である。属名は変更されているが、オルビニが命名した種小名*fangsiao*が、現在でも有効なのである。

江戸博物学の再評価とこの時代の生物描写について

イイダコの学名が、生物標本資料ではなく、日本の文献資料に基づき、フェルサックとオルビニによって記載・命名され、その学名が現在も有効であることがわかった。このことは、『和漢三才図会』と『海乃幸』にみられる生物の観察、描写が優れており、生物標本資料の代用品としても十分な価値を持っていたことを意味する。『和漢三才図会』は序文が正徳二年（一七一二）、『海乃幸』は初版が宝暦一二年（一七六二）の出版物であるので、フェルサックとオルビニの著書よりそれぞれ約一三〇年、約八〇年も古い作品であった。しかし、これらの作品に示された生物学的観察力は、一八世紀前半の西欧生物学に認められる学術価値を備えていたと言える。

『和漢三才図会』は百科事典である。そこに描写されたイイダコの生態を含む記述内容は、この種の生物学的特徴をよくとらえていたと評価することができる。一方、『海乃幸』は俳諧書として作られ、生物図鑑を目的としたものではなかった。しかし、すでに博物図譜の研究者である今橋理子氏によって指摘されているように、この時代の博物学的関心の高まりにより描写力に定評のあった勝間龍水に『海乃幸』の絵を描かせたと考えられる。ほかにも、同時代の絵画や博物図譜には、写実性に優れたものが数多くある。伊藤若冲の『動植綵絵《さいえ》』や、精緻な描写で知られている高松松平家歴史資料の『衆鱗図』

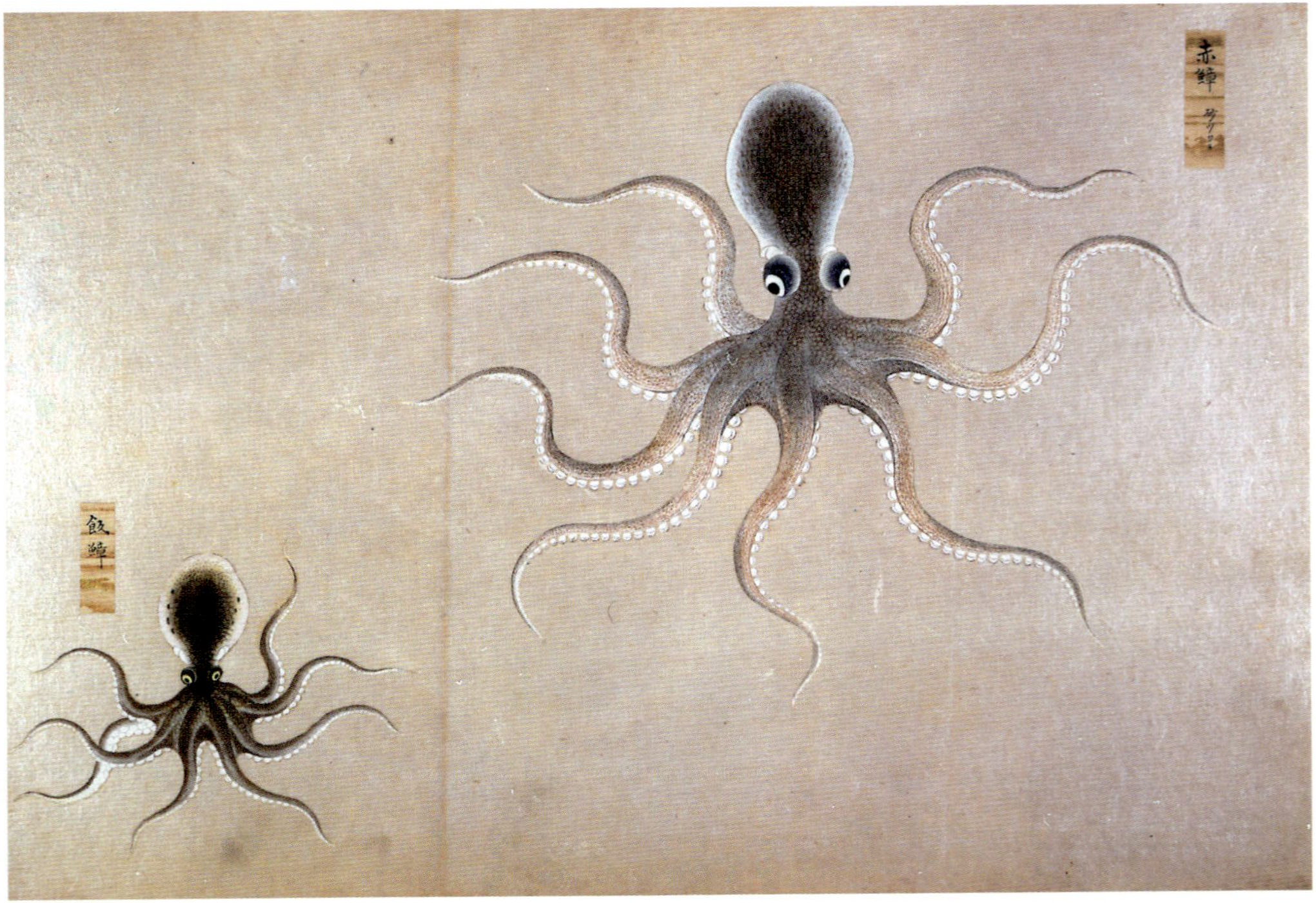

図6・3 『衆鱗図』第三帖よりイイダコ（左図）とスナダコ（右図）（高松松平家歴史資料香川県立ミュージアム保管）.

は、そのような事例の一つである。たとえば『衆鱗図』に描かれているイイダコにも、腕の付け根の斑紋が描かれている（図6・3）。『衆鱗図』のイイダコが展示されていたのを見る機会があったが、その表現方法に驚いてしまった。単に金色一色で描くのではなく、赤や黄色、青色など微妙なバランスで用いて、生きているイイダコのリングが金色にキラリと輝く様を、じつに巧みに表現していたのだった。

生物学的な特徴を写実的に描いている『海乃幸』などの作品にみられる生物学描写と、それらが西欧で生物資料に代用されていたという史実からも、江戸博物学の生物描写力の高さがを再評価される。

イイダコ命名のタイミング

イイダコの学名が命名された時期と、その資料について、生物学史における意義を考えてみよう。鎖国時代に来日した外国人として有名な人物といえば、シーボルトであろう。彼は一八二三年に来日し、日本から、動物標本資料をはじめ、さまざまな資料を大量にオランダに送った。その中に、イイダコも含まれていた。しかし、オルビニによる『和漢三才図会』と『海乃幸』を活用したイイダコの記載は、シーボルト標本に基づく研究を待たずして独立した先行研究となったのであった。また、シーボルトの『日本動物誌（ファウナ・ヤポニカ）』では、最終的にイイダコを含む軟体動物の出版はされなかった。『日本動物誌』は、シーボルトの持ち帰った日本産動物標本資料を、専門家が研究して出版した大著であり、哺乳類、鳥類、爬虫類、両生類、魚類、甲殻類が扱われているが、シーボルトは日本の動物を自費出版の『ファウナ・ヤポニカ』で紹介した。無脊椎動物を担当したのはデ・ハーンであった。彼は病魔に冒され、『甲殻類編』は何とか完成できたが、他の無脊椎動物を研究・紹介することはできなかった。シーボルトは貝類にかなり興味を抱いていた。デ・ハーンが健康であったら『軟体動物編』が刊行された可能性があった。

歴史に「もし」を論ずることはできないが、それでも、もし、イイダコが、他の動物に見られるように、幕末や明治初期に来日した研究者によって命名され、記載されたならば、『和漢三才図会』と『海乃幸』は利用されなかったかもしれない。そうだったとすれば、おそらく、イイダコの日本名の漢字を中国語の読みで示した *fangsiao*（飯鮹）の学名が与えられることはなかったであろう。

イイダコの学名の由来を調査した結果、鎖国時代の日本と西欧との関係、西欧における博物学や東洋学の発達、そして日本での江戸博物学の発展というさまざまな要因が深く関係していたということがわかった。学名というものは、種の分類研究が進んでいくと、どんどん変わっていく場合がある。この先、イイダコの分類学的研究も進展するであろうが、フランスで命名された、日本の文献を由来とする *fangsiao* の学名が、そこに秘められた歴史的経緯とともに理解され、今後も使い続けられてほしいと願うものである。

7章

サンゴ礁にタコを探して

小野奈都美

「サンゴ礁の海」と聞けば、エメラルドグリーンに輝く海面と、その下に広がるどこまでも見通せるような透明度の高い海がすぐに思い浮かぶのではないだろうか。そこには、美しいサンゴやカラフルな熱帯魚、色も形もさまざまな貝やウミウシ、ナマコやウニ、ウミシダ、海藻類など数多くの生き物が生息している。そして、もちろんタコもそんな美しいサンゴ礁の海の住人である。

では、サンゴ礁の海にはいったいどんなタコが棲んでいるのだろうか？　というと、具体的に想像できる人は少ないのではないかと思う。それもそのはず、じつはサンゴ礁域に生息するタコ類が学術的に詳しく調べられるようになったのはきわめて最近の話なのである。

本章では、日本の最南に位置する沖縄を舞台に、サンゴ礁の海に棲むタコについて沖縄に伝わるユニークな漁法とともにご紹介したい。南の島のちょっとホットなタコの話、しばしお付き合いいただければと思う。

1. 誰も知らなかった沖縄のタコ

日本人ならタコを知らないという人はまずいないだろう。大きな頭（本当は腹部なのだが）にねじり鉢巻をした八本足のユニークなキャラクターはわれわれ日本人にとってとても親しみ深い。また、たこ焼きや酢だこなど食材としてもおなじみの動物である。

私が学生として研究テーマにタコを選んだのもそんな気安さからであった。そもそも、タコを研究テーマに選んだ動機はあまり高尚なものではなかった。沖縄で生物を研究するにあたって、サンゴや魚などの「花形」生物の研究室は、入るのにいかにも競争率が高そうである。かといって、誰も聞いたことがないようなマイナーな生物を選ぶとそれはそれで苦労しそうだ。そうだ、タコならだれでも知っているからきっと各大学に一人くらい研究者がいるはず。かといってあまりカッコイイ動物でもないから競争率も低いだろう。そんな安易な理由で、その後の指導教官となる先生に、タコを研究できる研究室はどこかと尋ねたのである。すると先生からはこんな答えが返ってきた。

「二〇年教官をやっているが、タコを研究したいといった学生は君が初めてだよ。」

かくして、浅はかな内心とは裏腹に二〇年に一人の逸材（？）となってしまった私は、引くに引けず、ズルズルとタコを研究することになったのである。

研究をするからには、せめてどのタコを対象とするかを絞らなければならない。ちなみに、一般的に知られている八本足の底生性のタコは、分類としては八腕形目のマダコ科に属するタコ類であり、本章で「タコ」とはマダコ科タコ類を指すこととする。さて、沖縄にはいったいどんなタコがいるのだろうか？　図鑑を開いてみると、沖縄地方に生息すると書かれているのは三〜四種類程度である。とくに当時の図鑑でよく目にしたのは、ワモンダコ、ヒョウモンダコ、シマダコ、アナダコの四種であった。しかし、こうしたいくつかの写真図鑑などには「沖縄県が生息域に入る」とされている記載があっただけで、踏み込んだ情報が載っていないことが多かった。もっと専門的なモノグラフや論文はどうだろうか。日本における頭足類の代表的なモノグラフは、一九二九年に北海道大学の佐々木望によって著わされた

『日本及び隣接海域の二鰓頭足類図譜』である。本書は日本中の頭足類が詳細な図と形態のデータの記述とともにまとめられており、約一世紀を経た今でも頭足類を研究する学者のバイブルとなっている。ここには、北海道から台湾、果ては小笠原諸島まで日本近海に生息しているタコが約三〇種紹介されている。しかし、この大著の中にも沖縄で採集したという記録は見つからない。もっと時代を遡って一八〇〇年代の採集記録や原記載、大英博物館やパリの自然史博物館、アメリカのスミソニアン博物館といった博物館のモノグラフなどを調べてみるが、その中にも沖縄が標本の採集地となっていることはなかったようだ。一方、比較的最近の研究はどうだろうか？　周辺地域では、台湾、フィリピンなどのタコ類相は調べられており、まとまった種のリストが手に入るが、琉球列島に関してこのような研究はもちろん存在していなかった。そのほか、数々の文献を調べたが、沖縄（琉球列島）におけるタコの研究はおろか標本の採集記録すら見つけることができない。沖縄の周辺だけぽっかりと抜けているような印象だ。どうやら古今東西、沖縄でタコを採ってその種を学術的な文献に記載するということは誰もしてこなかったようである。二〇年間学生がいないどころの騒ぎではなかった。もっとも、日本あるいは世界的に見てもタコに関する研究は、生物としてのタコそのものの知名度に比してきわめて少なく、情報も限られているのが現状である。沖縄なんて日本の一地域なので、そこだけハイライトして研究されることがなかったというのは当然といえば当然なのかもしれない。しかし、それにしても手がかりが少なすぎるようである。はたして沖縄のタコは本当に三、四種類しかいないのか？　誰も知らないだけで本当はもっと多くのタコがいるのではないだろうか？　何もわからないまま手探りで沖縄のタコ研究はスタートしたのである。

2. 沖縄のタコを探せ

(1) ヘンザ島の「ンヌジグワァ」

研究を始めて、まずぶつかったのが採集の壁であった。これまで採集記録すら満足に見つけられないのだから、当然標本も残っていないし、あったとしても容易にアクセスできるものではない。唯一標本として見ることができたのは、東京海洋大学に所蔵されていた石垣島で採集されたという「アナダコ」の標本のみであった。それ以外は、自分で片っ端から標本を集めて回らなければならなかったのだが、漁業種として市場にあがるタコ以外のタコがどこでどうやって採れるのか、皆目見当もつかなかった。

沖縄地方では蛸壺を使ったタコ漁は行われていない。蛸壺はタコが自分の身を隠すため、岩などに隠れる習性を利用してタコを捕獲する漁具であるが、サンゴ礁に囲まれている沖縄では、天然の蛸壺ならぬタコ穴が多く存在し、蛸壺をしかけてもまとまった量が採れないようである。また、沿岸では底曳網漁もおこなわれていないことから、ほかの漁業種の混獲物として水揚げされることも期待できなかった。沖縄でタコ漁といえば、潜って銛《もり》でついて採るのが主流である。この方法で採られるのはほとんどが大型のワモンダコであり、市場に並ぶのはほぼすべてこの種だ。それ以外の種については、まれにシマダコが揚がることはあっても、まったくと言っていいほど市場では見かけなかった。沖縄に生息するタコは、大半はワモンダコで他はごくまれに見られる程度の種なのか？　そもそも沖縄にタコなんてそんなにたくさんいないのかもしれない……そう思いかけた矢先に出会ったのが、一本の論文であった。これは沖縄本島中部の東海岸に位置する平安座島《へんざ》という島について風土や習慣などをまとめた民俗学の論文であったが、その中にタコ採集の話があった。どうやらこの地方では毎年秋から初冬にかけて、周辺の干潟で特殊な漁具を使ったタコ漁をするらしい。ターゲットは、干潟に生息している「ンヌジグワァ」と呼ばれる小型のタコであるという。早速、平安座島に向かうことにした。

平安座島は島と名がつくが、沖縄本島から海中道路と呼ばれる道を使って陸路で渡ることができる。海中道路の両脇は海だが、潮が引くと水深がくるぶし丈ほどになるごく浅い干潟が広がっていて、水遊びや磯採集をする人々の姿が多くみられる。夏の強烈な日差しが和らぎ、爽やかな秋風が吹き始める一〇月頃からそのタコ漁は始まるという。私が海中道路につくと、すでに何かを採っていると思われる人々が海に入っていた。よくみると何か投げ縄のようなものを振り回している。近くにいた初老の男性に話を聞いてみることにした。

「何を採っているんですか？」

「ンヌジグワァだよ。この小さなタコのことさぁ。」（図7・1a）

そういって男性がみせてくれた魚籠《びく》の中には、手のひらに乗りそうなサイズの茶色のタコがぎっしりと入っていた。聞くところによると、この時期には平安座島周辺の人々はみんなこぞってこのタコを採

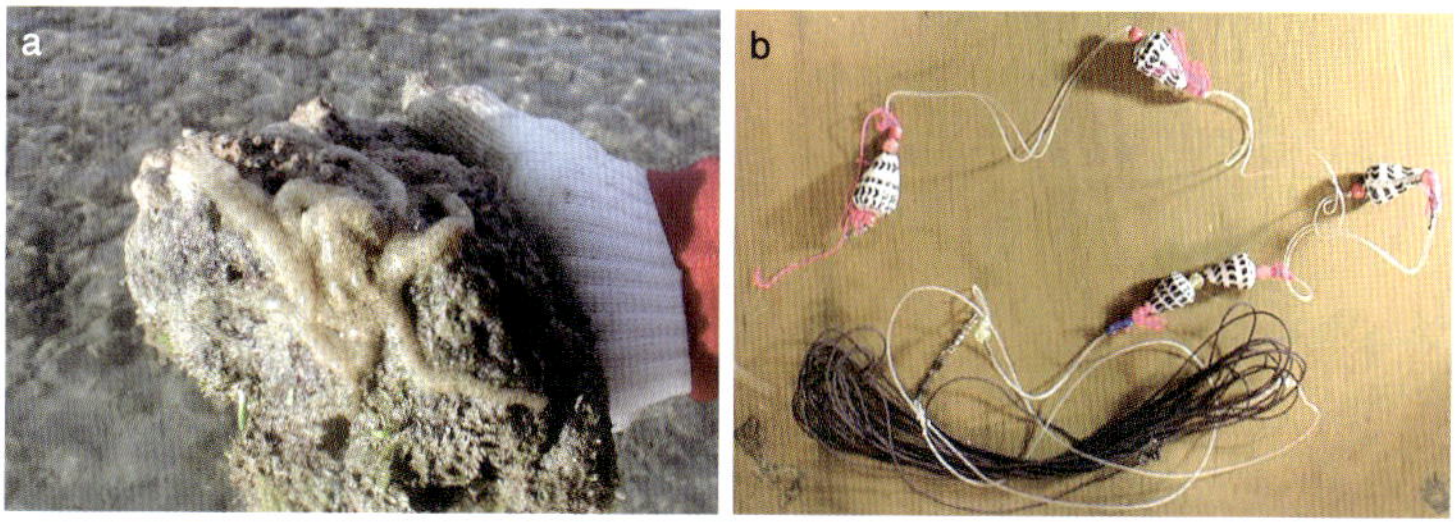

図7・1　a：平安座島で採れたンヌジグワァ．b：平安座島で使われている「ンヌジベント」．

るらしい。採れたタコは市場で売ったりすることはなく、家庭で食べたり、近所の人々と分け合ったりするのだそうだ。投げ縄のように振り回していた漁具は「ンヌジベント」と呼ばれるもので、釣り糸にイモガイが等間隔にくくりつけられたものに長い紐をつけた仕掛けであった（図7・1b）。この仕掛けを前方に投げて手繰《たぐ》り寄せるとイモガイめがけてタコが寄ってくるのだという。本州などでみられるらっきょうを使ったイイダコ釣りに似ているが、釣り針がついていないのでタコがそのままくっついてくるわけではなく、イモガイに寄ってきたタコを目視で確認し、近くの岩や石の下に隠れたところを捕まえるという方法である。これにはけっこう高度な動体視力と反射神経が要求される。人々はこれを「タコとの駆け引き」と呼び、楽しんでいるのだそうだ。名人になると一回に五〇尾以上も採るという。これなら十分な数の標本が確保できそうだ。そこで、名人と呼ばれるおじぃ（沖縄では、地方にもよるが、年配の男性、女性を敬意と親しみをこめておじぃ、おばぁと呼ぶ。ここでもそれにならっておじぃと呼ばせていただくことにする）に頼み込んで弟子入り（？）させてもらい、タコを採集することにした。しかし実際にやってみると、これがなかなかむずかしい。何度か教えてもらいながら挑戦したが、一回二、三尾がいいところで釣果《ちょうか》なしの日も少なくなかった。結局、大半を名人に採ってもらい、無事に研究に必要な標本数を確保することができたのだった。

(2) 沖縄のローカル蛸採り

平安座島の例のみならず、沖縄では各地でこのような地域ごとの磯における蛸採集、いわば「ローカル蛸採り」が行われている。海で、潮の干満によって海底が露出したり水没したりするエリアを潮間帯と呼ぶ。潮干狩りをした経験がある人は潮が引く干潮の時間に海に行き、干上がった海底から貝などを採ることはよくご存知だろう。満潮の時間には貝を採る場所が水の底に沈んでしまい、採れなくなってしまう。ローカル蛸採りも潮干狩りと同じで、主としてこの潮間帯で行われる。このローカル蛸採りを調べればもっとちがうタコに出会えるかもしれない。そこで各地のローカル蛸採りを調べていくと、対象となるタコの種もさることながら、その漁法の多様性も興味深いものであった。

たとえば、ンヌジグワァと同じ種が石垣島や西表島では「ウムズナー」、小浜島では「ムンチャー」と呼ばれ、それぞれの地域の人々に採られている。しかしながら、漁法はンヌジグワァのそれとは異なっている。石垣島や小浜島では先ほどの「ンヌジベント」のような仕掛けは使わず、干潮の時間に海に行き、カニを藁でくるんだ棒状のもの（図7・2a）をタコの巣穴（この種は干潟に巣穴を作る）に差し込み、出てきたところをフォークのようなとがったもので突き刺すという方法であった（図7・2b）。これはこれで面白いらしく、秋になるとウムズナー（ムンチャー）採りファンが石垣島や小浜島の干潟に集うそうだ。しかし、隣の西表島ではとくに仕掛けは使わず、同じく干潮の時間に干潟に出ているウムズナーを歩いて探して採っていた。このように同じ種でも地方によって呼称や漁法がかなりちがうのである。

　もう一つ、沖縄のローカル蛸採りの代表として冬の夜の「漁り（方言ではイジャイ、イザリなどという）」がある。潮の干満は季節、時間によって変わり、干満の仕方も場所によって変わる。この干潮と満潮のサイクルは主に、一日に昼と夜の二回訪れ、干潮と満潮の潮位の差は月の周期に伴って変わる。最も干満差が大きい時期は新月、満月の前後四日間程度であり、大潮と呼ぶ。大潮の干潮には潮位がぐんと下がるため、磯採集がよりしやすくなる。しかし同じ大潮の干潮でも夏と冬では潮の引き方が異なる。夏場は昼間の潮位が低く、夜の潮位のほうが高い。冬場はこれが逆転し、夜の潮位が下がるのである。「漁り」はこの冬場の大潮の夜間干潮に磯採集をするのだ。狙いは夜行性のタコ。じつはタコは夜行性のものが多く、昼間よりもずっと多くの種類を見ることができる。

　沖縄といえども、冬の夜は寒い。しかし、冬の夜の海での蛸採りはどことなく幻想的で趣がある。大潮は満月か新月なので、晴れていれば満月のときには煌々と輝く月を、新月のときには満点の星空をみながらタコを採る。明かりは手元の水中ライトのみだが、中には大きな電燈と発電機を背負ってくる気合の入った人もいる。夜の潮間帯は、昼間とはまたちがった表情で面白い。夜行性の貝がのそのそ歩き、アイゴがサンゴの隙間に隠れてうつらうつらしている横にタコがうずくまっていたりする。たいていは岩肌に擬態していたりしてわかりにくいことが多いが、ときにはひざ丈ほどの水深に、大きなタコがでんと鎮座しているのに出会うこともある。ここでも蛸採り名人がおり、幾度となくその知識と技術にあ

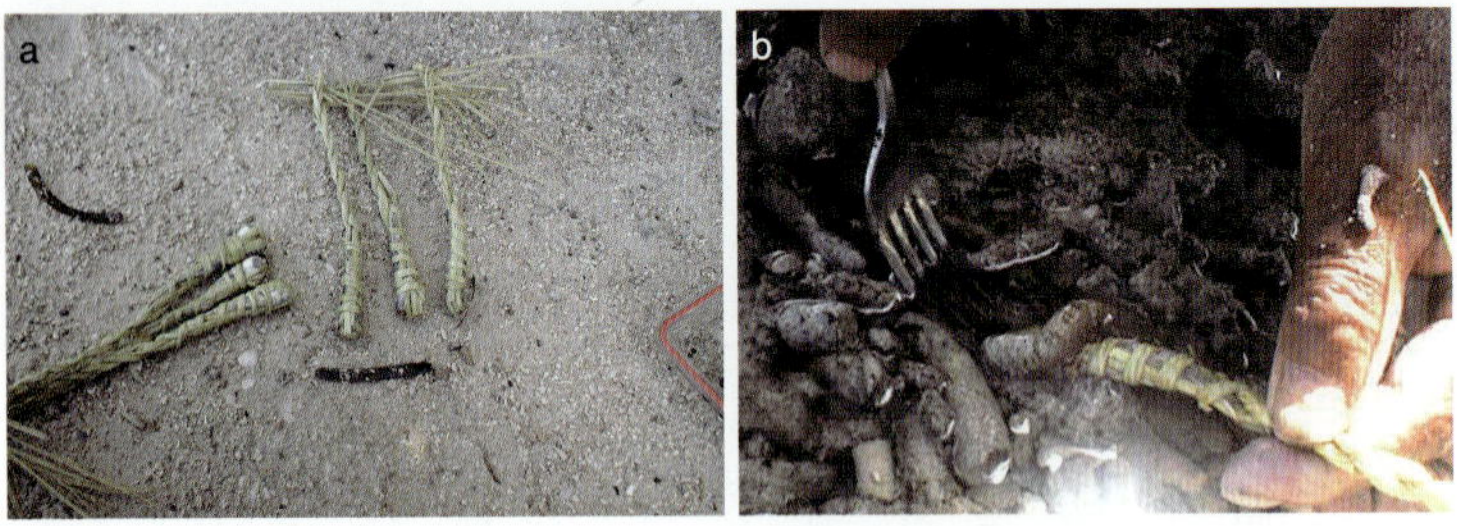

図7・2　a：石垣島で使われているウムズナー採りの道具．スナガニなどのカニを裂いて藁でくるんだもの．b：石垣島で行われているウムズナー採りの様子．藁でくるんだカニの仕掛けにタコの腕がからみついている．

やからせていただいた。こうして多くの蛸採りおじぃ、おばぁに協力を要請することで、これまで一般的にはあまり知られていなかった数多くのタコを見つけることができたのであった。

ローカル蛸採りを通してひとつ気づいたことがある。前述した民俗学の論文の中でも指摘されていたことであるが、こうした蛸採りの多くは生計に直結しないものであるということである。もしもこれらのタコに商業的な価値があり、重要な漁業対象種として採られていたならば、沖縄でももっとタコ研究が盛んだったかもしれない。沖縄でタコが研究されてこなかった理由、それはタコと人との関係が利害を含まない「遊び仲間」だったからなのかもしれない。そう考えると、沖縄のタコ研究もそんな純粋な関係に水をさすようでなんだか申しわけないような気もした。

3．沖縄のタコは何種いた？

沖縄のタコ探しは潮間帯でのローカル蛸採りだけではない。もっと水深の深い場所で潜って探すこともしばしばであったが、独力で多くの標本を探して回るのには限界があった。多くのタコは単独性であり、群れでみられることは少ない。また、海中を泳ぎまわっていることはほとんどなく、たいていは岩場やサンゴの影や穴の中に身を潜めているか、体が出ていてもまわりの環境に擬態していて、タコとして見分けることは困難である。また、とくに小型の種はすばしこく、あっという間にサンゴや岩の隙間に逃げ込んで出てこなくなってしまうため、採集するのも難しいことが多い。そんな中、海に潜ることの多い研究者仲間やダイビングショップのオーナー、水中カメラマンなど海にかかわる多くの人々の協力を得ることができたのは、とても頼もしいことだった。あまりダイビングスキルも高くなく少々鈍くさい私は、潜っても逃げられたり見逃したりすることがしょっちゅうだったが、海に関する知識と経験の深い多くの協力者を得ることができたおかげで沖縄本島のみならず、周辺の島や石垣島、西表島など琉球列島各地からタコを集めることができたのだった。

こうして集めたタコの形態を調べ、種を整理していった結果、これまで図鑑などでは三〜四種程度しか認識されていなかった沖縄のタコは、なんと一七種もいることが判明したのである。このうちこれまでに日本からの記録があったものは四種で、日本からの記録がなかったものは四種、新種も二種記載することとなった。さらに分類学的に検討が必要で種が確定できないものが七種存在した。まだまだ調査できていない地域があることも考えると、この数はもっと増える可能性があるだろう。この中には図鑑などで認知はされていたもののじつは別種だったということもあった。その代表例は前述のンヌジグワァである。

ンヌジグワァは一部の図鑑や文献ではアナダコ（学名：*Octopus oliveri*）という種に同定されてきた。しかしながら、日本で最初にアナダコと命名された標本を取り寄せてみるとまったく別種だったのである。そこで、ンヌジグワァの形態を詳細に調べ、諸々の文献と照らし合わせた結果、本種は *Octopus oliveri* ではなく *Abdopus aculeatus* という種であることが判明した。この種はオーストラリア北部のグレートバリアリーフからフィリピンにかけて分布する種である。一方、アナダコは日本ではもともと小笠原島から記載された種で、小笠原島以外にはニュージーランドのケルマデック諸島、ハワイ諸島などに分布している種である。なぜこのような取り違えが起きたのか？　じつはンヌジグワァを方言名以外にアナダコ（穴蛸）と呼ぶ人も多い。理由は、干潟の穴の中に潜り込んでいるからだという。この俗名がそのまま標準和名と混同されてしまい、図鑑に記載されてしまったようである。このような標準和名と俗名の混同はよくあり、たとえば標準和名でシマダコという種がいるが、沖縄では地元のものに「島」をつける風習（島酒、島ぞうりなど）があり、身近なタコを「シマ（島）ダコ」と呼ぶことがあることから、何種かがシマダコと混同されて認識されてしまっていることもあるようだ。このような混乱を防ぐためにも学名と同様、標準和名も整理していくことが重要である。ちなみにンヌジグワァにはウデナガカクレダコという和名をつけている。

4. 沖縄のタコはどんなタコ？

さて、沖縄に生息するタコは採るもの採るもの目新しい種ではあったが、どれもがまったくの新種というわけでもなかった。日本からの記録はないものの、もっと別の海域では分布が確認されている種も多かったのである。また、沖縄で新種として記載した種で、過去に他の海域で未記載種として確認されていた種もあった。

そこで、沖縄に生息するタコの種はどの地域と共通する種が多いかということを、まとまった種の報告がある日本列島南部（九州以北から房総半島まで）、台湾、フィリピン、香港の四地域と比較した。既存の文献に記載されており、比較可能なレベルで分類の確定している種のみとの比較ではあるが、沖縄のタコは地理的に近い日本列島南部や台湾のタコと比べると、だいぶ異なる種が生息しているようである。また、香港とも異なる種組成であった。一方、地理的に見るとずっと南にあるフィリピンとは共通する種が多く、さらにそれらの種は、さらに南のインドネシアやオーストラリアの北部に分布しているものが多い。これは、サンゴ礁の発達と関係が深いようである。フィリピンやインドネシア、オーストラリア北部（グレートバリアリーフ）は沖縄と同じくサンゴ礁が発達している地域である。一方、日本列島沿岸にはサンゴ礁は形成されておらず、香港や台湾も一部の地域を除いてサンゴ礁はあまり発達していない。浅海域に限定されるかもしれないが、タコの分布はサンゴ礁という生息環境の類似性を反映しているようである。沖縄のタコは「サンゴ礁のタコ」と言っていいようだ。

また、甲殻類や貝類など多くの海洋生物の分布パターンから区分された生物地理区を見ると、琉球列島が位置するのは「インド‐西太平洋海域」と呼ばれる海域である。「インド‐西太平洋海域」は、東南アジアを中心とした熱帯のポリネシアからインド洋に至るまでを包括する広い範囲であり、琉球列島はこの海域の北端にあたる。したがって、沖縄で見つかったタコの多くがこの範囲に含まれる他のサンゴ礁海域にも生息すると考えられ、多くの種で琉球列島がその分布の北限となるのではないかと考えている。

5．熱帯のタコは謎だらけ

インド‐西太平洋海域を中心とした熱帯性タコ類の研究は非常に遅れており、この海域に生息するタコ類の実態が明らかとなってきたのはここ二〇年ほどである。それまでは、一九世紀や二〇世紀初めの文献で記載はあるものの、それ以降まったく何の研究もされずに放置されていた、というような種が山のようにあり、本当にその種が存在するのか、この種名は学術的に有効なのか、ほとんど検証されていない混沌とした状態であった。さらに、こうした古い文献でも認知されていなかったまったくの新種も数多く存在した。しかし、一九九〇年代以降オーストラリアのマーク・ノーマン博士によってインド‐西太平洋海域に生息する熱帯性タコ類はだいぶ整理されることになった。ともすれば、沖縄のタコたちは名無しのゴンベエの集団になるところであったが、こうした先行研究があったおかげで大部分を同定することができ、新種の記載も比較的スムーズに行うことができたのである。なぜ、熱帯のタコ研究がこれほど遅れていたのか、その大きな理由のひとつがタコの分類のむずかしさにある。

タコの分類はむずかしい。その原因は、あのフニャフニャの体にある。タコは基本的に口器の中にある嘴《くちばし》（カラストンビとも呼ばれる）部分以外に硬い部分がない。そのため、標本にするためにホルマリンで固定してもグニャグニャに変形してしまい、正確に計測するのがむずかしいのである。また、生きているときには美しい色彩や模様を持っていても、固定後はそれが消失してしまうことが多く、ただの八本足の茶色い塊になってしまう。かくして、熱帯性のタコに限らず、タコの形態による分類は非常に遅れているのが現状である。とくに、種を同定したり、新種を記載する際には、種の名前を決めるもととなった標本（タイプ標本）と照合することが重要だが、タコの場合は古い標本になるとほとんど原型をとどめない。ノーマン博士が「チューインガム」と形容する代物との格闘は、なかなか頭の痛い作業である。グニャグニャに曲がりくねったり、シワシワになったり、ときには茹《ゆ》で蛸よろしく腕がくるくるとまるまって縮こまってしまった標本の各所を計測し、何とか比較できそうな形質をあぶり出していく。特徴的な模様や色も消えてしまっていることが多いため、カラフルな種であったとしても色彩や模様が同定の形質として使えないことも多い。

それに加えて熱帯の種の豊富さである。一般的に陸上において熱帯地域は種の多様性が高いことが知られているが、この傾向は海生生物の分布に関しても同様であり、とくにインド-西太平洋海域は種多様性の高い海域として知られている。これは、おそらくタコにおいてもあてはまり、沖縄で見られたように、これまでの認識をはるかに上回る種多様性を示すことがわかってきている。この多様性の高い「チューインガム」の山を整理するのに並々ならぬ苦労があったことは想像に難くないが、それでも解明されたのは氷山のほんの一角だろう。実際、調査されている地域はきわめて限られており、見つかっているものですら分類が不確定で、まだまだ新種の可能性のある種が数多く存在することが指摘されている。熱帯のタコはまだまだ謎だらけなのである。

6. トロピカルタコ列伝――沖縄のユニークなタコたち

ここからは、これまでの研究で明らかとなった沖縄のタコをご紹介したい。これまで日本ではその存在を知られていなかったタコやようやく種として認知されたばかりのタコたちだ。まだまだわからないことだらけだが、少しずつ見えてきたその姿は興味をそそるものばかりである。サンゴ礁の海に潜る楽しみのひとつとして、これからの研究への足掛かりとして、まずはプロフィールをご覧頂きたい。

(1) 二本足で歩く忍者ダコ――カクレダコの仲間

カクレダコの仲間は、本章では何度も登場しているンヌジグワァことウデナガカクレダコの属する仲間である。学名の *Abdopus* がラテン語で「隠れる」を意味することからこの和名がつけられた。沖縄にはウデナガカクレダコ *Abdopus aculeatus* のほか、カクレダコ *Abdopus abaculus* が生息している。その名のとおり、周りの環境に擬態しているため（図7・3a）、一見して見つけるのは容易ではないが、

図7・3　a：ウデナガカクレダコ，b：ソデフリダコ，c：オオマルモンダコ，d：シマダコ，e：サメハダテナガダコ，f：シマダコ属の一種

沖縄の海岸では比較的ふつうにみられる種であり、砂や礫の多い干潟にまとまって生息している。本属に属するタコ類の大きな特徴は腕（八本足の足）を自切することである。トカゲのしっぽやカニのはさみなどが自切の例としては有名だが、カクレダコの仲間もまた敵から逃げる際に自分の腕を自ら切って逃げるのである。

もう一つ、この属のタコについて有名な観察は、「タコの二足歩行」であろう。二〇〇五年にアメリカのサイエンス誌に掲載された論文である。

八本足のタコが二本足で歩くというセンセーショナルな内容は、広く一般の人々の興味をそそるものであり、ニュースなどでもトピックとして取り上げられていた。この論文の中では二種紹介されているが、そのうちの一種がウデナガカクレダコである。残念ながら私は二本足で歩行中（？）に出くわしたことはないが、本種の生息環境を考えると論文にあるようにホンダワラのような大型の海藻に擬態しながらトコトコ歩いても不思議ではないようだ。ちなみに、もう一種はメジロダコというタコで、この種も沖縄および日本近海に生息する種である。素早く複雑な動きをすることから、よく「海の忍者」とたとえられるタコであるが、カクレダコの仲間はその中でも屈指の忍法の使い手といえるのではないだろうか。

(2) 隣のタコは名無しのゴンベエ——ソデフリダコ

ソデフリダコ *Octopus laqueus* は二〇〇五年に沖縄から新種として筆者と窪寺博士とが記載したタコである。新種というとアマゾンの奥地などで必死に探さないと見つからない、世にも珍しい動植物というイメージがあるが、じつはわれわれの周りには学術的な命名がされていない種がたくさんおり、こうした動植物が新たに学名を与えられると新種となる。ソデフリダコもそんな種のうちのひとつである。

ソデフリダコは全長二〇センチメートル程度の小型のタコで、腕と腕の間の膜が薄くひらひらとなびいて袖をふっているようだということから和名をソデフリダコとした（図7・3b）。潮間帯から水深少なくとも二〇メートル程度までの範囲に生息しており、夜行性である。最初に見つけたときには、「スゴイ！　珍しいタコを見つけたかもしれない！」と息巻いたが、探しているとわりとよく採れる種で珍しくもなんともないとわかり、ちょっとがっかりした。しかし、このタコはウデナガカクレダコとちがって方言名がない。たまに他の何種かとまとめられて「シガイダコ」と呼ばれていることがあるが、ソデフリダコのみを識別する名称はないようである。おそらく小さくて食べがいもないことから、採れても「なぁんだ、ただの小さいタコかぁ」とため息まじりにリリースされていたのだろう。もしくは大型種の子供と思われていたかもしれない。あまりにもふつうにみられる種が新種だった、ということは無脊椎動物ではままあることだが、こんなにもふつうにいるのに誰も見向きもしていなかったというのは珍しい。むしろ身近にいすぎるから気がつかないのかもしれない。ちなみにこのタコは、オーストラリアのグレートバリアリーフでも分布が確認されていることから、広くインド‐西太平洋海域のサンゴ礁に生息する種ではないかと考えている。

(3) かわいいタコには秘密がいっぱい?!——コツブハナダコ

世界最大のタコはミズダコであり、大きさは約三メートルにもなるという。でも世界最小のタコは? と聞かれたら誰もが首をかしげるのではないだろうか? 世界最小のイカはヒメイカという種がいるが、おそらくタコはどの種が世界最小かはわかっていないのではないだろうかと思う。そしてこの先、タコで世界最小を競うことがあれば、コツブハナダコはおそらく真っ先にエントリーする種であろう。日本近海では、マメダコという小型種が知られているが、それよりももっと小さい。コツブハナダコの学名は *Octopus wolfi*、体長は五センチメートル以下、大きな瞳に短い腕の可愛らしいタコである。この種の最大の特徴は、オスの腕の先端の吸盤がマーガレットの花びらのように変形していることである。この奇妙な吸盤の機能についてはまだ何もわかっていない。また、集めた本種のオスと思われる標本すべてがこの花びら型吸盤をしているわけでもないようである。成熟度で変わるのか、そもそも複数種が混在しているのか、標本数が少ないため謎だらけだ。

海の中でコツブハナダコを見つけるのはむずかしい。夜行性のようで、夜潜るとサンゴや石のうえにちょこんと座っている。しかし見つけても、すばしっこいのですぐに逃げられてしまう。コツブハナダコを採ってくれるのはいつも、目の肥えたダイバーや潜りの得意な研究者仲間であった。

コツブハナダコのような「小型タコ」はほかにも世界中でさまざまな種が知られており、総称してピグミーオクトパスと呼ばれている。採集や自然環境下での観察が困難だったりすることから、まだまだ謎の多いタコたちだ。見た目がカワイイだけに、いっそう興味をそそられる存在だ。

(4) 青いリングは危険のしるし――ヒョウモンダコ、オオマルモンダコ、ベニツケダコ

ヒョウモンダコはハブクラゲやカツオノエボシ、オニダルマオコゼやゴンズイといった生物と並んで海の危険生物として悪名高い生物のひとつである。フグ毒として有名なテトロドトキシンと類似する神経毒を唾液腺に持ち、咬まれると麻痺症状から死に至ることもある危険な種である。そんな一般的には認知度の高いヒョウモンダコの仲間であるが、生物としては案外知られていないことが多い。そもそも名前が間違っていたりする。沖縄で「ヒョウモンダコ」と思われているタコの多くは、じつはオオマルモンダコである（図7・3c）。最近の啓発ポスターなどではだいぶ修正されているようだが、ちょっと前まではほとんどの本やポスターではこれがヒョウモンダコとなっていた。ちなみに日本における元

祖ヒョウモンダコは、南日本を中心に生息する *Hapalocculaena fasciata* という種である。この二種の違いは頭（本来は胴体）部分の模様で、ヒョウモンダコが青く短い縦縞模様なのに対し、オオマルモンダコは青い輪状（リング）模様である。ちなみにオオマルモンがいるということはコマルモンダコもいるわけで、その名のとおりオオマルモンダコに比べて小さな輪状模様を持つ。

このように体の模様で簡単に見分けられそうなヒョウモンダコの仲間であるが、その分布域は広くインド－西太平洋区全般にわたっており、類似種が一〇種以上いることがわかっている。沖縄にもオオマルモンダコ以外にヒョウモンダコと同じ青縞模様を持つ種が採集されているが、その分類の帰属は保留されている。どれが本当のヒョウモンダコやオオマルモンダコなのかはさらなる分類学的な検討が必要だといわれており、ひょっとすると日本や沖縄の種には今後別の学名がつくかもしれない。

ところで、危険な青いリングの持ち主はヒョウモンダコの仲間だけではない。沖縄では茶色の縞模様と腕の付け根に一対の青いリング模様を持つベニツケダコというタコが知られているのだが、本種も咬毒を持つことがわかっている。しかし、こちらはヒョウモンダコやオオマルモンダコに比べ一般的な認知度が低いように思う。とくに、オーストラリアなどでは Poison Ocellate Octopus（眼状紋のある毒ダコ）と名付けられているように毒があることが強調されているが、日本ではほとんどその毒性については語られていないようである。ベニツケダコは、沖縄では釣りなどで水深一〇〇メートル程度の比較的深い場所から釣り上げられることが多いようだが、水深一〇メートルくらいで生態写真が撮られていることもある。オオマルモンダコに比べて遭遇率は低いものの、レジャーフィッシングやレジャーダイビングなどで見つける可能性も否定できないので注意が必要だ。いずれの種も基本的にはおとなしい性質でこちらが手を出さない限り、襲ってくるようなことはない。青いリングの美しさに惹かれて、うっかり手に取ったりすることがないように気をつけてほしい。

(5) 紅白模様のファッションショー――シマダコの仲間

これまでは比較的小型の種を紹介したが、沖縄の海には大型のタコもいる。おなじみのワモンダコにならんで比較的大型の種はシマダコがあげられるだろう。赤と白のシマシマ模様が特徴で、夜の潮間帯の常連である（図7・3d）。シマダコは *Callistoctopus ornatus* という学名だが、じつは沖縄の海には同じ属に入るタコがほかにもたくさんいる。これまで多くのタコの種は *Octopus*（オクトプス）属というひとつの大きな属にすべて放り込まれてきたのだが、最近の研究では、形態や遺伝子の類似性から系統的に近いと考えられる種でいくつかの属に分けることができると考えられている。シマダコの属もその一つであり、その属に属する種の多くは体色が紅白模様になっているのだが、それが非常に多種多様である。沖縄にはシマダコのほか、サメハダテナガダコという和名のついた種がいるが、それ以外にも少なくとも三種、同属の種が生息している。この三種に関しては種が確定しないので和名はついていないのだが、サメハダテナガダコが赤地に細かい白い斑点が特徴とすれば（図7・3e）、赤地にはっきりとした水玉模様の種や、頭（胴体部）には白い模様がないもの、不揃いの水玉ではっきりしないもの（図7・3f）などいろんなパターンで分けることができる。同じ仲間で世界各地に生息する種を見てみると、さらに腕は紅白の縞々で胴体は水玉模様だったり、紅白の水玉に黒い水玉が混ざっていたりと見ていて飽きない。紅白模様のファッションショーのようなこの仲間、沖縄にもまだまだ新しい「着こなし」の種が存在するのではないかと期待している。

(6) 特技はモノマネ――ミミックオクトパス

ミミックオクトパスはまずその奇妙な行動に注目され、一躍有名になったタコである。しかし、じつは名前がついたのは注目されるようになってからだいぶ後のことだった。学名は *Thaumoctopus mimicus* である。学名の由来を日本語に訳すと「びっくり仰天モノマネダコ」になるだろうか。ちょっと行き過ぎたかもしれないが、その名のとおり、他の生物の行動を真似する、というのが本種の特徴である。この行動には諸説あるが、おおむねウミヘビや有毒なカレイなどの有毒生物の真似をしているようであることから、自己防衛的な意味が強いと考えられている。この奇妙な行動はインドネシアから報告されたものだが、じつはこのタコ、沖縄にも生息している。ただ、泥の多いところを好むようで、レジャーダイビングで潜るような場所には少ないようである。しかし沖縄で海に潜ることがあれば、いつかどこかでそのモノマネが見られるかもしれない。

7. これから

これまでに世界中で報告されてきたタコの種は三〇〇種をこえる。しかし、その約半数の種で分類が不確定であり、まだまだタコの分類は形態レベルで混乱している。また、同種と考えられてきたものの中に複数種が混在していたり、学術的にまったく認知されていない種もまだまだ存在するだろう。沖縄のタコもそんな混乱の渦中にいる。

最近はスキューバダイビングやデジタルカメラの機能が向上し、誰でも気軽に海に潜ってそこに棲む生き物の写真を撮ることが可能である。とくにタコのような標本における情報がきわめて限られてしまう生物にとっては、こうした「活きた」情報が欠かせない。それが標本と結びつくことで、新たな種となるかもしれない。また、フィールドでの情報はそのままその生物の生態や行動を知ることになる。サンゴ礁のタコは、ようやく種が確定しても、ほとんどの種は基本的な生態情報ですら不明なことが多い。こうしたフィールドの情報の蓄積がやがてはその種の生態の解明につながるのではないかと考えている。さらに、そこから導かれる大きな発見もあることだろう。

サンゴ礁の海に入ることがあったら、美しいサンゴや熱帯魚、珍しいエビなどと一緒にタコも探してみてほしい。ひょっとしたら、誰も知らなかった新しいタコとの出会いになるかもしれない。

8章

なぜタコは「明石」なのか
——系譜と実像

武田雷介

明石ダコ

日本標準時の東経一三五度子午線が通る明石市では、ブランド商品明石ダコとタコから明石の宣伝を目論んだ「明石・タコ検定」というのが実施されている。このご当地検定には、タコなどの生態や食文化、歴史などが出題され、受検者は八〇パーセント以上の正解で合格し、認定証やグッズがもらえるものである。

明石市の玄関口は、ＪＲ山陽本線の明石駅と私鉄の山陽電気鉄道明石駅が隣接している鉄道駅であるが、その北側道路の向こう側は明石城になっている。ＪＲ駅からお城を眺められるのは、すぐ近くの姫路駅などと全国にかなりあるが、これほど近い駅はほかにないのではなかろうか。

駅を降りてお城と反対側の南へ一〇〇メートルも行くと、東西に二五〇メートルに及ぶ「魚の棚《うおんたな》」という地元産を売りにして、昼網と称し、スピード感、新鮮、食育を進めている市場がある。ここでは「タコが立って歩いている」との謳い文句で関西の正月前のあわただしい風景描写に必ずといってよいほど取材されて報道されている。そのまた南へ二〇〇メートルも行くと、淡路島への船の発着場がある。この東一〇〇メートルに、かつては明石港と淡路島岩屋港を結ぶ「たこフェリー」というのがあった。明石架橋によって利用者数は減り、経営難で平成二四年には廃止された。地元の人には愛着が強い渡し船であり、フェリーであった。

明石市は海岸沿いで神戸市の西に隣接し、海岸線で一五キロメートル、内陸へ三キロメートル前後で面積は五〇平方キロメートルに満たない。国勢調査の人口によると、昭和四〇年に一六万人であったが、昭和四五年に二〇万人、昭和五五年に二五万人と増加し、平成二四年には二九万人余りである。剣豪であった宮本武蔵が街づくりをしたと伝えられるが、高層建築物が少なく、漁村を大きくしたといえば言い過ぎだろうが、かなり人口密度の高い住宅都市である。明石海岸の地層や海底からは、遠く一〇〇万年近い大昔にさかのぼる洪積世の前期頃まで生きていたとされる「明石象」や、旧石器時代の人類とみられる「明石原人」など、哺乳類や豊富な植物の化石が発見されている。

明石とタコの結びつきで歴史的に表しているとされる一つが、芭蕉の「蛸壺や　はかなき夢を　夏の月」の句碑である。JR明石駅の東一キロメートル弱にある人丸山《ひとまるさん》にある。ここの子午線上に昭和三五年に開館された「時と宇宙」をテーマにした博物館でプラネタリウムの稼働日数が日本一の明石市立天文科学館がある。地名になっている人丸は言わずと知れた柿本人麻呂に因んだ土地で、旧くは人丸神社といった柿本神社がある。「天離《あまざか》る　鄙《ひな》の長通《ながぢ》ゆ　恋い来れば　明石の門《と》より　大和島見ゆ」などこの地の歌を詠んでいる。芭蕉の句は、平家一門が滅亡に追いやられた人丸山から東一〇キロメートル離れた一の谷の合戦のあった須磨で詠んだともいわれているが、句碑は災害にでも遭遇したのか、削れたところもあって、浅学の筆者には読み切れない。しかし、脇に立つ説明書きで認識することができる（図8・1）。

タコと明石市の関係は、井上喜平治氏（元兵庫県立水産試験場長）の『蛸の国』のなかで多くが紹介されている。その漁獲は、古くは釣りや蛸壺によってなされたのであろう。近辺の弥生時代の遺跡から

図8・1　芭蕉の句碑

多くの蛸壺が発掘されて歴史の古さが知られている。発掘物の蛸壺はイイダコ壺がほとんどのようで、マダコ用の大きな蛸壺は壊れて残りにくかったようである。明石市近辺で漁獲対象とされるタコ類は、マダコ、イイダコ、テナガダコである。各々の種は資源の増減によってその漁獲比率は変わるものの、昨今ではマダコがほぼ九割を占めている。

タコ類の漁獲統計値を調べた当時は瀬戸内海全体、兵庫県瀬戸内海側、明石市とまとまった形で入手できなかった。兵庫県の値も、ある時代は日本海側と瀬戸内海側が合計された値であったり、明石市についてもある漁業協同組合が抜けた値が公表されていた。したがって、そのとき用いた兵庫県瀬戸内海の値は、大正四～一三年（一九一五～二四）の分は田内他（一九五四）、大正一四～昭和二五年（一九二五～五〇）のは西川（一九六四）の著作にある図から導いた値であった。これら値も大きく異なる値を

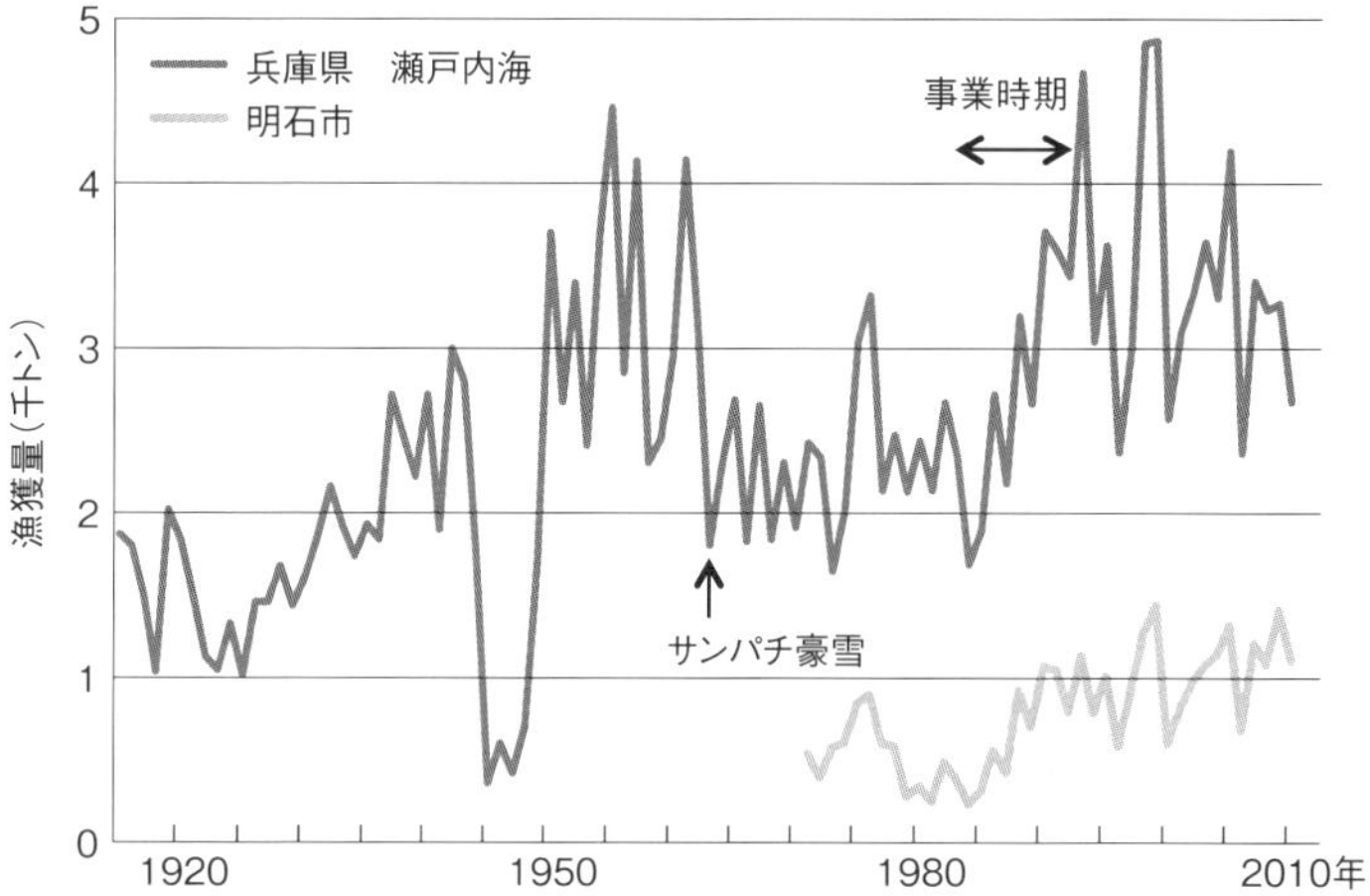

図8・2　兵庫県瀬戸内海と明石市のタコ類漁獲量の推移

示した年度もあった。昭和二六年（一九五一）以降は農林統計値を用いることが出来るようになった。明石市の統計値は明石市調べと農林統計値を用いたが、昭和四六年（一九七一）以降と短い期間のものであった。それら統計値の比較では、兵庫県瀬戸内海のタコ類漁獲量は瀬戸内海全体の約二八パーセントであり、明石市のそれは兵庫県瀬戸内海の二六パーセントにあたった（図8・2）。

日本の漁業経営体数の変化は、残念ながら衰退を顕著に表わしている（表8・1）。日本経済が右上がり傾向の真っただ中にあった昭和四三年（一九六八）に二五万強であったが、最近の漁業センサス調査の平成二〇年（二〇〇八）には一二万弱の四〇年前の四五パーセントの経営体数にまで減少している。しかし、明石市では、この間に増加や減少したときもあるが、経営体数が五八八経営体と変わらない。就業者数、漁家数の減少率も日本の他の地域に比べ小さい。明石市の漁業者は、海峡や鹿の瀬（海峡の西南西一〇海里付近、水深一〇メートル前後）の浅場といった

表８・１　漁業等経営体数の推移

	漁業経営体			ノリ養殖経営体		
	全国	兵庫県内海	明石市	全国	兵庫県内海	明石市
昭和43年(1968)	254,000	4,886	588	53,000	402	9
昭和53年(1978)	218,000	5,120	841	24,000	853	116
昭和63年(1988)	190,000	4,564	785	14,000	681	120
平成10年(1998)	151,000	4,139	683	8,000	471	122
平成20年(2008)	115,000	3,272	588	5,000	326	91

地先漁場や漁港に恵まれ、都市近郊ということもあって漁業が盛んに行われてきて、今も漁業に古くから関わってきたという誇りやこだわりが強く、漁業で活力ある市の推進をすすめている様子が見てとれる。

また、ノリ養殖経営体を見ていただきたい。「とる漁業からつくる漁業へ」と謳われた時代の昭和四五年前後に、ノリ養殖業も品種改良、遠浅の沿岸部でない沖合でも可能な浮き流し式養殖法の確立（網干出法、冷凍網技術開発などの新しい技術導入）によって、従来ノリ養殖に不向きであった明石市沿岸でも可能になったので蛸壺漁業者もタコ釣り漁業者も小型底曳網漁業者もノリ養殖業に参入していった。昭和五三年頃にノリは漁船漁業の二倍の生産金額になり、平成二三年時点でもその比率はほぼ変わらない。ノリ養殖作業は九月から翌年四月一杯まで継続しなければならない。ノリ養殖場にノリセットと呼ばれる施設が入るとその海域は、約半年の間曳網が不可能になるため自動的に保護水面になる。

全国ノリ養殖業経営体数を見ると、四〇年間に一〇パーセントまで減少している。しかし、明石市では経営体を一〇倍に増やした。最近では、養殖場海水の貧栄養化、大型プランクトンとの栄養塩の競合などの問題を抱えつつも、みんな懸命に頑張っている。

明石市の漁獲物について、タコ類漁獲量はイカナゴ、イワシ類と上位をこの三種類で争っている。平成一三～二二年の一〇年間で見ると、タコ類の一位が五回、二位が四回、そして三位が一回となって、タコ類がもっとも重要な漁獲物と言って過言ではない。

タコ類は小型底曳網漁業、蛸壺漁業、一本釣り漁業および漁獲量統計に含まれない遊漁によってであるが、イカナゴ、イワシ類は漁業者だけが可能な船曳網漁業などによって獲られる。

イカナゴ、イワシ類の二魚種は豊凶の差が大きいのに比べ、タコ類は比較的差が小さい。明石市の多くの漁業者は、タコ類をもっとも重要な漁獲物の一つとしてとらえているし、明石市でも大切に思っているのも当然であろう。

瀬戸内海マダコ資源の今昔

タコ類資源にマイナスを与えると考えられる自然現象の水温と塩分の影響は、漁獲記録に連動して検討されている。顕著な例の一つは昭和一一年二月上旬の寒波で、一夜にして表面水温が五～六度に低下した。マダイなどとともにマダコが多数死んで、浮き上がった。その年は漁獲が激減したため、漁業者は自前で産卵用の蛸壺（蛸壺一つずつに錘《おもり》をつけたもの）を漁場へ投入した。ところが、翌年には平年に増す漁獲があり、この増殖方法が有効であったことを経験し、以後も県や市の補助もあって、産卵用蛸壺の投入事業が継続実施されている。二つ目は、昭和三八年一月上旬のいわゆるサンパチ豪雪と四月の長雨である。タコ類資源は壊滅的といわれるほどの被害を受けた。緊急資源回復のため、漁業者と県や市などは一体となって熊本県天草から、七月の上旬から中旬にかけて四〇〇グラム前後のマダコ五万匹を購入し、鹿の瀬漁場へ放流した。この移殖によって明石ダコは腕が長くスマートになり、産卵期が周年に変わってしまったと言われている。これについては後述する。地球温暖化で騒がれる高水温に対しては、マダコは比較的強い。しかし、低水温や塩分の低下には滅法弱い。

環境変化の資源量への影響は流動的で、低水温や低塩分などの自然現象、大規模な赤潮の発生、水質の悪化や藻場の減少などの悪影響が想像される。

漁獲されて死亡するものについて考えると、古くは一本釣り漁業と蛸壺漁業が長く続いたが、これら漁業は船もエンジンも小さく、天候にも影響されて、タコ資源へ壊滅的な影響を与えたとは考えられない。二〇世紀中ごろ以降は小型底曳網漁業の主流化とともにその割合が増加した。昭和三三年頃になると一本釣りと蛸壺漁業を合わせると七四パーセントを、小型底曳網漁業が二〇パーセントを漁獲していたものが、昭和五五年では逆転し、前者は一六パーセントに減少し、後者は七七パーセントを占めるまで増加した（図8・3）。また、昭和五〇年代に入ったころからカタクチイワシシラスを対象とした船曳網漁業が盛んになってきて、一〇、一一月はシラスの中に浮遊稚ダコが混獲されるようになってくる。漁業者の話では「秋のシラス船曳網漁業が盛んに実施された翌年のマダコ漁獲は減る」とのことである。一本釣りや蛸壺漁業はタコを対象としてタコだけを漁獲するタコ用のそれぞれの独特の漁具を使ったものである。技術や経験が重んじられる誇り高き漁業である。他の生物への影響の少ない漁業で、資源管

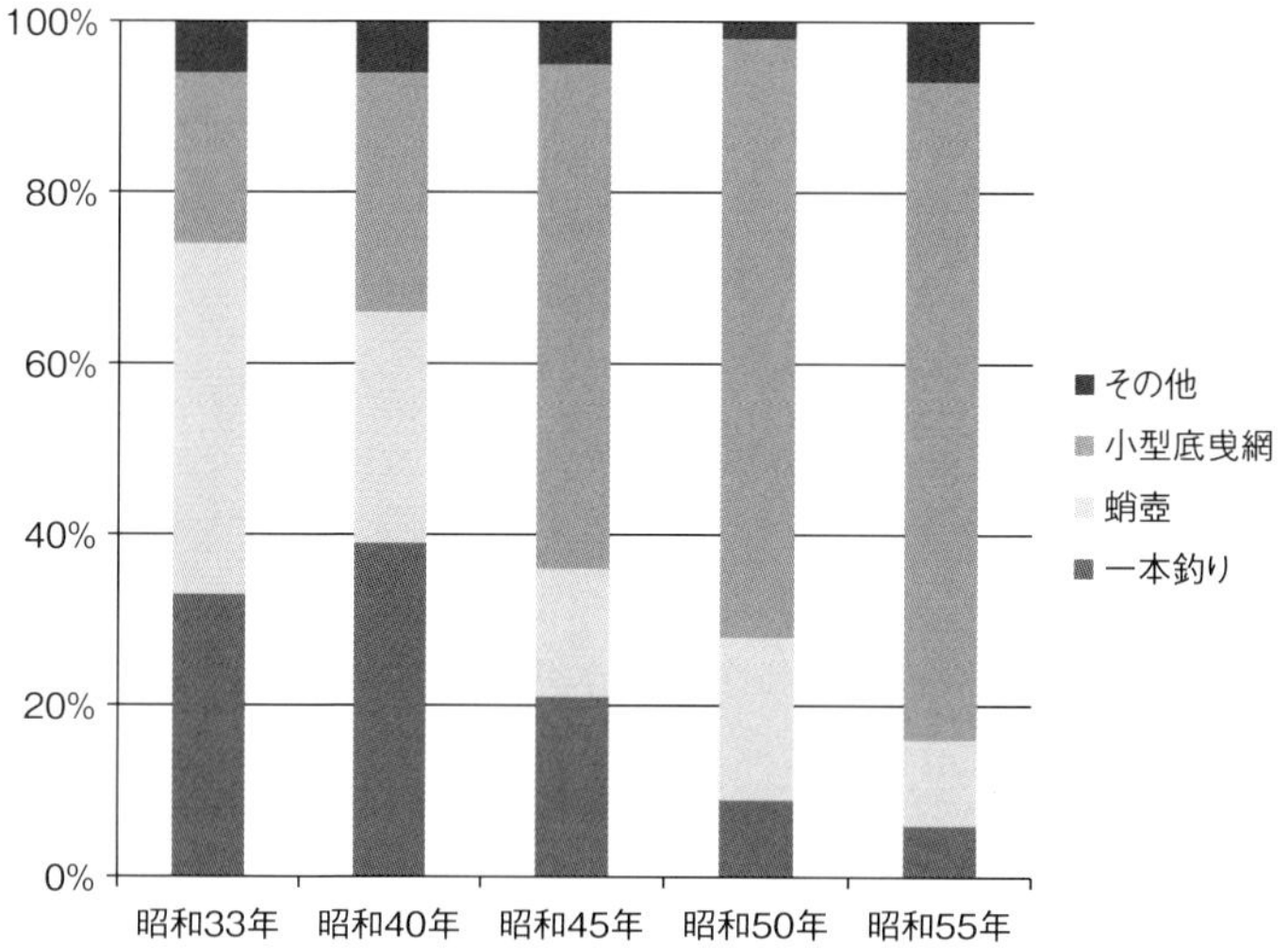

図8・3　兵庫県瀬戸内海タコ類の漁業種類別生産量比率（%）（農林統計）

理をしながら進めてゆこうとするときに中心へ置ける漁業であるが、現時点の収入確保に有利な曳網漁業には負ける。しかし、漁業は自然を相手に、それと調和しつつ進める生業であるから、限界の見えた自然の中では、力任せの利潤追求型では従来からの漁業を衰退させ、自らの漁業も継続をむずかしくさせている。また、レジャーの遊漁者が二一世紀になって急激に増加し、タコ釣りを楽しむようになった。タコ資源への影響として遊漁者の釣獲は統計に乗らないけれど無視はできない。しかし、その実態はまだ調査も計算もされていない。

マダコ資源管理は兵庫県以外でも多くの府県で推進されている。平成二四年時点でマダコ一〇〇グラム以下を漁獲制限規制しているのは、兵庫、福岡、長崎、熊本、大分の五県のみである。強力に資源管理に取り組む兵庫県の漁業協同組合や小型底曳漁業同業者会などでは、県の一〇〇グラム制限に上乗せして、二〇〇グラム以下は漁獲制限しようと進めている。

これだけ厳しくマダコ資源を弾圧する中で、寿命が一～一・五年という再生産力の強さとノリ養殖施設による保護、さらに潮流の速い、餌生物の多い自然環境が、マダコ資源を保護・増殖する状況を作り出しているのである。

明石ダコと関わる

筆者は昭和五一年度まで、ノリ養殖指導の手伝い、魚類養殖指導のための病害研究の補助とかアユやズワイガニ種苗生産試験研究に関わっていた。病害研究の実動の主体は、持ち込まれた病魚や死んだ魚の死因を究明するための解剖観察や細菌などの採取、培養であった。食べることにこだわった生活を送ってきていた筆者は、夕飯で好物の魚介類料理が出ていても、勤務中の腐ったような魚を触ったり鼻に付いた匂いが思い起こされ、味が半減したり、不味《まず》く感じられたりして欲求不満におちいっていたものであった。

淡路島周辺でバカガイやアサリの発生があり、後年兵庫県立水産試験場長になられた伊丹宏三氏の調査に加わった。当時この職場には貝類へ強い興味を持つ者がいなかった。筆者は大学卒業論文が『ウバガイ漁場……』であり、初めに勤めた青森県ではホタテガイやアカガイ増養殖を対象として、貝類の増養殖研究に興味を持ち続けていた。

昭和五〇年頃の日本は、積極的に公共事業の推進を許容できる時代であった。お金（税金）を使うのに寛大で、行政の人には「やれそうなこと、役立ちそうなことは何でもやれ、予算を使う理由を見つけよ！」と言われた。

兵庫県は、先行していた北海道や東北各県に遅れて、昭和五二年に国が補助する「大規模増殖場造成事業」に加わった。南淡路のアワビ類を増殖対象としての事業で、事前調査に行政から水産試験場へ要請があり、主担当者に伊丹氏が命ぜられ、副担当として筆者に声がかかった。今一つ魚病研究へ興味が湧いていなかった筆者には渡りに船で、アワビ類調査に加わった。

昭和五二〜五三年度にこの事前調査を実施した。それまで淡路島南側沿岸のアワビ類の実態は知られていなかったが、当地ではマダカアワビが主体で、それに浅海部ではクロアワビが生息していることを明らかにした。増殖に適した資材や工事内容を明示して、アワビ類の造成工事が承認された。この調査期間中は、伊丹氏の助手であり、密着して調査に従事した。この時の雑談にも、伊丹氏はアワビ類のことより、マダコの試験研究経験を語るほうが多かったような記憶がある。「マダコは、愛おしく、賢く、バカで、…」といったことである。「マダコの雌親は卵を産んで房を作るとき、たくさんある吸盤の中で、孵化時に既存の直列三個の吸盤だけで、卵についた糸を撚《よ》って房にする」、「Mテレビ局の取材に応えていたとき、マダコは砂浜で歩くことができるのか撮影しようということになった。暗くなった浜辺で、バケツに二キログラムほどのマダコを入れて、準備にかかった。畑の芋を掘るというくらいだから、十分歩けるだろうし、海とは逆方向に動くかもしれない。等々話しながら撮影準備をすすめた。準備が完了して、バケツを覗くと居るはずのタコは海へ逃げてしまっていて、その撮影は没になった」、「水槽に産卵用蛸壺と共に入れられたマダコは、底面の排水口に打ち込まれた赤いゴム栓が気になるのか、壺から出て、近寄ってはそれを引っ張る。ハンマーで打ち込んであるので、外せるはずがないと思っていたが、翌日水槽を覗くと、ゴム栓は抜かれ飼育水はなくなっていて、マダコは死んでいた」エトセトラである。タコも不可思議な軟体動物で面白そうだが、その時点では美しい真珠層の貝殻を持つアワビへの愛着のほうが筆者には強かった。

水産庁は当事業に定着性のアワビ類、コンブなど磯根資源とは異なる動きのある動物を求め探していた。兵庫県では、ノリ養殖業が順調に展開されてきた昭和五〇年前後、獲るほうの旗頭であるタコ類の資源に限界が見られ、漁獲の減少が続き、蛸壺漁業が統計から消えるまでになった。そこで、次期の事業にタコ類で進めようと水産庁と協議を重ね、認められた。タコ類はこの事業の初めての対象種なので、当初の昭和五五年度から二年間が国の委託調査で、三年目が補助調査という「事前調査」になった。昭和五五年の四月に、伊丹氏が管理職になったため、この担当を命じられた。筆者はアワビ関連で兵庫県ではまだ確立できていなかったマダカアワビ種苗生産技術開発に取り組んでいたので、新しい分野のマダコに調査研究対象が移ることにはいささか抵抗があった。そのときの田寺仲彦場長が「当場では〝タ〟と〝イ〟が付く対象が重要で、それらは、タコ、タイ、イワシ、イカナゴである。タコを担当できることを喜び、誇りとすべきである」と激励（?）をしてくれた。しかし、アワビ類調査にあたって、親切丁寧にご指導いただいたある県の方には、アワビ増殖の最大の外敵であるタコを増やそうとするのだから、「無節操な!」と言われ、以後口をきいてもらえなくなった。当初は「サラリーマンは上司の命令に従うしかない」といった消極的な精神状態だった。

国の委託調査で開始されたが、その頃水産庁の水産研究所にはマダコをよく知る研究者が存在せず、委託内容は「他の海域でも流用できるように、マダコの知見を整理し、再現性に努めるように!」ということのみで、タコ類調査ということでの具体的な調査項目の指示はなかったのである。

マダコの「大規模増殖場造成事業」

「事前調査」に入るにあたって、伊丹氏の指示は「事業承認には資源解析の数殖が説得材料で重要であるから、それを具体的に出すため、土井長之博士の指導を受けるように!」とのことだった。土井博士からは「事業予定地周辺のマダコの寿命をまず明らかにしなさい!」との注文が出された。また、マダコを漁獲している蛸壺、一本釣り、小型底曳網の漁業者に対して「マダコの生態に関すること」、「稚ダコはどこで、いつ見られたか?」、「寿命はどれくらいか?」、「事業にどのようなことを期待するか?」といったことの聞き取り調査を行った。

漁業者からの回答と教示は、「昭和三八年の熊本県からの移殖によってマダコの足が長くスマートになり、以前の短足の形から変わった」、「周年卵を持つようになり、産卵期が変わった。春生まれが多くなった」、「稚ダコは冬に施設アンカーロープを船上へあげた時に、ロープの撚り目に見たことがある」、

「寿命は三年から五年だろうか?」、「タコは梅雨の水を飲んでひと潮(半月)で倍になる」といったことだった。

話を聞かせてくれた蛸壺や一本釣り漁業者は、小型底曳網の傍若無人ぶりを訴えた。好景気と相関して、漁業でも新しい機械を入れ、油を多く使いながらも高収入を求める時代だった。船の大きさ制限で五トン未満、エンジンで一五馬力以下の小型底曳網漁業がチンコギ網という漁法で隆盛を極めようとしていた。この漁業をする一部の者は、操業禁止海域での無法操業を繰り返し、監視の行き届かない夜間に、沈めておいた蛸壺を壊し、引っかけて曳きずり移動させる。資源保護とか増殖のために造成された人工魚礁の際《きわ》ほど高い漁獲が期待できるということで、魚礁などに当ててまでの無法操業例が頻発した。極端な話では、「チンコギ網が、魚礁として沈設した大型バスの魚礁を引っかけ、それを浅瀬まで曳きずって行き、網から切り離した。こんな者まで出ている」。「自分たちの蛸壺、一本釣り漁業がしづらくなっている。そのためタコ資源も危機にさらされている。これら無法に耐える増殖場を期待する」というものであった。

これらの指導指示と聞き取り調査結果などから多岐に亘る課題を持つ「事前調査」に入った。事業予定海域(鹿の瀬の明石海峡側)の潮流、底質ほかのルーチン的な環境調査は別にして、マダコに関する調査項目と結果などは次のようになった。

㈠　卵:孕卵数(N粒)は、熟卵保有の雌一二個体(〇・二〜一・二キログラム)の卵巣の長径一

ミリメートル以上の卵数から求めた。体重（Wグラム）との関係は、

N＝11798＋105.67W（r＝0.91861）

であった。体重が小さくても成熟個体が存在した。

(二) 浮遊期稚仔：伊丹氏が過去に試した特製の調査器具を改良復元して、調査海域で、周年にわたる一九四曳網中四九曳網で、稚仔一五九個体を採集した。採集時期は八～一二月であった。日中は底層のみで採れたが、夜間は中層、表層からも網に入った。

(三) 沈着稚ダコ：金網籠（三〇×四〇×一三センチメートル、網目三センチメートル）にウチムラサキの貝殻と古網を入れたものを蛸壺様に幹ロープに連結した採集器を、ノリ施設の岸側に設置して、一か月前後の間隔で船上へ上げて採集を試みた。一二～八月に〇・一一四～四二・六グラムの九四匹の稚ダコを採集した。

(四) 成体：月に一度、小型底曳網漁業が一隻一日で漁獲した全マダコを二三回、合計三〇一七匹購入し、性別、体長、体重ほか精密測定に供した。天草からの移植によって形態変化が生じたとする証明に使おうとした。性別では、全測定個体中雌が四五パーセント、雄が五五パーセントで、その性比は九月から極端に雌の比率が下がった。これは、雌の多くが産卵と卵保育の時期に入り、小型底曳網漁業では入網しなくなり、保育後は死ぬことから、本来の性比は一対一であるが、雄のほうが長い寿命であると考えられた。獲ってはいけない体重一〇〇グラム以下の匹数比率が小型底曳網漁業漁獲物には四〇パーセントを超え、当漁場へ加入する主群は六～七月であることが確認できた。

tを暦年の月としたときのバータランフィの成長式および体重（Wグラム）と体長（Lセンチメートル）の関係式はおのおの、

$$L = 78.99 - 117.58e^{-0.1419t}$$

$$W = 0.003965L^3$$

と求められた。

形態を明確化するということで精密測定を行ったが、昭和三八年の冷害以前のこの海域のマダコの形態記録を見つけることができなかった。肝臓の周年変化、消化管内容物、標識放流調査なども実施した。

(五)　餌生物：ヒメガザミ、シワガザミ、フタホシイシガニ、カラッパほか成体でも甲幅が二センチメートル程度の漁獲対象にはならないがマダコの好む小さなカニ類が豊富に生息していることを確認した。

(六)　産卵期：漁獲物調査の成熟割合、浮遊期の稚仔と沈着した稚仔の採集時期、性比の変化、飼育試験結果などから、資源の主体になる産卵期は八月中旬から九月下旬であると推定された。

(七)　寿命：漁獲物の組成、性比の変化および雄のほうが少し長いという理由と驚異的に速い成長などから一～一・五年と考えられた。

「事業工事」の設計では、従来から好漁場であった鹿の瀬海域に隣接した明石海峡側の海域に、増殖用の人工礁（かくれ場所や産卵場所になる構造物）を設置することにした。後で述べる飼育実験から、特別なマダコ生息用の人工礁は採用しなかった。成長段階によって身を隠すために必要な隙間の大きさが異なるため、また、小型底曳網漁業に壊されないように、幼稚仔を着底させかつ育成保護するための人工礁には、五～一〇センチメートルの割栗石を詰めた籠とした。また、幼稚仔の生息や餌生物の繁殖保護を目的として、二〇〇～四〇〇キログラムと一〇〇〇キログラム以上の割石を用いる人工礁も設置した。

当時の地方水産試験場は大学などに比べ、図書室が整備されておらず、文献は極端に少なかった。資料や文献は研究職員が各々の興味のある分野を個人的に集めていたが、それらが継続され図書室に整備保管されるということはなかった。

水産庁の「事前調査」の査定担当官は、工事内容の質問ばかりで、委託調査の指示事項であったタコ類の文献整理結果について、一言も要求しなかった。筆者にとって文献の蒐集と整理には多くの時間を費やしたものだったので残す必要があると考え、水産試験場の事業報告書に記述し、奥谷先生のお薦めで英文の総述『Octopus resources』として公表できた。

タコを研究対象とした時期の自分の年齢もあったが、文献の蒐集と整理を仕上げたことによって、自分の中でタコ類研究が核になった。のちに日本海をフィールドとするようになってから出逢ったのは明石と違って水産業上重要視されていないタコたちであったが、やはり気になった。その後も平成一七年の定年退職まで、目についたタコという字が付いたあらゆる研究論文から新聞記事や宅配商品案内まで集め、ファイルすることが続き、それらはついに七百編を超えた。しかし、ほとんどはただ集め、整理し続けることのみで終わった。このままでは私（死）蔵で終わるのでなんとか活用したいと考えている。

この事業の「事前調査」において、周辺環境把握ということで、調査海域の水温、塩分、プランクトンの量と種組成などの仕事に労力を多く使った。今なら不必要と判断できるのであろう環境要因の調査にエネルギィーを使い過ぎた。もっとマダコの資源生態調査に時間をかけるべきであったと後悔をしている。

マダコの表情

飼育試験によって成長の確認を行った。秋から冬にかけての二か月間に餌を十分に与えた「飽食区」の最大のもので、体重が四・一倍に、同じく夏季二か月間では二二〇グラムが一〇二〇グラムの四・六倍に成長した個体を見た。しかし、「飢餓区」では増重が見られなかった。秋から飼育を開始した群は最大で八か月間生存したが、夏に開始した群は九、一〇月に寿命がつきたと考えられ死んでしまった。餌と水温の条件がそろえば、コンクリート水槽でも非常に速やかな成長を示し、漁業者の言う「ひと潮で倍になる」は的を射ていると考えられた。飼育をして感じたことは「マダコは個性的である」ということであった。共食いをする個体は解凍の生魚切り身を満腹状態になるよう与えていても、つねに被食者をねらっているように見える。闘争的なものとすぐに逃亡を模索するもの。その日のタコの状況を観察しているつもりが、タコに見られていると意識することがしばしばであった。

直径三・五メートル、深さが二・二メートルで、外側の地上一・五メートルに作業足場を持つ円筒形コンクリート水槽の底面に、かくれ場所として、一〇〜二〇キログラムの花崗岩数個の山、古タイヤ、コンクリートブロック、台付素焼き蛸壺、コンクリート蛸壺を設置した。三匹のマダコを収容し、どのかくれ場所を選択するか観察した。投餌の時間に行くと待っているようなタコがいた。その後の飼育でもこのポーズは見られたが（図8・4）、水面近くの垂直壁に左右の第三、四腕で自らを固定し、腹部を下へ下げ、口を囲む吸盤を筆者に向け、生魚コイチの切り身をもらうと自らのかくれ場所へもどり、そこでゆっくりと食べる。他は安定しているかくれ場所近くで餌をもらうのに、一匹だけは何度か待っていたように思われた。水槽壁が高く、こちらの姿はごく近くに行くまで認められないのに「近づく音や振動で感じたのであろうか？」、「タコは何メートル先なら見えるのか？」、「平面として、いや立体として見ているのであろうか？」、「動きを認識しているのであろうか？」、脳や神経系の一部を傷つけた結果の行動を解剖学的に見るのでなく、自然状態の行動や生態的観察をしたいと思った。

もっとも気にいるはずと予想した素焼き蛸壺の場合、その穴でなく後ろ側の隙間にしばしばすみついたりしたため、かくれ場所の選択試験の結果から「増殖礁」への推薦できる人工礁は見出せなかった。結局はいろいろの大きさの隙間を提供できる自然石の「増殖礁」を造ることとした。

定年退職後の三年間は兵庫県水産技術センターで、水産研究などについての説明とかセンターを案内する職についた。年間七千人前後の見学者に対応した。このうち約五千人が小学五年生の校外学習で、

図8・4　餌ちょうだい！

図8・5　監視してます

図8・6　近寄らないで！

図8・7　緊張

図8・8　ヒョウモンダコのようだろう．逃げよか？

図8・9　コワイ！

図８・10，11　交接シーン

図８・12，13　団塊

見学の最後に質疑応答の時間を持ったが、「なぜタコは足が八本ですか？」といった質問を受けた。見学者への最大のサービスはマダコほかの魚に触れる機会を与えるということで、水槽掃除と餌やりなどの飼育作業が講義や案内に要する時間より長かった。小学生の見学が増える初夏前にマダコを購入して、砂を敷いてコンクリートブロックや蛸壺を入れた水深が三〇センチメートルで七〇平方メートルほどの水槽へ入れる。マダコの飼育といっても、実験に使うわけではないので、死なないように努めることであったから、自由時間はかなりあり、写真をよく撮った。デジカメなら枚数は無制限である。しかし、被写体となるタコが撮影する人間を意識しているのは不自然でまずい。

とは思うものの、ほとんどの場合、タコのほうが眼球部分を突出させてこちらを監視している（図8・5）。「近寄らないで！」と左右第一腕を振上げたり（図8・6）、体全体に突起を出したり（図8・7）、ヒョウモンダコでもないのに緑色を出し、逃避しようか止まろうか迷っている（図8・8）。また体色を白っぽくして、眼の周囲だけを黒くしたり（図8・9）しているような反応などから、タコがこちらを認識していると解る。こういうふうに観察されるたびに警戒をしていたはずなのに、交接場面はしばしば写すことができた（図8・10・11）。

また、マダコは、食うか食われるかの時と交接の時以外は互いに接触を嫌い、小型のタコは大きなタコが近づけば、自らの場を明け渡して逃げ去る。ところが、晩夏の産卵時期の、つまり寿命の最終期のころ、観察者の目を恐れることなく、集まり固まるタコを何度か見た。やはり、食うか食われるか、その横取りといった場面だったのか？　別の意味があったのか？　その時点のタコの行動がどういう意味であったのか、もっと正確に観察して、その状況を明らかにすべきであったと今頃反省しきりである（図8・12・13）。

そのときは飼育観察からそれなりの情報は得られはしたが、落ち着いた観察が足りなかった。単純にタコを擬人化して見てしまう、はたしてそれがマダコ全体に通じる行動であったのか、今考えると疑問が多い。飼育観察用のタコは、主として漁業協同組合から購入した。それゆえ彼らは漁獲時とか搬送の時に人間に触られ、たぶんタコにとって不愉快な経験で人間に対してすでになんらかの学習をしている。実験材料がこうである。やはり自然のマダコの生態を知るには、自然環境での観察が必要なのか？　筆者が潜水作業をして、マダコがいたら観察しようとした総計が数十時間中では、二匹しかなかった。そのうちの二〇〇グラム程度の一匹は、近づくと逃避し、追いつくと、墨を吐き逃げる行動の繰り返しがあった約三〇分間であった。もう一匹は四〇〇グラムぐらいであったが、岩の穴深く逃げられた。二匹ともに、未熟な潜水観察者を認識していて、当方への対策を講じていた。自然下のマダコ生態の多くを把握するため、潜水観察手法に頼るのはむずかしいと思われ、生態学的行動学的観察の手法の習得が必要であった。

飼育試験の延長上にある種苗生産について、伊丹氏は、昭和三六～四二年にマダコ種苗生産技術研究を実施し、カニやエビ類の幼生が浮遊期間中の餌料として有効であることを明らかにしていた。

マダコの種苗生産技術の開発に、昭和五五年度から瀬戸内海栽培漁業協会（現水産総合研究センター屋島栽培漁業センター）が、取り組みはじめた段階であった。兵庫県水産技術センターでも平成五～八年に再び取り組んだが、いずれも餌の確保の壁を越えることができず、現在でも大量生産には至っておらず、栽培漁業は「増殖場造成事業」へ組み込めなかった。

瀬戸内海から日本海へ

事業の効果調査は、「事前調査」で実施したマダコの浮遊期と沈着期の標本採集を続けることが有効であろう。同時に浮遊期から沈着期へステージが変わるところの減耗率の推定が必要であろう。また、クジラの胃から採集したイカ類の口器の例があるのでタコでも口器とか耳石から年齢査定が可能でなかろうか？　耳石はホルマリンに溶けるらしいからアルコール固定の標本を作っておこうかと、実態解明などを調査テーマとして実施したいと考えてはいた。しかし、明石ダコ研究の「事前調査」から効果調査へ継続をしたいという思いは「二階から目薬」みたいなもので終わった。

このころ数社の沿岸海洋調査部門が活発化して、ベテランの水産試験場研究職員の引き抜きがあり定年を待たずに退職する人が出た。日本海を相手にする但馬水産事務所試験研究室でも二人が同時に辞めた。この穴埋めのために、昭和五八年の四月に但馬勤務の移動辞令が筆者へ出た。明石ダコとのお別れである。

税金を使ってせっかく得た科学的資料、それは魚病担当中のアユ種苗生産過程で釣菌したビブリオ菌株や天然から採集したマダコ浮遊期稚仔や沈着稚ダコの固定標本などである。これらはある時期まで保管できたが、その後散逸してしまった。地方水産試験場では次々と事業に追われ、転勤や引っ越しなどによって、時間ができた時に追跡しようとした標本などがたくさん存在するが、キッチリした整理・保管体制ができていない。どんな研究資料も生データも担当者の責任の範囲で終わってしまう。公表された研究報告書が残ればそれが唯一の成果であろう。

ブランド商品「明石ダコ」

前出の『蛸の国』において、見る目でちがう蛸の評価「怪物視される蛸」、「神聖視される蛸」、「愛される蛸」と紹介されている。

サッカー・ワールドカップの二〇一〇年南アフリカ大会で、ドイツ・オーバーハウゼン水族館のタコ「パウル君」はドイツチームの勝敗を予言で的中させた。このパウル君人気にあやかろうと明石物産展委員会では、明石ダコにロンドンオリンピックのメダル数を予測してもらうイベントを開いた。二〇一二年六月二七日NHK総合の午後七時のニュースで、明石ダコ雄二キログラムの「タコ展長」が水槽内の蛸壺選択に動き回り、結局北京オリンピックと同数の二五個を獲得する予想を「タコのお墨付き！」と報道した。これは外れたが…。

タコが主役の歌は、太平洋戦争後によく歌われた「湖畔の宿」の替え歌に『タコ八の歌』がある。明石市の宣伝歌にもあるが、船戸与一著『新・雨月』にも京都で慶応三年の九～一〇月に歌われた「……ええじゃないか　おまえも蛸なら　わしも蛸……」と出ている。歌はほかにも多くある。

食べ物で有名なのが、「タコ焼き」であるが、大阪を中心とした関西では小麦粉をベースにしたタコの切り身の入ったピンポン球状に焼きあげたものにソースをぬって食べる。しかし、明石のタコ焼きは「明石焼き」とか「卵焼き」と呼ばれ、卵がベースで球形がかなり平たく、みつ葉などが入ったすまし汁に浸して食べる。熱い夏には「酢だこ」が食欲をそそる。生きているようなタコを買ってきて、塩でぬめりを落とし、軽く茹でて冷やす。ブツ切りにして、キュウリや湯通ししたワカメとともに三杯酢に浸したものを冷たくして食べる。海峡の速い潮流とカニなど餌の豊富な海域で育った明石のタコは、プリプリというか腰のあるキメが細かい歯触りが自慢である。見た目は主観であるから、日本人は犬を見て食欲に結びつかない、しかしタコは赤と白の色合いと几帳面に並んだ吸盤が食欲をそそる美味しそうな形である。

明石を中心とした播州地方では、春の農繁期が一段落する時期の七月二日の半夏生《はんげしょう》の日に、植えた苗の根がしっかりとはることを願って、タコを食べる。マダコの漁獲が急増する時期でもあり、明石のタコが周辺農家へわたり、「旬のムギワラダコ」と相まって賞味される。播州地方の半夏生の風物詩である。この七月二日は、日本記念日協会から平成一三年八月一日付けで、田中二良博士が主宰されていた蛸研究会に「蛸の日」として記念日登録された。

また、明石の北に位置する金物の町三木市では、「かじや鍋」という名物料理がある。仕事場に欠かせないカマドが熱気を出す。夏になれば、職人の汗は尋常でないほど多い。カマドの火で料理されるタコとナスを中心具材にして砂糖醤油で煮た好き焼風の少し塩分の濃い料理である。タコに多く含まれるタウリンは栄養ドリンク剤成分の目玉で、胆汁酸の分泌を促進し、肝臓の働きを促すなどの作用を持つとされ、夏バテ対策に有効である。

これらいろいろの角度からのタコの話題がブランド化に一役かっている。

名産ブランドのタコを美味しく、手近に食べたい。タコを増やし、増やせば漁獲量が増えて、安価になり、求めやすく、求める人が多くなれば、販売人は常備するように努め、価格を押し上げて、タコ漁業を行う者の実入りが増加する。

明石の春の風物詩になっていたイカナゴの釘煮《くぎに》は、鮮度の高い生のイカナゴ新子《しんこ》（生まれて二～三か月の全長三～五センチメートルの若魚）が浜上げされると報道され、新鮮さを売り物にしている店にわが家でもと列ができて、その列に刺激されてまた並んで購入する。そして各家庭自慢の土生姜を効かせたり、山椒を効かせたりの砂糖醤油味付けで、魚体を損なわず、錆びた折れ釘のように仕上げる。三～四月の明石周辺のそこここの家庭で炊く匂いが漂った。しかし、平成二〇年時の不漁による超高値によって、消費者離れが生じた。比較的安価になった平成二四年でも以前の購買意欲が見られず、その風物詩が今は昔のように、炊く家庭が少なくなった。このように、風物詩にまでなったイカナゴの釘煮でもこの状況である。不漁がブランド商品を破壊するのは水産物の宿命である。

「明石ダコ」だけでなく、「何とかダコ」とブランド化を推進している地域が日本国中のかなりのところにある。再生不可能な地下資源でなく、循環可能な再生資源のタコ類資源を安定供給する努力が必要である。

水産研究者への期待

水産技術センター（元水産試験場）などでは、水産資源の科学的調査研究をすすめ、資源安定のための技術開発を行い、成果を基本に資源活用の方策を普及することが求められている。

近年またまた日本は不景気になって、国民の不満の矛先は、法を犯さない限り免職にならない公務員へ向かっている。地方公共団体も財政再建のための人員整理が厳しくなった。研究機関は費用対効果や緊急性という尺度の評価では弱く、兵庫県の正規水産研究職員数は昭和五七年に比べ、平成二四年では六七パーセントの一八名に減少している。少ない人員と緊縮予算では、従来どおりの仕事を完結できるわけがない。水産研究職の者がタコ研究に取り組むためには、事業化、予算獲得が必須になっている。漁業者や消費者が求める利益につながるタコ研究の課題を見つけ、役にたつ研究を全面に打ち出し、予算化する必要性が出ている。

タコの研究分野は多方面であり、文化面、民俗学的興味、社会との関連性で国民が親しみを持つところが多くある。予算獲得への装飾が親しみからも導きやすい面を持っていて、水産業振興のみの予算獲得より強いところである。水産研究者は予算のついた事業の導入によってのみ、存在意義を認めてもらいつつの自由度の高い仕事の実施が可能である。

タコ類資源の管理は、ブランド化をすすめる地域漁業の産業を維持継続するばかりでなく、当該都道府県の漁業の核になりうる資源へ進める必要がある。タコ類を安定的に市場へ供給することが求められている。ブランド商品の安定供給を全面に出して、資源管理方策を提言するための科学的根拠を提供してほしい。実質は、「船曳網漁業では漁獲物の調査で混獲数を知る」であったり、「小型底曳網漁業では一〇〇グラム以下の混獲比率を知る」であったり、「遊漁者による釣獲匹数を知る」といった漁獲圧というか人間の資源に対する圧力を知ることが浮かぶ。また、「雌は産卵、保育し、死ぬが、交接しなければ（雄も含め）寿命はどうなるのか?」などの課題はすぐに結果が出そうに、机上では考えられる。先に天草産と明石ダコとの形態差、生態差に少し触れたが、「地域的偏差を明らかにする」ことや輸入マダコが明石ダコと同種なのかの生物学的検証につながる。筆者がやり残したことではあるが、研究は受け身ではなく、攻めの研究に時間を費やしてほしい。タコのブランド化を推進している産地ではタコが絶好の研究対象生物であると思う。

9章

日本のタコ図鑑

窪寺恒己

［無触毛亜目 Cirrata］

腕の吸盤列に沿う触毛はなく，また肉鰭もない．

マダコ科 Octopodidae

体は筋肉質．外套膜は丸く袋状．外套開口は中庸から広い．鰭を欠く．腕は中庸から長く，腕膜は発達している．腕吸盤は２列か１列．雄の右第３腕（稀に左第３腕）が交接腕で，腕側に精莢溝が走り，先端は舌状片となる．

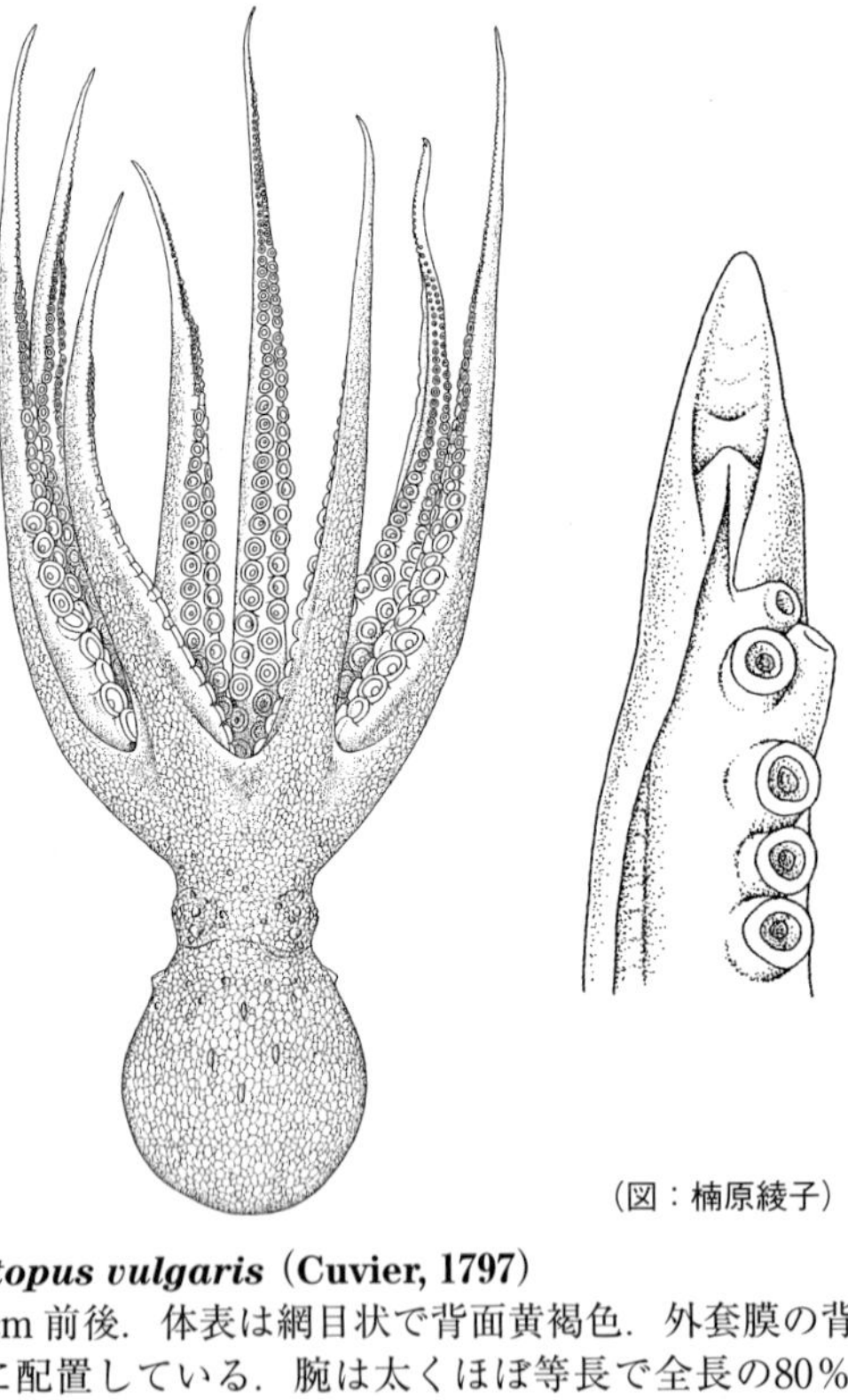

（図：楠原綾子）

マダコ *Octopus vulgaris*（Cuvier, 1797）
全長：60 cm 前後．体表は網目状で背面黄褐色．外套膜の背面に大型のいぼが菱形に配置している．腕は太くほぼ等長で全長の80％前後．雄の第２・３腕の中央吸盤が拡大し，直径は外套長の12～15％に達する．漏斗器はW字形．交接腕の吸盤は134～158個．舌状片は小さく同腕長の２～５％．

分布：常磐と能登半島以南の日本各地の潮間帯から陸棚上部で最も普通．本種は世界各地から報告されているが，複数種を含む可能性が高い．

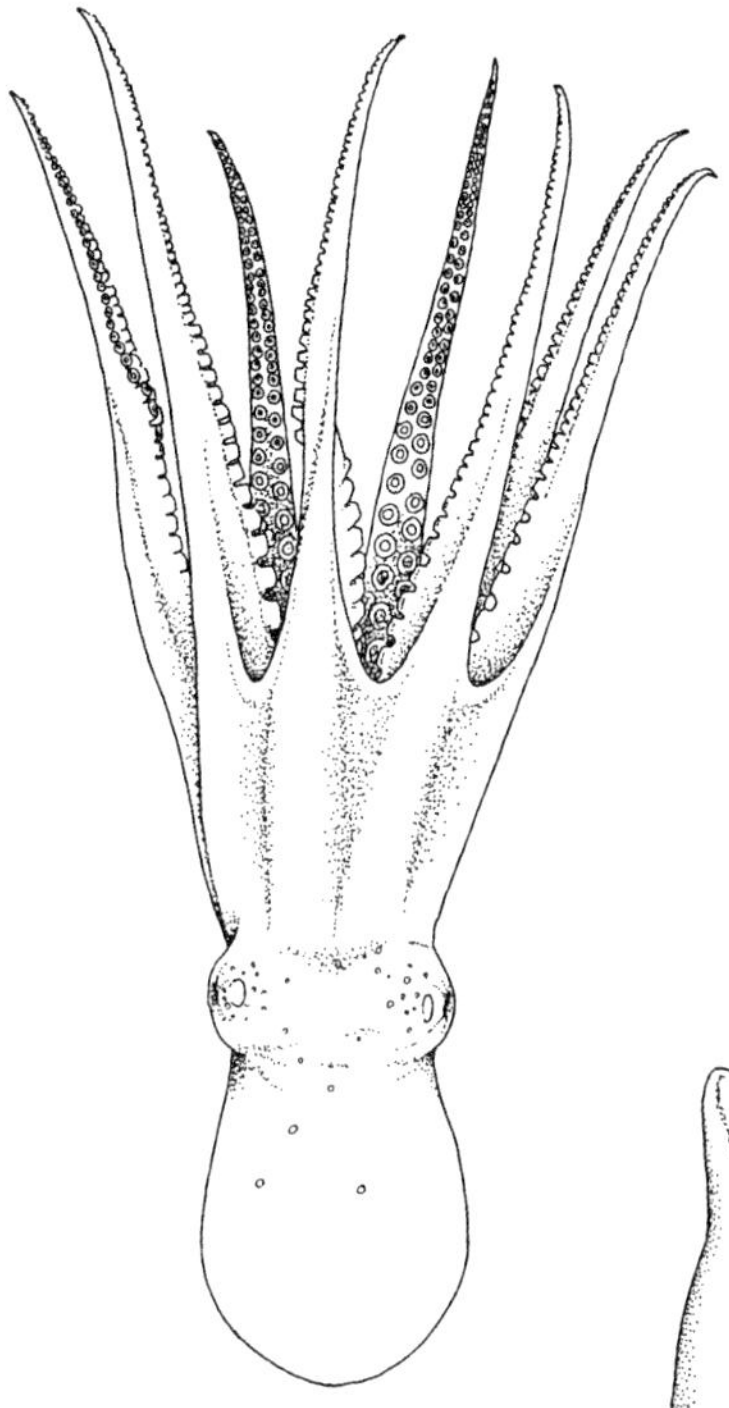

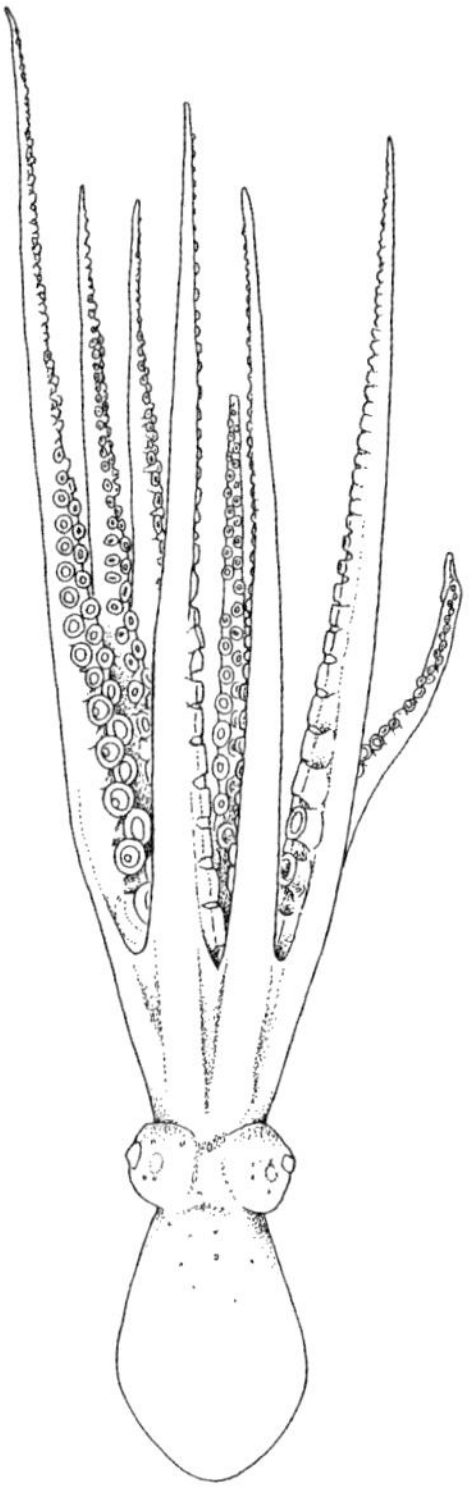

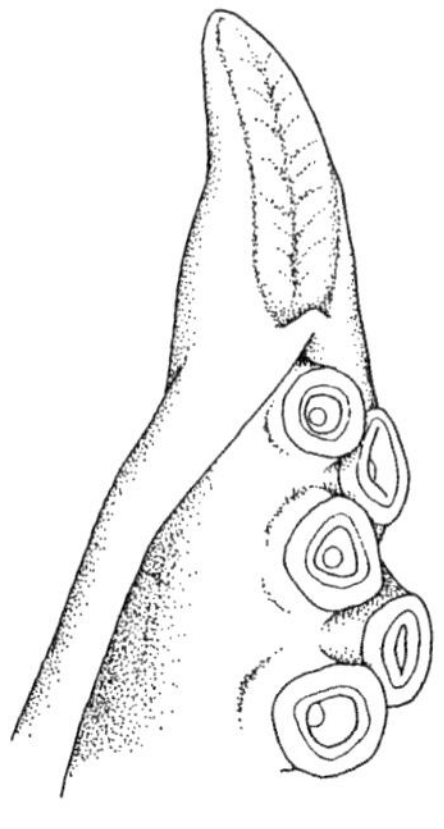

（図：楠原綾子）

マメダコ *Octopus parvus* (Sasaki, 1917)

全長：10～15 cm．日本産タコ類のなかで最も小型な種のひとつである．体表はほぼ平滑で，背面にまばらに小顆粒が分布する．眼は大きく膨出し，頸部は強くびれる．腕は細長く，ほぼ等長で雄の基部数個の吸盤は大きく１列に並ぶ．漏斗器はW字形．交接腕の吸盤は74～86個．舌状片は小さく同腕長の５％以下．

分布：房総半島，相模湾以南の潮間帯岩礁域にごく普通．

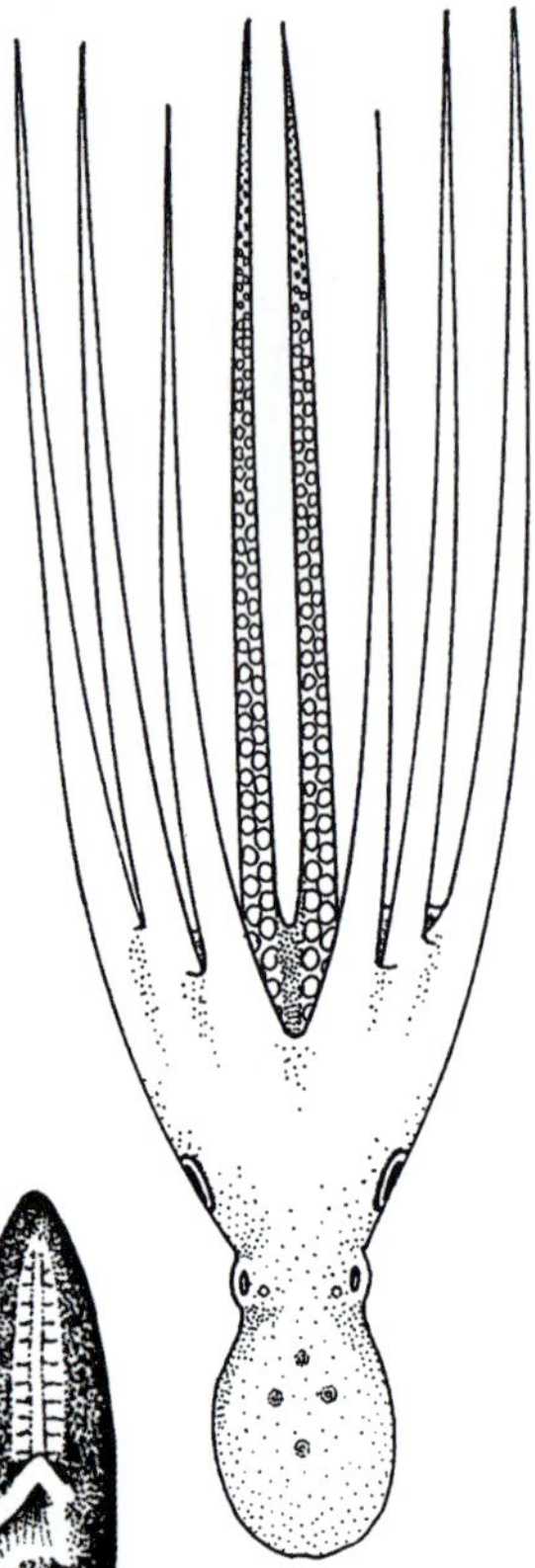

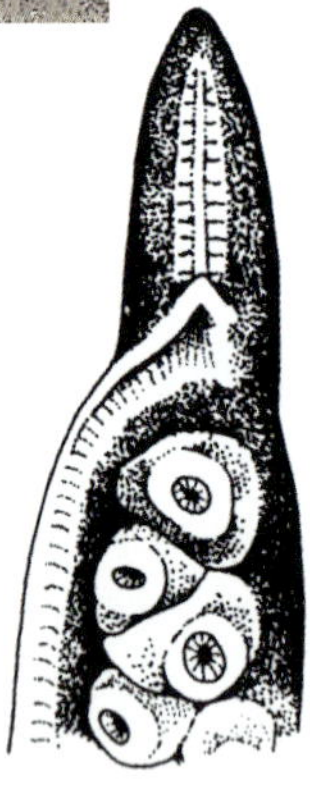

（図：M. Norman）

ワモンダコ *Octopus cyanea* Gray, 1949

全長：100～120 cm．体表は網目状，暗赤褐色で雲状斑がある．頭部は小さく，第２・３腕の間の腕膜上に暗紫色の眼状紋がある．腕はほぼ等長で太く長く全長の80％前後．腕の側面に燐光を発する白点が並ぶ．雄の第２・３腕の中ほどの吸盤数個が拡大する．漏斗器はW字形．交接腕の吸盤は180～230個．舌状片はごく小さく同腕長の２％以下．

分布：八丈島・小笠原，四国以南のインド・西太平洋の熱帯サンゴ礁海域にごく普通．島嶼などでは漁業有用種．相模湾でも見つかった．

（写真：窪寺恒己）

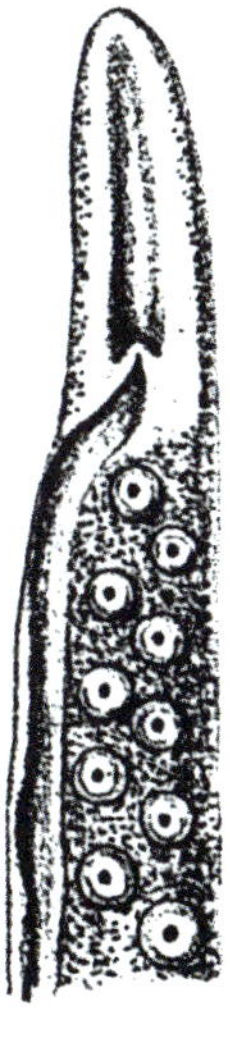

（図：佐々木望）

アナダコ *Octopus oliveri*（Berry, 1914）

全長：25～30 cm 前後．体は筋肉質で外套背面から腕基部に暗紫色の小疣が点在するが，斑紋を欠く．眼はやや背側に位置し，眼上棘はない．腕は筋肉質で太くほぼ等長で全長の約70～75％．腕膜はやや厚く腕基部の10～12％に達する．漏斗器はW字形．半鰓葉数は７～８．右第３腕が交接腕で対腕より短く80％ほど．舌状片は円錐形で非常に小さく同腕の1.5～2.5％前後．

分布：原記載はケルマディック諸島．日本では小笠原諸島の沿岸浅海域．南西諸島で「アナダコ」と呼ばれているタコは別種のウデナガカクレダコ．

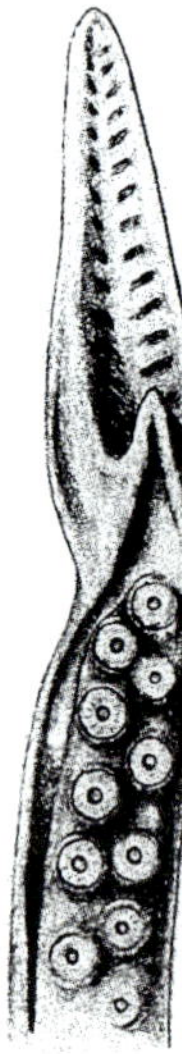

（写真：山田和彦）　　（図：佐々木望）

マツバダコ *Octopus sasakii* Taki, 1942

全長：20 cm．筋肉質で外套膜背面から頭部に大きな肉疣が散在する．体色は赤褐色．眼の周囲に５～７個の乳頭状突起があり，そのうち２～３が棘状となる．腕は不等長で最長の第１腕は全長の80％前後．漏斗器はW字形．交接腕は対腕の65％と短く，吸盤は76個．舌状片は同腕長の７％ほどで15対の横溝がある．

分布：相模湾から瀬戸内海，九州近海．別名コイボダコ．

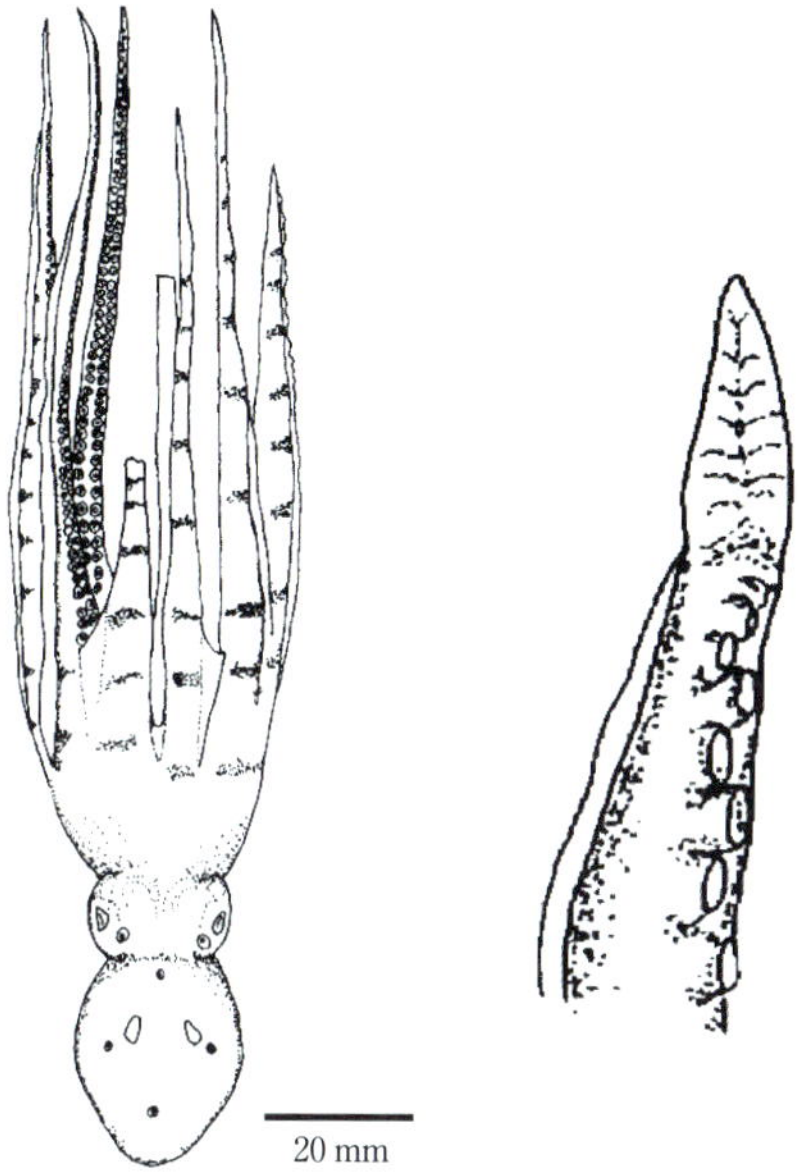

(図・写真：小野奈都美)

ソデフリダコ *Octopus laqueus* Kaneko & Kubodera, 2005

全長：15～20 cm 前後の小型種．外套部は小さく卵形で，背面に一対の白色紋と菱形にいぼがある．両眼の背面に各１本の眼上棘がある．腕は細く長くほぼ等長であるが，第４～３腕がやや長く全長の約65～70%．半透明で白点を散らす腕膜がよく発達しており，腕の先端近くまで広がる．漏斗器はW字形．半鰓葉数は５～６．右第３腕が交接腕で対腕の78%ほどで81～97個の吸盤をもつ．舌状片は葉状で小さく同腕の約1.5%．

分布：琉球列島の潮間帯から水深20 m の岩礁域．

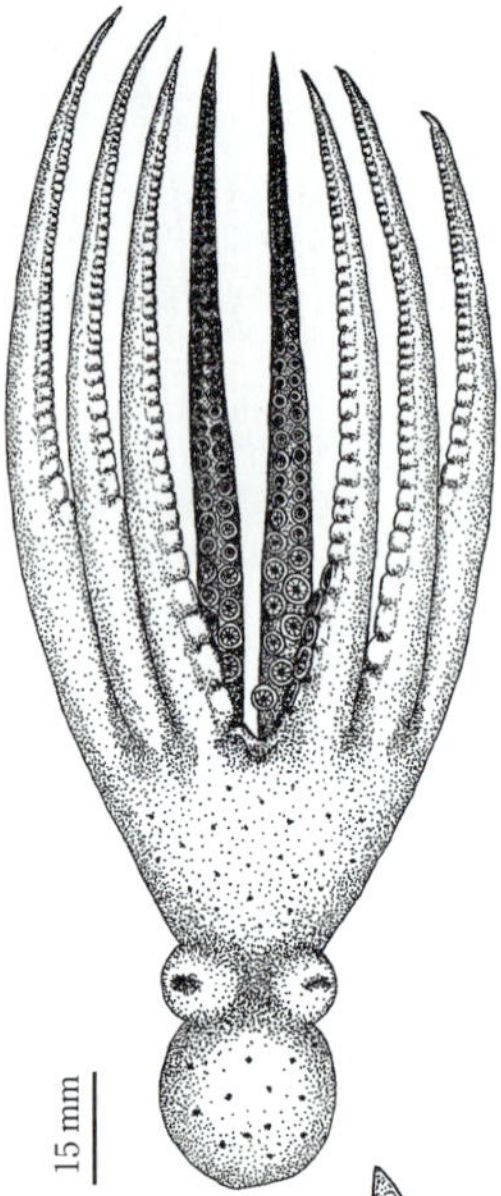

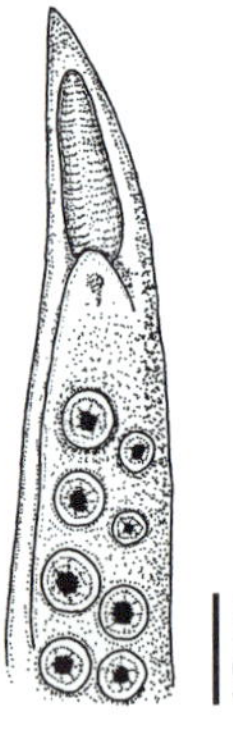

（図・写真：小野奈都美）

ナギサアナダコ ***Octopus incella*** **Kaneko & Kubodera, 2007**

全長：15～20 cm 前後の小型種．外套膜は小さく卵形で，体表はやや粗く斑紋を欠く．眼は球形で大きく，眼上棘はない．腕は筋肉質で太く長くほぼ等長．第４～３腕がやや長く全長の約75～80％．腕膜は狭く腕の基部をつなぐ程度．漏斗器はW字形．半鰓葉数は５～６．右第３腕が交接腕で対腕の86％ほどで89個の吸盤をもつ．舌状片は小さく，円錐形で同腕の２～３％前後．

分布：琉球列島の潮間帯の転石や死珊瑚に開いた小穴に潜む．

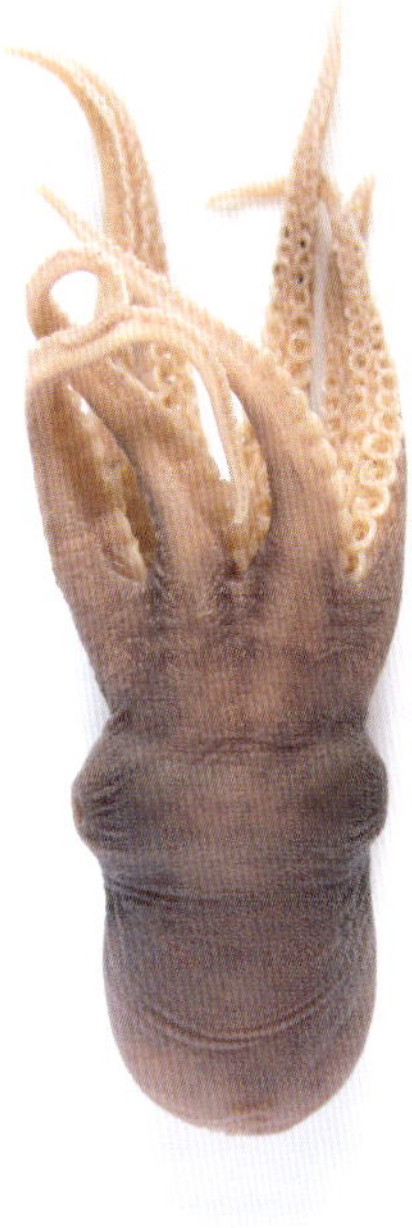

（写真：小野奈都美）

コツブハナダコ *Octopus wolfi* Wülker, 1913

全長：5～6 cm 前後の小型種．外頭部は大きく卵形で，斑紋を欠く．眼は球形で大きく，眼上棘はない．腕は筋肉質で太く短くほぼ等長．第4腕がやや長く全長の約55～60％．腕膜は狭く腕の基部をつなぐ程度．漏斗器はW字形．半鰓葉数は5～6．右第3腕が交接腕で対腕よりやや短く42～50個の吸盤をもつ．成熟雄では腕先端部の吸盤縁が花弁状に分離する．舌状片は円錐形で同腕の6％前後．

分布：原記載はタヒチ島．沖縄本島の潮間帯から水深15 m の珊瑚の隙間や砂に潜む．

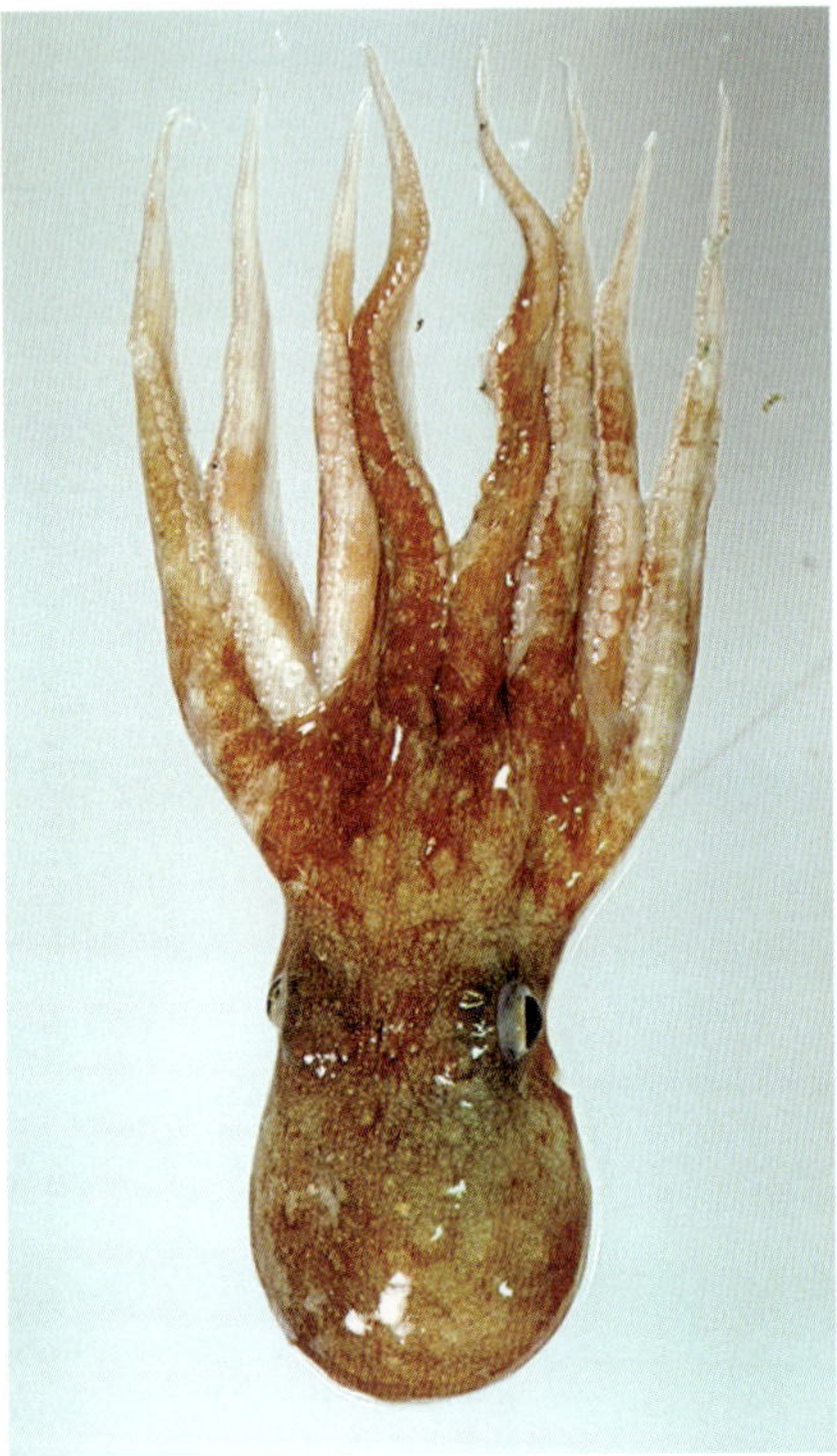

（写真：窪寺恒己）

ツノモチダコ *Octopus tenuicirrus*（Sasaki, 1929）
全長：90 cm 前後になる．外套膜は太く頭部も大きい．体表はほぼ平滑．眼上棘は２本で後ろの１本が特に大きい．腕は太くほぼ等長で，最長の第１腕は全長の70～80％．第１腕の吸盤は特に大きく，直径は外套長の16％近くに達する．漏斗器はW字形．交接腕は対腕よりやや短く，舌状片は円筒形で同腕長の20％前後．交接腕の吸盤は66個前後．
　分布：房総半島沖から相模湾・駿河湾の陸棚斜面上部（水深200～600 m）の海底．

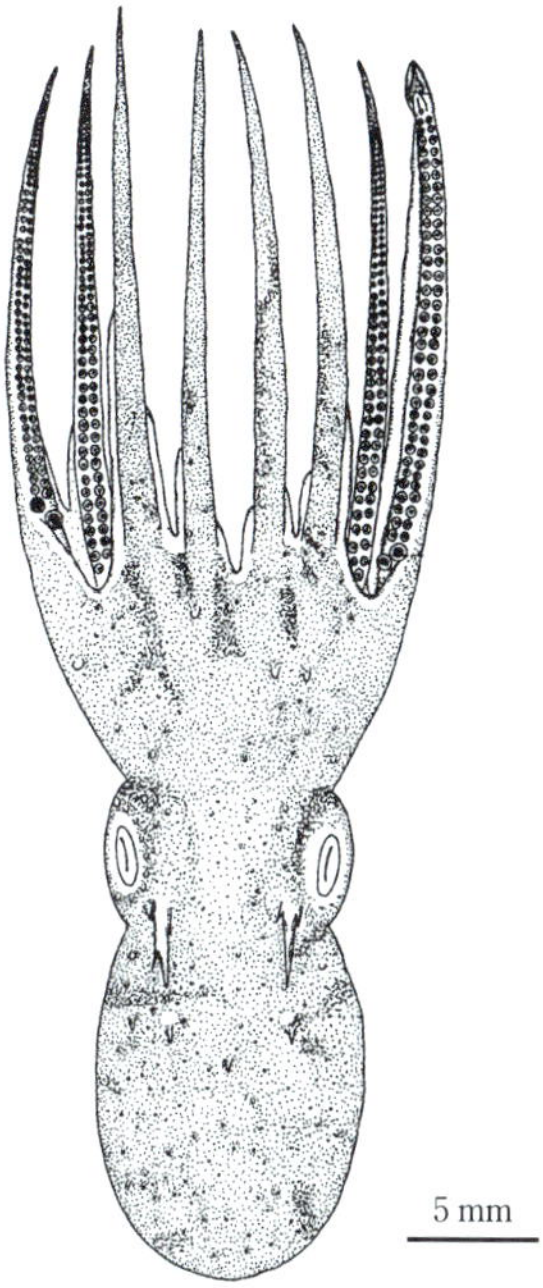

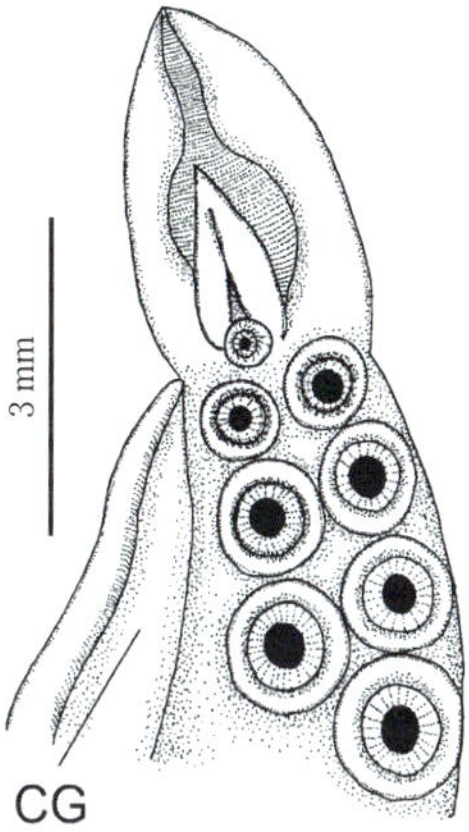

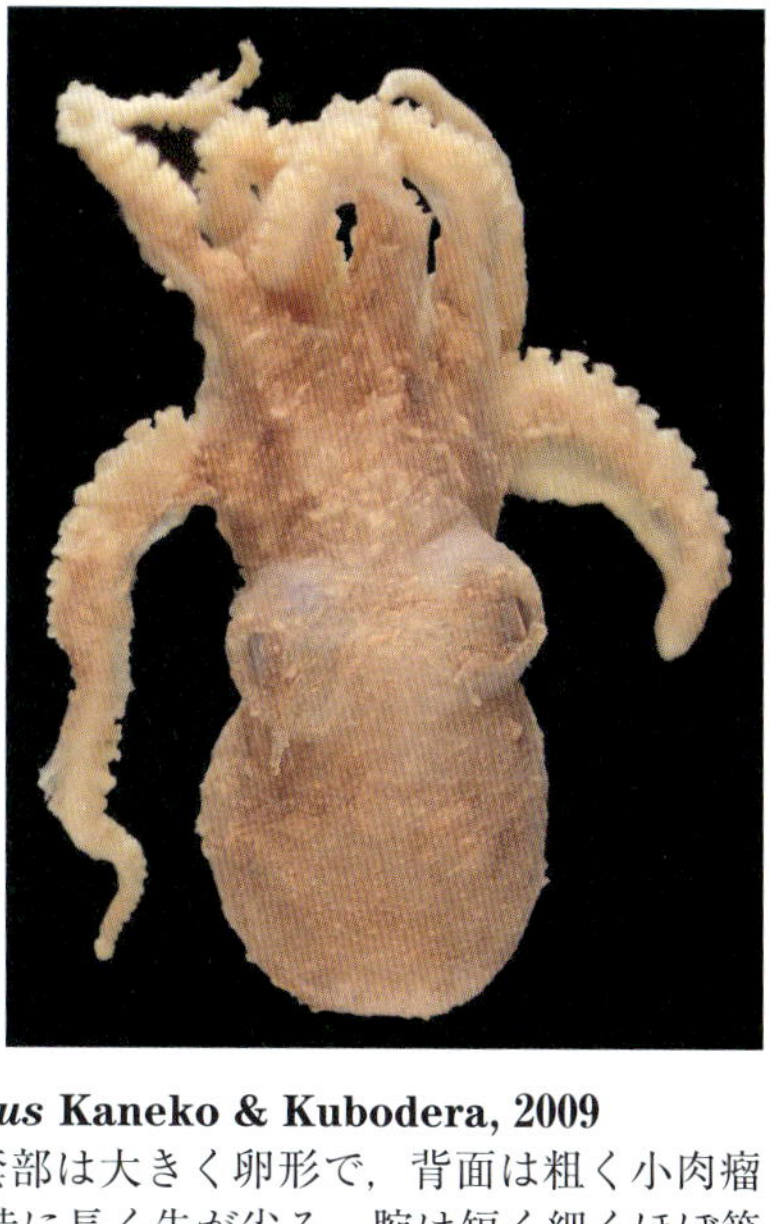

（図・写真：小野奈都美）

ツノナガコダコ *Octopus diminutus* Kaneko & Kubodera, 2009

全長：5 cm 前後の超小型種．外套部は大きく卵形で，背面は粗く小肉瘤が散在し白点を散らす．眼上棘は特に長く先が尖る．腕は短く細くほぼ等長で全長の約661～75％．雄のⅠ～Ⅲ腕に肥大吸盤がある．腕膜は広く，腕の基部17～30％をつなぐ．漏斗器は非常に大きくW字形．半鰓葉数は5～6．交接腕は対腕とほぼ同じかやや短く38～40個の吸盤をもつ．舌状片は円錐状でやや大きく同腕長の10％前後．乳頭状突起は大きく，舌状片の40～60％前後．

分布：宮古島東沖水深364 m から雄3個体が知られるのみ．

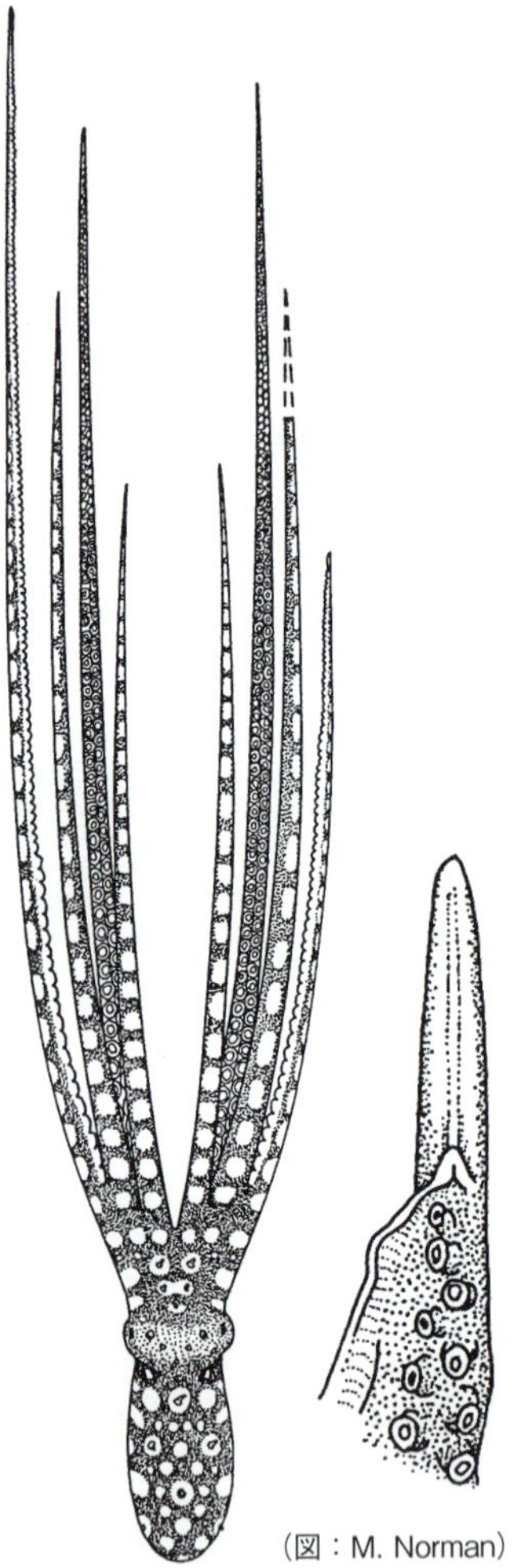

（図：M. Norman）

（写真：小野奈都美）

カクレダコ ***Abdopus abaculus*** **（Norman & Sweeney, 1997）**
全長：15〜20 cm 前後の小型種．外套部は小さく卵形で，背面に白色の斑紋と菱形にいぼがある．眼上棘は２本．腕は不等長で最長の３〜４腕は全長の約80〜87％を占める．腕膜は狭く腕の基部をつなぐ程度．腕を自切する性質がある．漏斗器はW字形．半鰓葉数は６．右第３腕が交接腕で対腕とほぼ同長で104個の吸盤をもつ．成熟雄では基部から10〜12番目の吸盤数個が肥大する．舌状片は短く同腕の2.3％．

分布：南西諸島からフィリピンの浅海珊瑚礁・岩礁域．

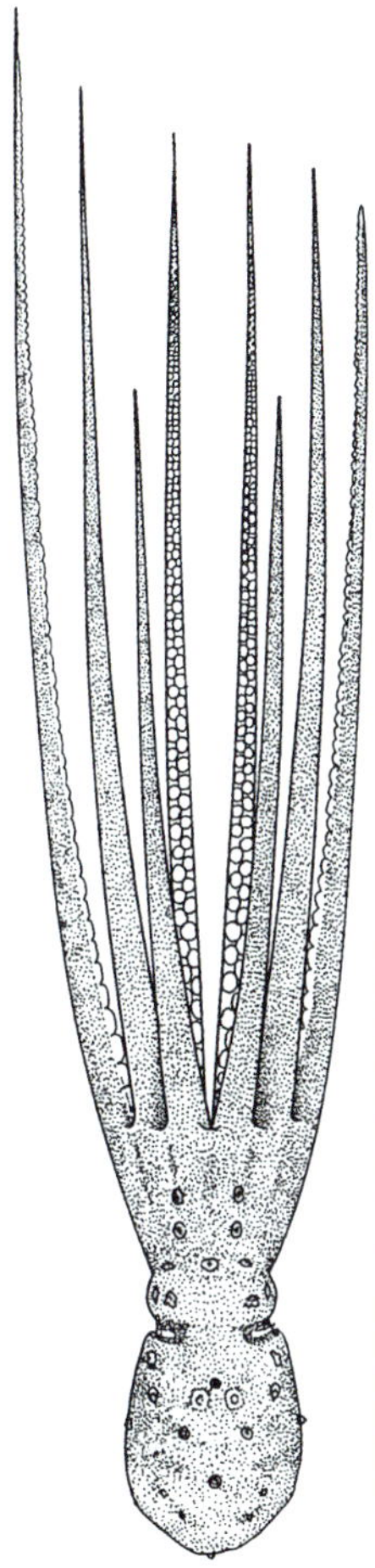

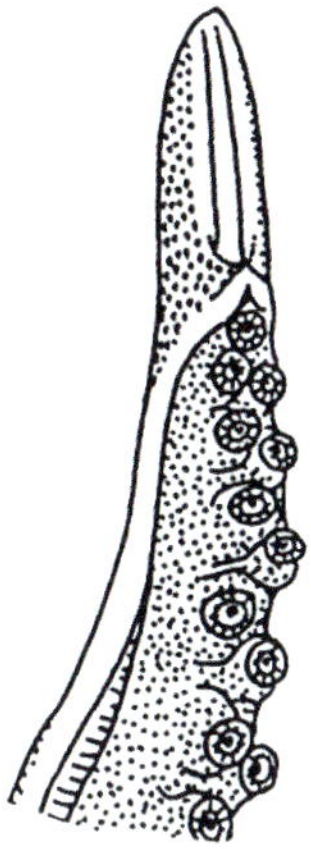

（図：M. Norman）

（写真：河野英治）

ウデナガカクレダコ *Abdopus aculeatus*（d'Orbigny, 1834）

全長：50 cm 前後．外套部は小さく卵形で，背面に一対の白色紋と菱形にいぼがある．眼上棘は１本．腕は３～４腕がほぼ等長で最も長く，全長の約80～85％を占める．腕膜は狭く，腕の基部をつなぐ程度．腕を自切する性質がある．漏斗器はW字形．半鰓葉数は７．右第３腕が交接腕で対腕よりやや短く166～195個の吸盤をもつ．成熟雄の第２腕もしくは第３腕基部から11番目付近の吸盤が肥大する．舌状片は小さく同腕の0.8～1.5％．

分布：南西諸島からフィリピン，西太平洋に広く分布し，沿岸の砂泥や干潟に普通．

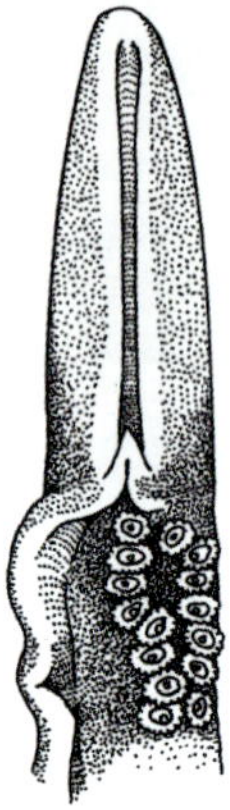

（図・写真：M. Norman）

シマダコ *Callistoctopus ornatus*（Gould, 1852）

全長：90 cm 前後になる．外套膜は卵形で頭部は小さく眼がやや膨出する．体表は赤褐色で背面に燐光を発する断続した縦帯が走り，腕では方形斑の列となる．腕は太く長くやや不等長で，最長の第１腕は全長の80％前後．漏斗器はW字形．交接腕は対腕よりやや短く吸盤は150～170個．舌状片は円錐形で同腕長の３～７％前後．

分布：紀伊半島以南，小笠原諸島，南西諸島の沿岸・サンゴ礁域．

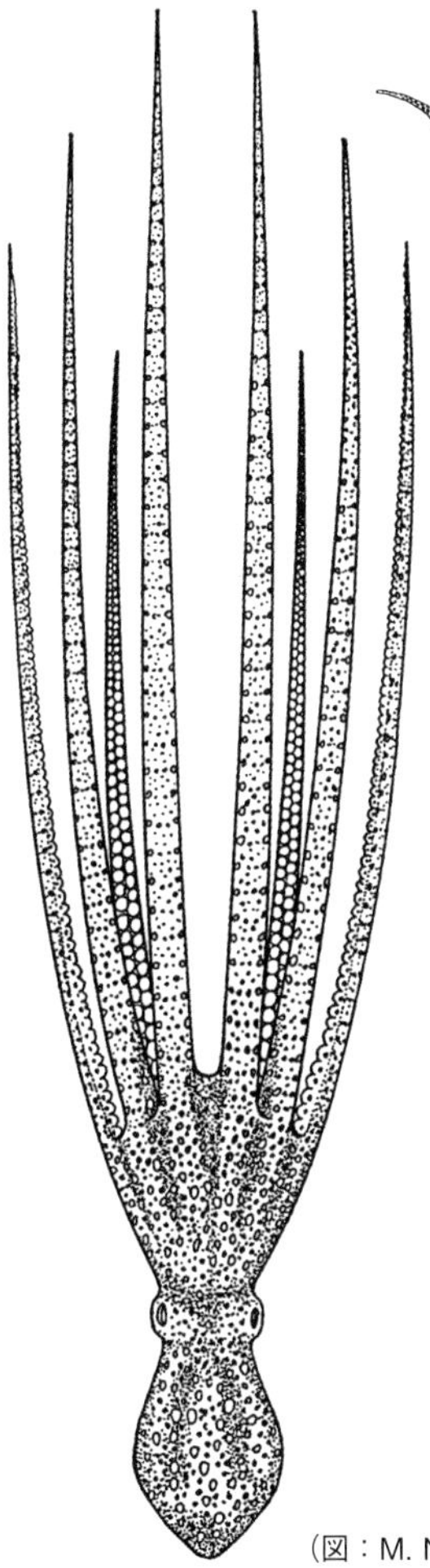

（図：M. Norman）

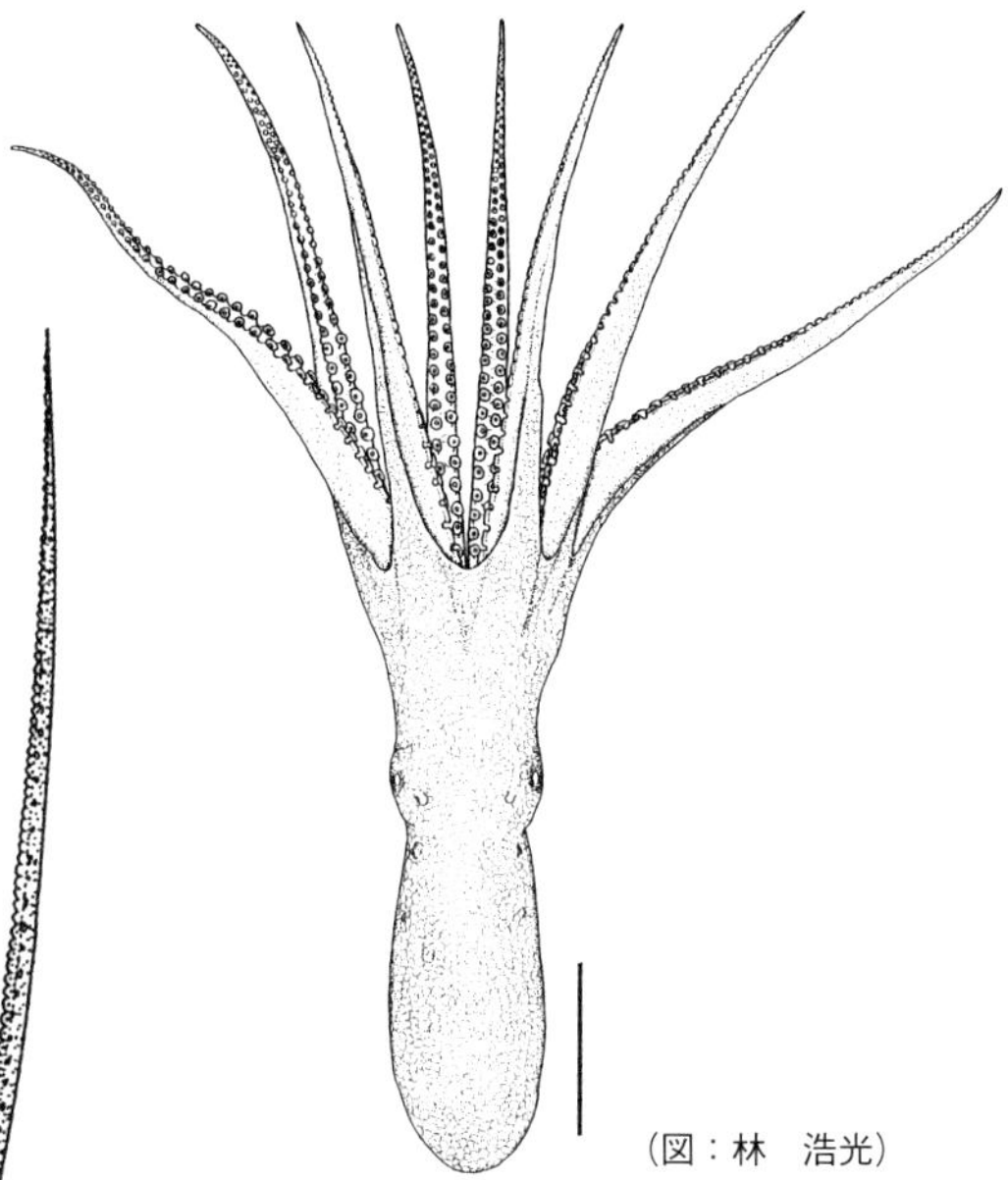

（図：林　浩光）

サメハダテナガダコ *Callistoctopus luteus* (Sasaki, 1929)

全長：70 cm 前後．体は硬く大理石状斑紋がある．体表は小顆粒散で覆われ鮫肌状．腕は太く，不等長で最長の第１腕は全長の70％前後．漏斗器はW字形．交接腕は対腕の60％ほどで，舌状片は小さく同腕長の３～４％ほど．交接腕の吸盤は88個前後．咬毒をもつ．

分布：本州太平洋沿岸からフィリピンの浅海に普通．砂に潜入する．

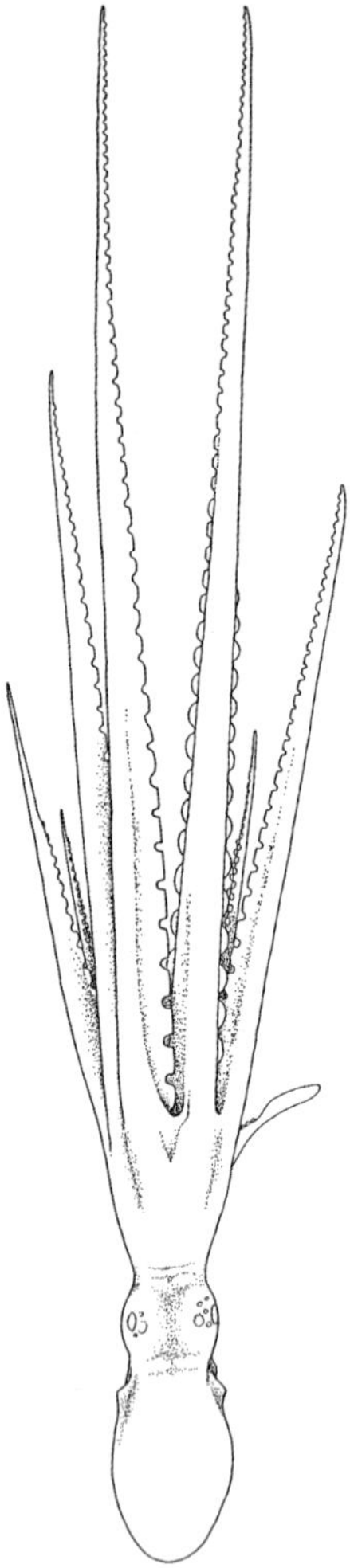

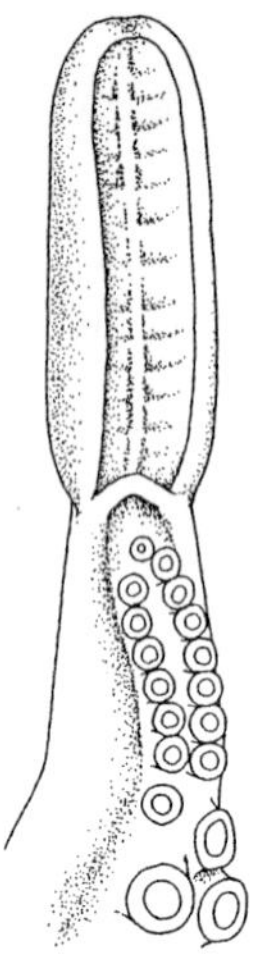

（図：楠原綾子）

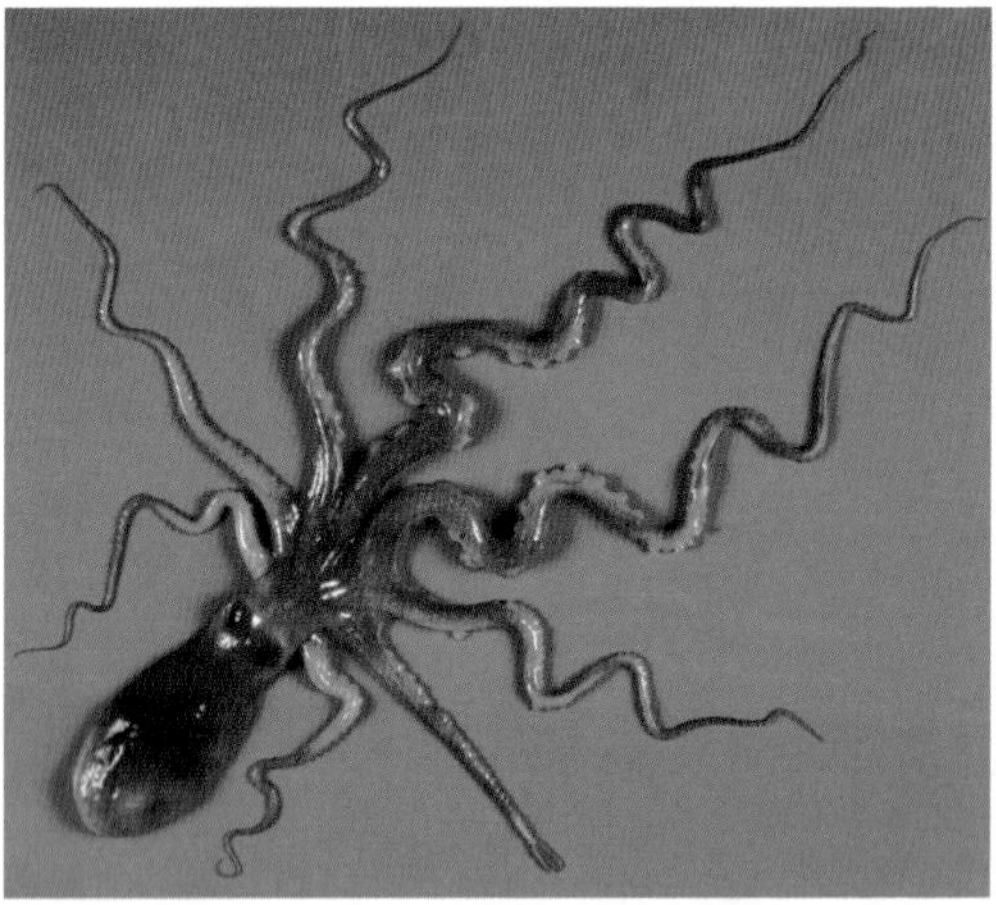

（写真：堀川博史）

テナガダコ *Callistoctopus minor*（Sasaki, 1920）

全長：70 cm＜．体は細長く腕が長い．体表はほぼ平滑で背面に小顆粒が散在する．眼上棘はない．腕は細く，強不等長で最長の第1腕は全長の80％前後．漏斗器はW字形．交接腕は対腕の半分ほどで，舌状片は大きくスプーン状で同腕長の10～20％ほど．交接腕の吸盤は42～48個．

分布：全国の下部潮間帯から水深200～400 m付近まで．佐々木望は多くの表現形（フェノタイプ）を認めている．

（写真：窪寺恒己）

（図：瀧　巌）

テギレダコ *Callistoctopus mutilans*（Taki, 1942）
全長：40 cm．外套膜は細い卵形で淡黄褐色で網目状斑がある．体表には微小ないぼがある．眼は大きく突出し，眼上棘は単生．腕は細長くほぼ等長．第４腕が最も長く全長の約86％．腕膜は狭く腕長の６〜７％．吸盤は白い．漏斗器はＷ字形．半鰓葉数は７〜８．右第３腕が交接腕で対腕の86％ほどで26〜36対の吸盤をもつ．舌状片は小さく円錐形で同腕の３％．
分布：相模湾と瀬戸内海の泥底．動きは緩慢で腕は引っ張ると随所で自切する．

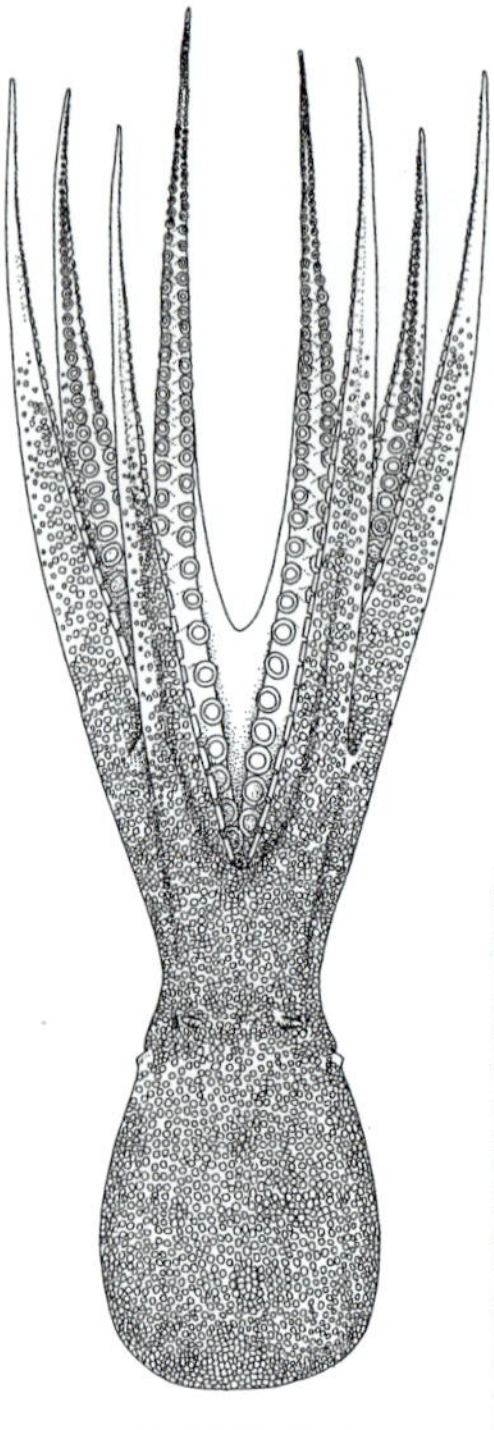

（図：楠原綾子）

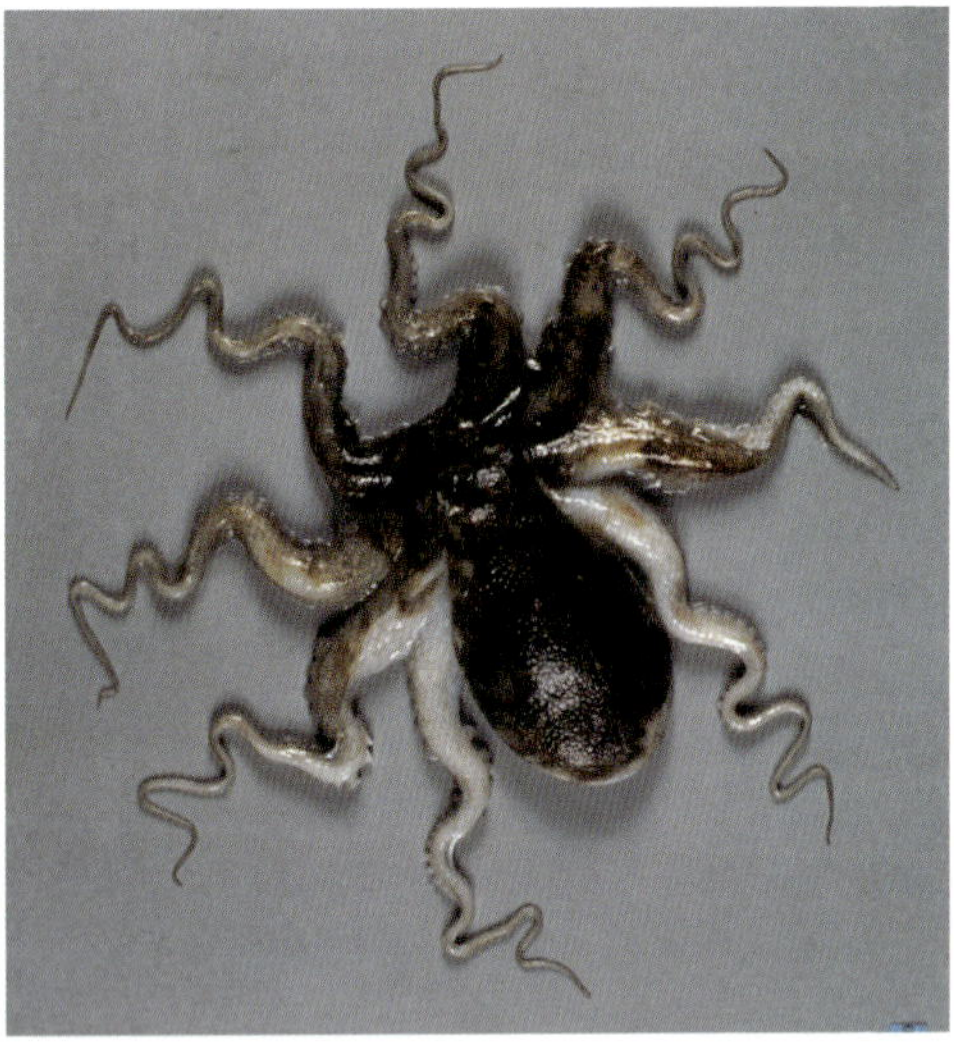

（写真：堀川博史）

スナダコ *Amphioctopus kagoshimensis*（Ortmann, 1888）
全長：30～40 cm．体は筋肉質で背面は多角形の小顆粒に覆われ鮫肌．外套膜背面に暗褐色斑の模様がある．腕は短くほぼ等長で，最長の第３腕は全長の65～75％．漏斗器はW字形．交接腕は対腕よりやや短く吸盤は60～70個．舌状片は長円錐形で同腕長の５～８％．

分布：三陸以南のインド・西太平洋温帯海域．潮間帯下の砂底．

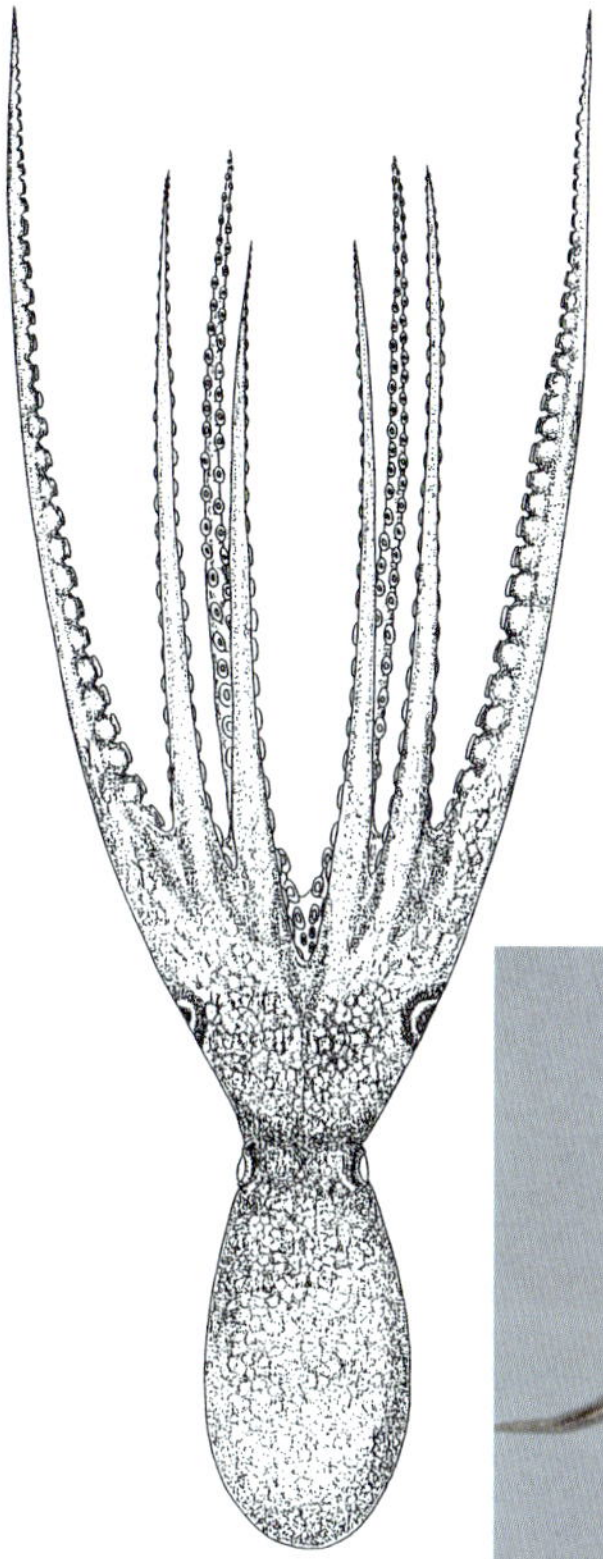

（図：楠原綾子）

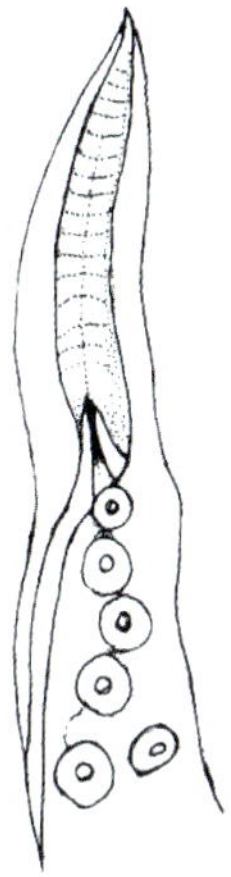

（図：奥谷喬司 他）

（写真：堀川博史）

イイダコ *Amphioctopus fangsiao*（d'Orbigny, 1839～41）
全長：30 cm 前後．外套膜は卵形で背面は黄土色で小顆粒に覆われ鮫肌．外套膜背面に４本の暗色の縦帯と頭部背面の両眼の間に薄色の方形斑がある．第２・３腕の腕膜上に暗青色で縁取られた金色の眼紋がある．眼上棘は大きく２本．腕は短くほぼ等長で，最長の第１腕は全長の60～70％．腕の反口側に黒色の帯が走る．漏斗器はW字形．交接腕は対腕の77％で90～100個の吸盤がある．舌状片は円錐形で同腕長の６～７％．卵は長径６mm ほど．

分布：北海道南部以南，日本全国から朝鮮半島南部，中国沿岸の浅海底．

（写真：久志本鉄平）

ヨツメダコ *Amphioctopus areolatus* (de Haan, 1840)
全長：15～20 cm．外套膜は細長く眼は大きく突出する．体表面は小肉瘤が密生し網目状．眼の周りを数個の大きいいぼが取り巻く．頭部に３本，外套に２本の暗色帯がある．腕はほぼ等長．雄の第２，第３腕に肥大吸盤がある．交接腕の吸盤数は約90個，舌状片は小さく交接腕長の７％．傘膜上の眼状紋は暗色の丸に青灰色の環．
　分布：瀬戸内海から中国沿岸．

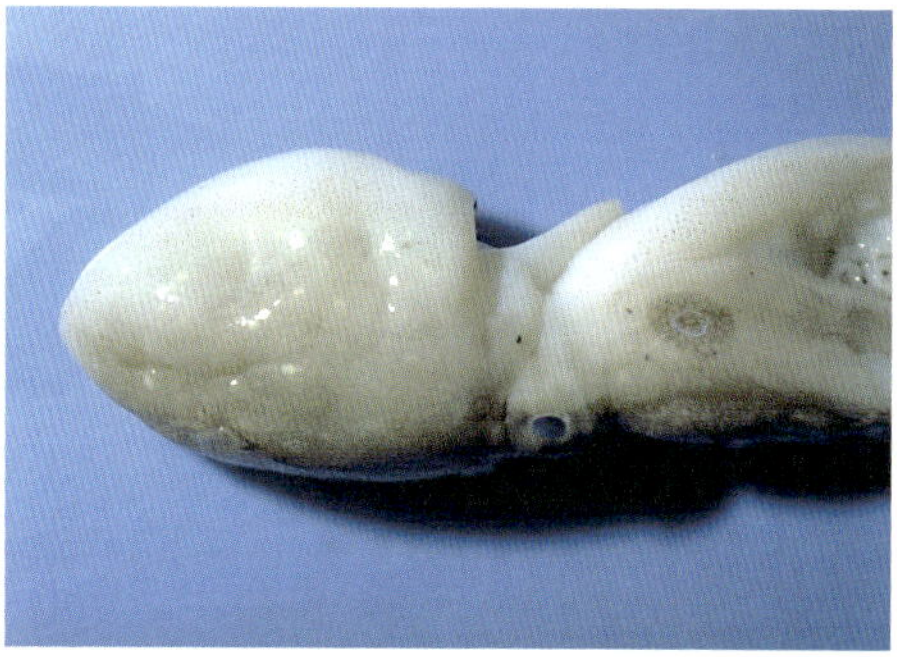

（写真：窪寺恒己）

イイダコモドキ *Amphioctopus ovulum*（Sasaki, 1917）

全長：15 cm 前後．外套膜は卵形で背面は弱い小顆粒に覆われる．イイダコに見られる外套背面の縦帯と頭部両眼間の方形斑はない．第２・３腕の腕膜上に黒地に半透明の輪の入った眼紋がある．眼上棘は大きく２本．腕は短くほぼ等長で，最長の第１腕は全長の60～70%．腕の反口側に黒色の帯が走る．漏斗器はW字形．交接腕は対腕の70～80%で64～70個の吸盤がある．舌状片は円錐形で同腕長の６～７%．卵は長径３mm 前後．

分布：関東以西の本州・九州沿岸から東シナ海の浅海底．

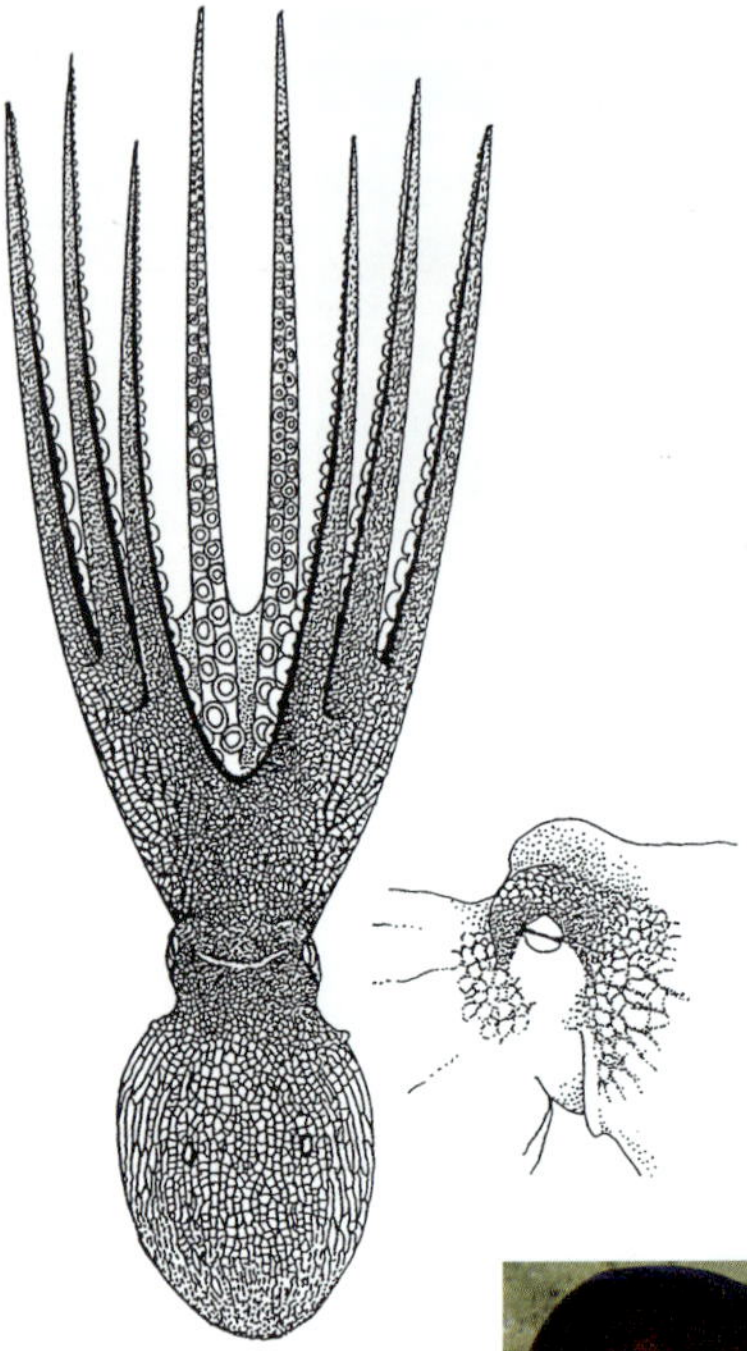

（図・写真：M. Norman）

メジロダコ ***Amphioctopus marginatus*** **（Taki, 1964）**

全長：20 cm 前後．外套膜は卵形で背面は淡黄土色で小顆粒に覆われる．眼上棘は大きく１本で眼の周囲は白っぽい．腕は短くほぼ等長で，最長の第３腕は全長の70％前後．腕吸盤基部の背側に黒色の帯が走る．第２・３腕の腕膜に血管状の模様がある．漏斗器はW字形．交接腕は対腕よりやや短く，舌状片は小さく同腕長の２％前後．交接腕の吸盤は110～116個．

分布：九州南部から東シナ海，中国沿岸，ベトナム沿岸の浅海底に普通．海底に落ちているヤシの殻にすむところからココナッツオクトパスと呼ばれる．

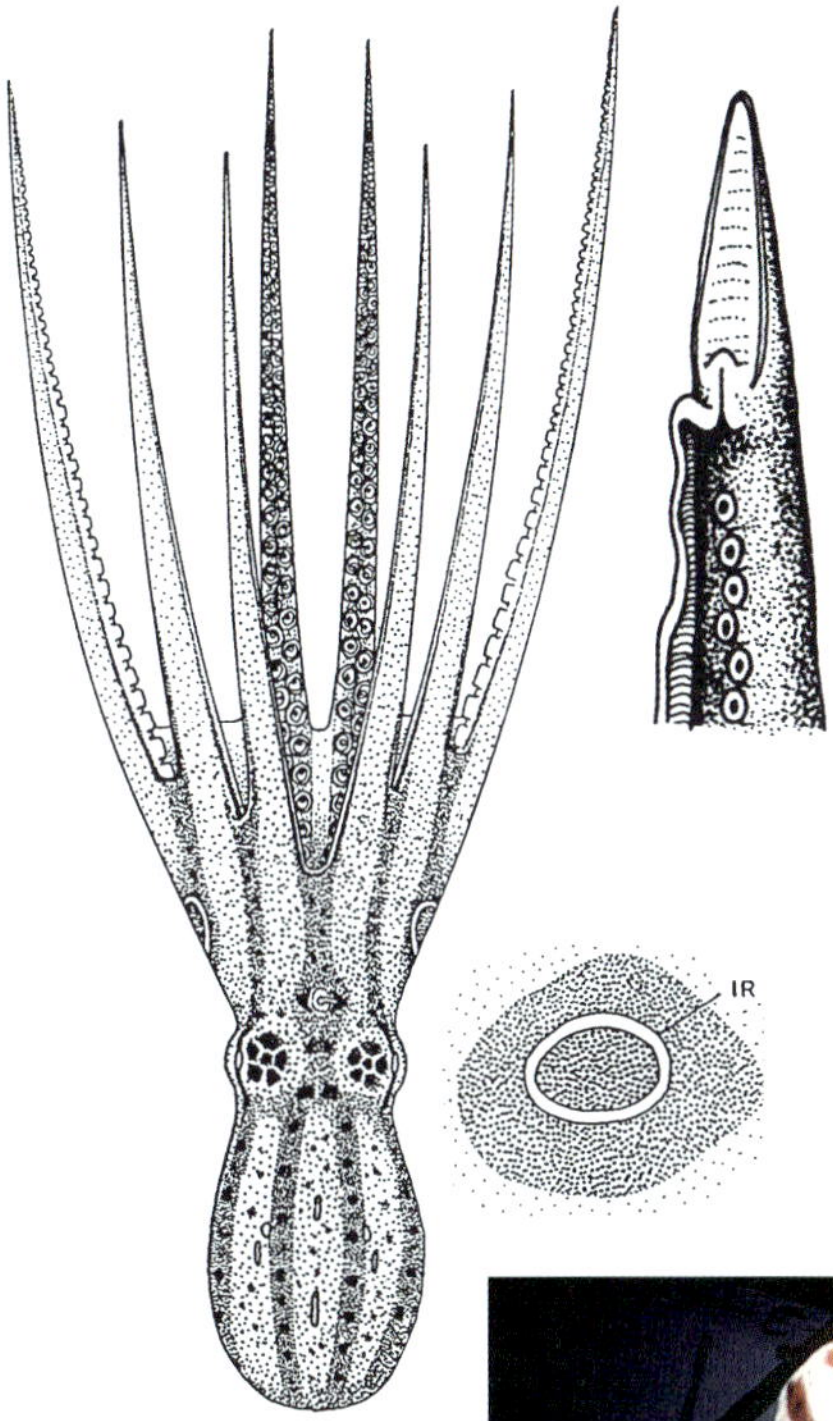

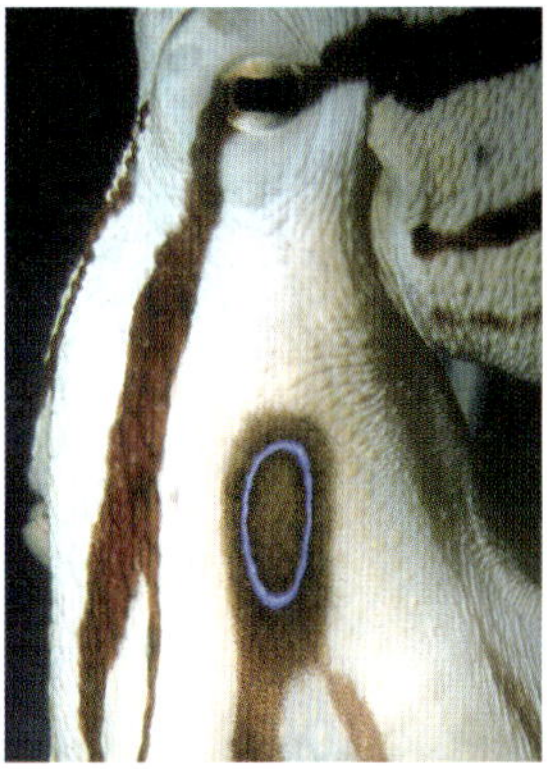

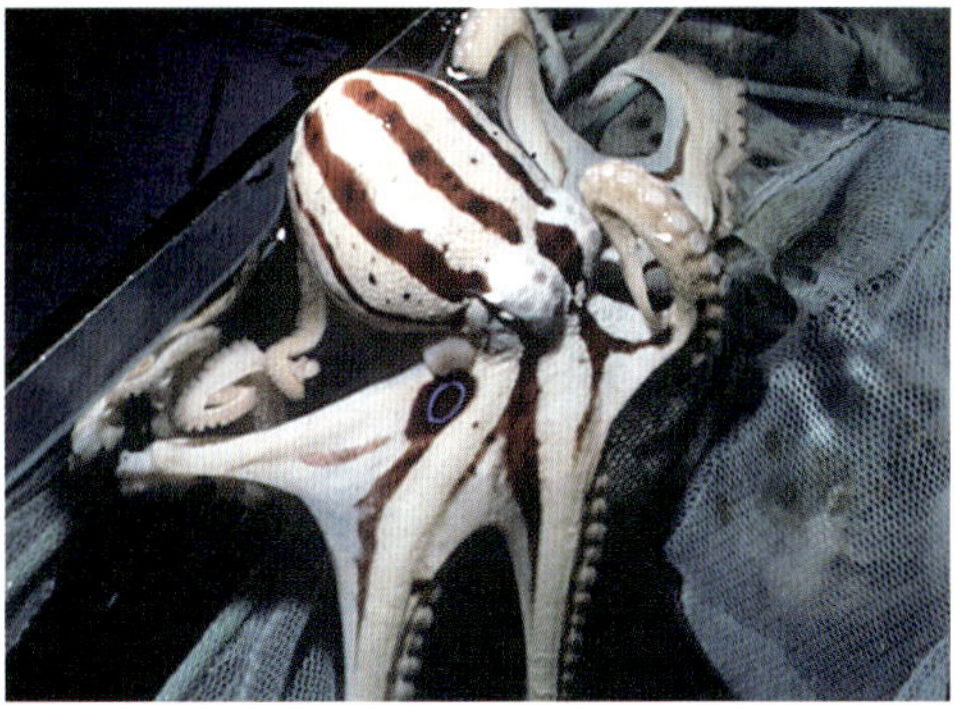

(図・写真：M. Norman)

ベニツケダコ *Amphioctopus mototi*（Norman, 1993）
全長：20 cm．傘膜上に黒い斑紋がありその上に虹彩を発する青い輪状紋がある．眼上には花状紋があり，また外套背面から各腕の分岐点に連続する縦帯をもつ．漏斗器はW形．交接腕は対腕の90％ぐらいで100個の吸盤をもつ．舌状片長指数は3.1～5.4で葉状．半鰓葉数は11．

分布：オーストラリア東岸からニューカレドニアにかけて分布するが，沖縄の水深110 m からも採集された．

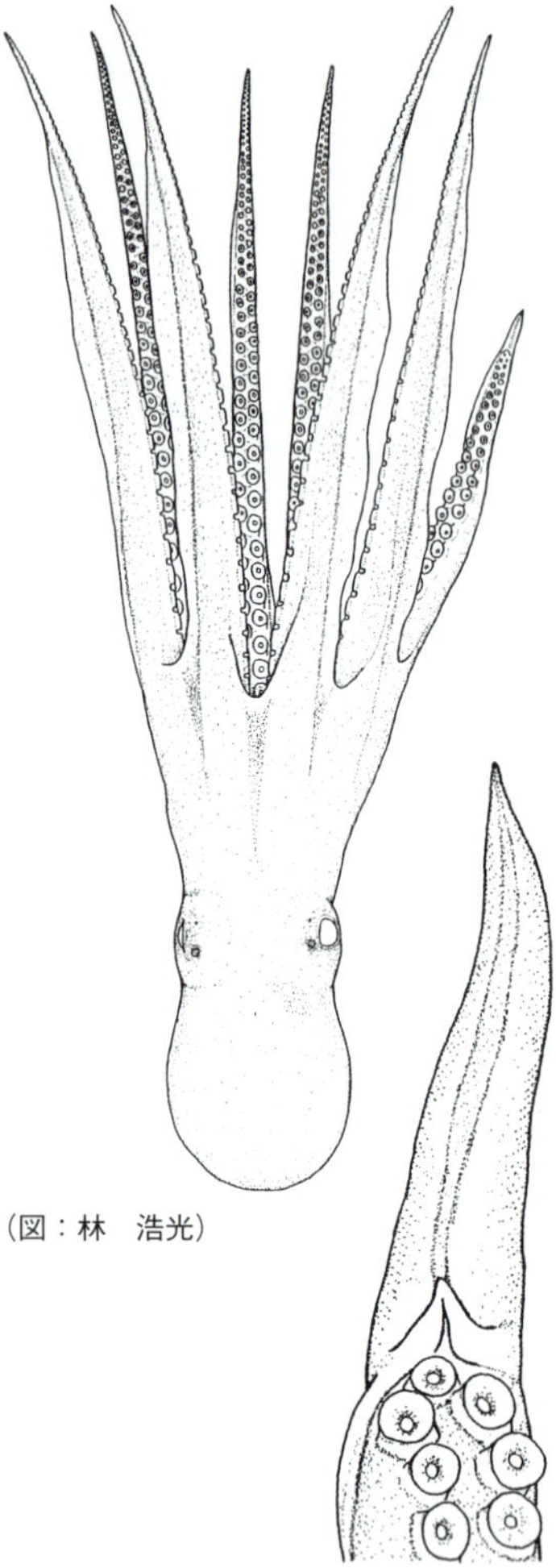

（図：林　浩光）

（写真：窪寺恒己）

アマダコ *Enteroctopus hongkongensis*（Hoyle, 1885）

全長：100 cm 前後．ヤナギダコに似るが，外套部が比較的細く肉襞を欠く．体は筋肉質で，頭部に小疣が密に分布．眼上棘は２本．腕は太くほぼ等長であるが，第１腕がやや長く全長の70～75%．幅の広い薄い腕膜がよく発達しており，腕の先端近くまで広がる．漏斗器はW字形．半鰓葉数は８～11．交接腕は対腕の2/3ほどで，舌状片は円筒形で長く同腕の12～14%．

分布：仙台湾から常盤沖，相模湾・駿河湾の陸棚下部．

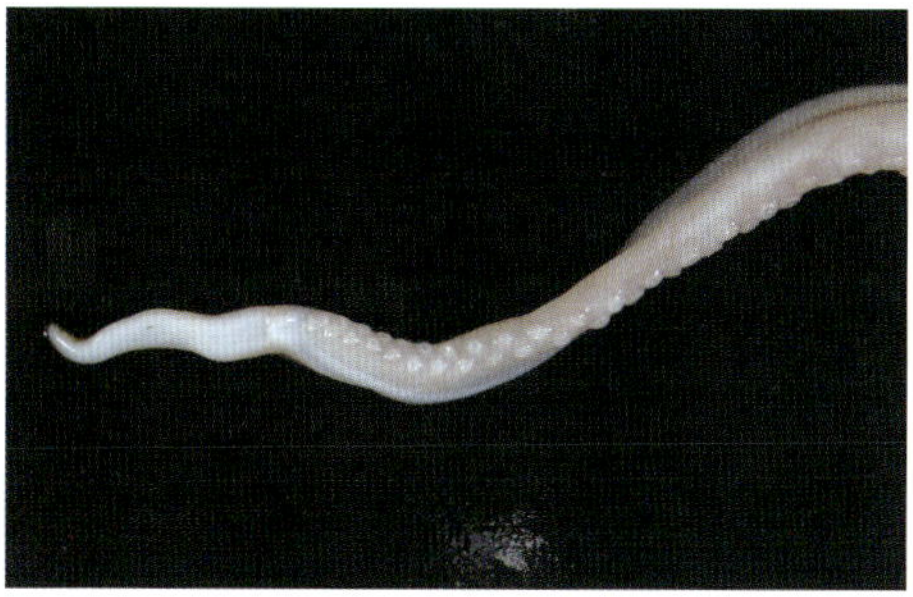

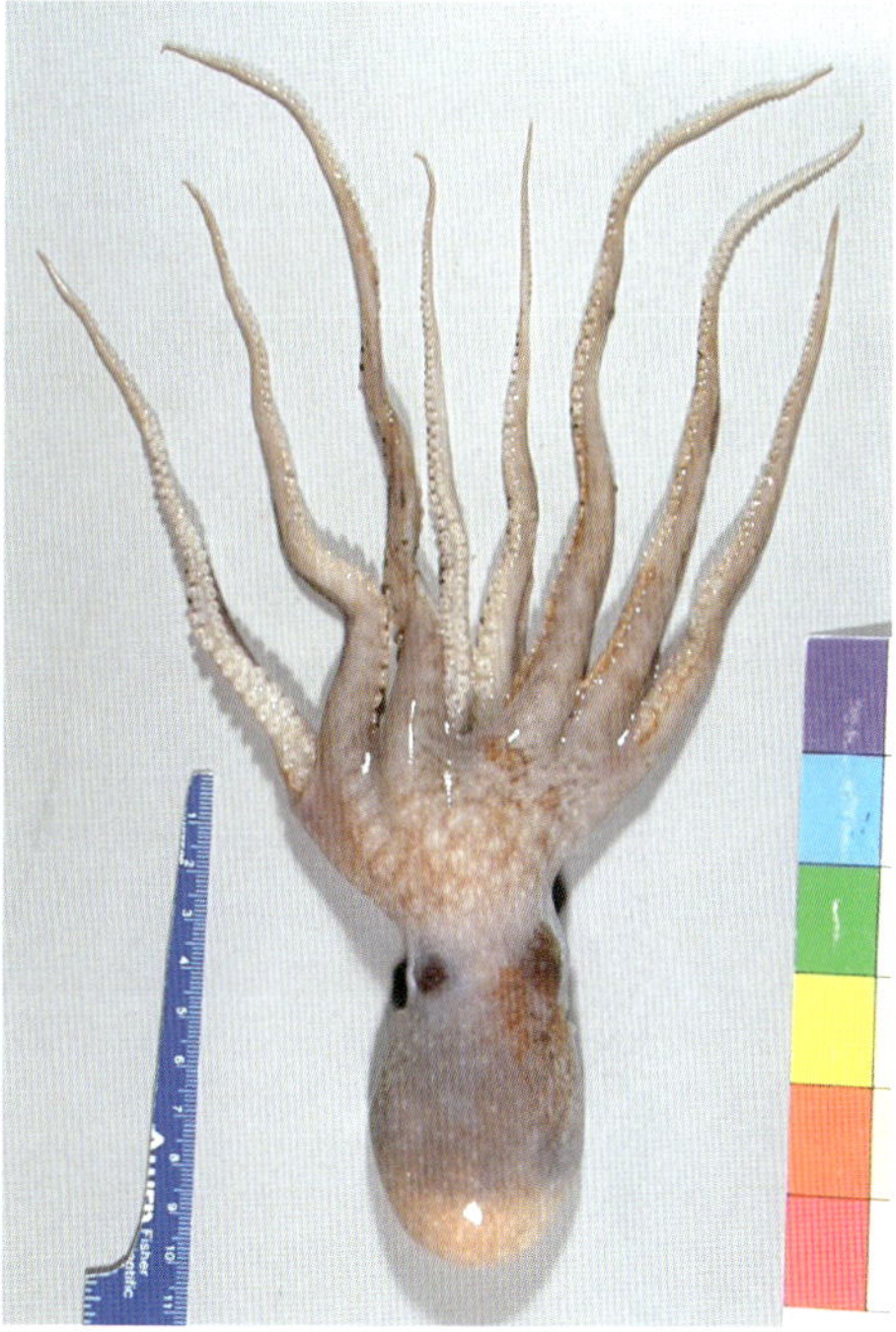

（写真：窪寺恒己）

クモダコ *Paroctopus longispadiceus*（Sasaki, 1917）

全長：30 cm 前後．体は筋肉質で皮膚は平滑．外套膜は卵形で背面に白色を帯びた大小の斑点がある．両眼上に10数個の肉疣が散在するが眼上棘はない．腕は細く不等長で，最長の第１腕は全長の75％前後．最短の第４腕は58％前後．腕膜は狭く腕の基部をつなぐ程度．漏斗器はW字形．半鰓葉数は10～11．交接腕は対腕とほぼ同長かやや長く，約90個の吸盤をもつ．舌状片は円筒形で長く，同腕の11％．成熟雄では基部から15～30個目の吸盤が顕著に肥大する．

分布：東北沖から日本海西部海域の陸棚下部．

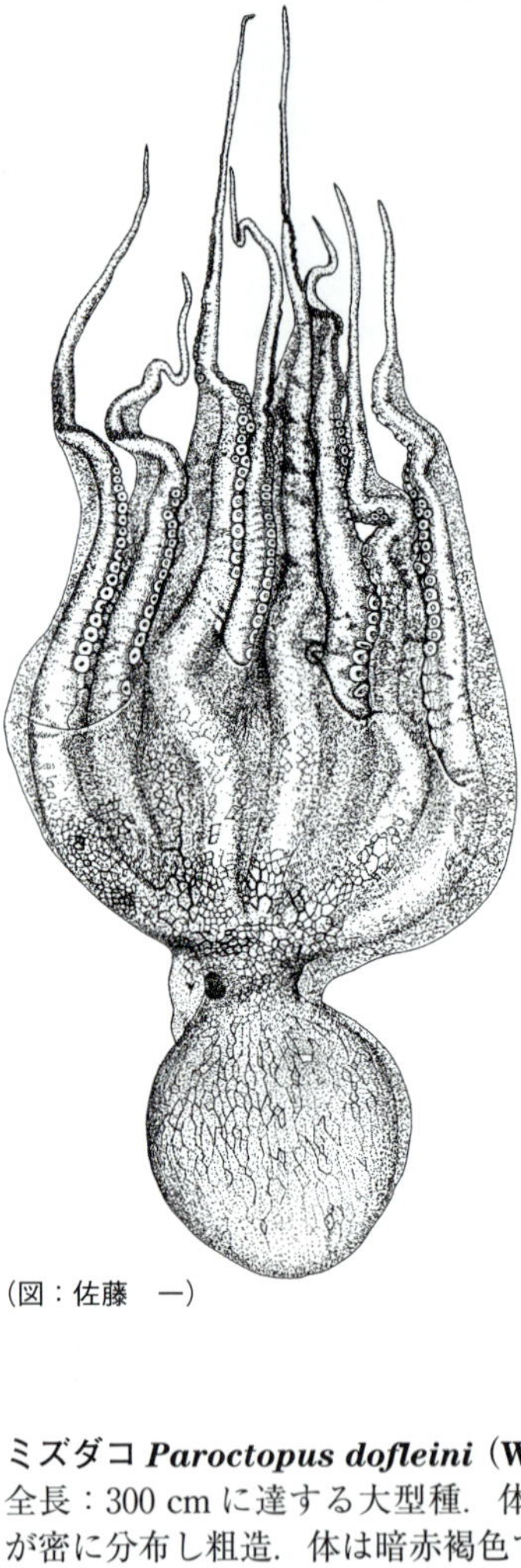

（図：佐藤　一）

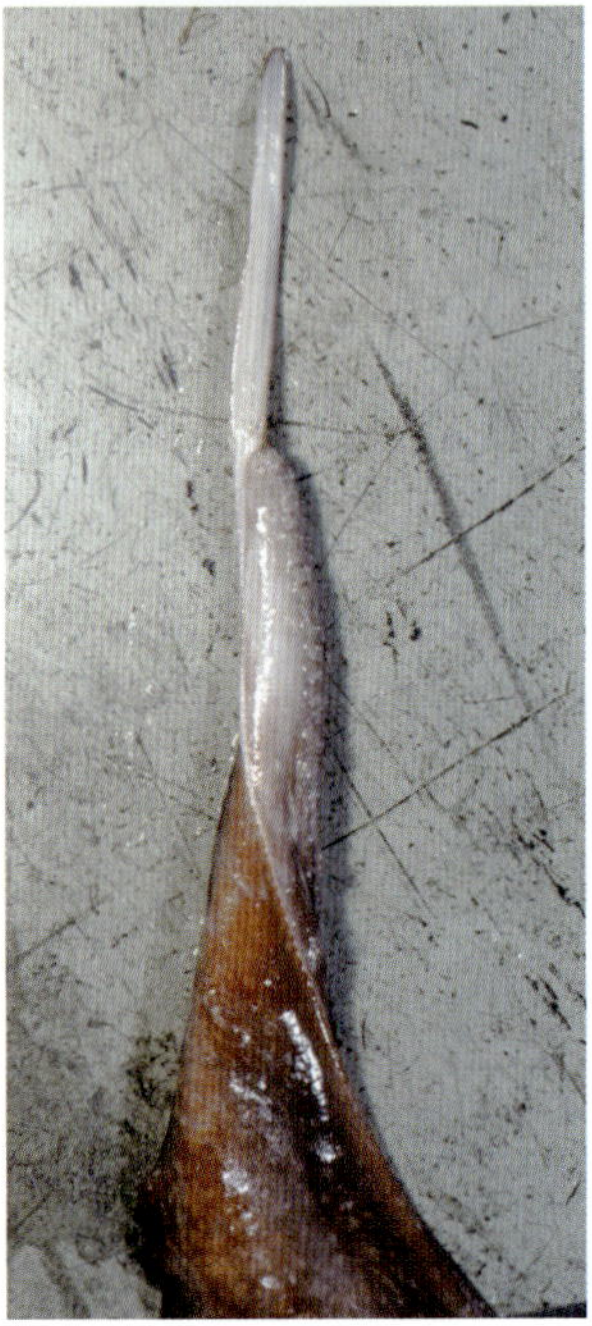

（写真：矢野涼子）

ミズダコ *Paroctopus dofleini*（Wülker, 1910）
全長：300 cm に達する大型種．体表はやや緩いが，様々な大きさの肉襞が密に分布し粗造．体は暗赤褐色で雲斑模様を散らす．眼上棘は４～５本で，そのうち１本が大耳状突起となる．腕は太く長くほぼ等長で，最長の第１腕は全長の65～75%．腕膜も広い．漏斗器はW字形．交接腕は対腕よりやや短く吸盤は96～106個．舌状片は円筒形で長く同腕長の10～20%．
　分布：三陸沖から北海道周辺，北部北太平洋亜寒帯海域の沿岸から陸棚上に普通．

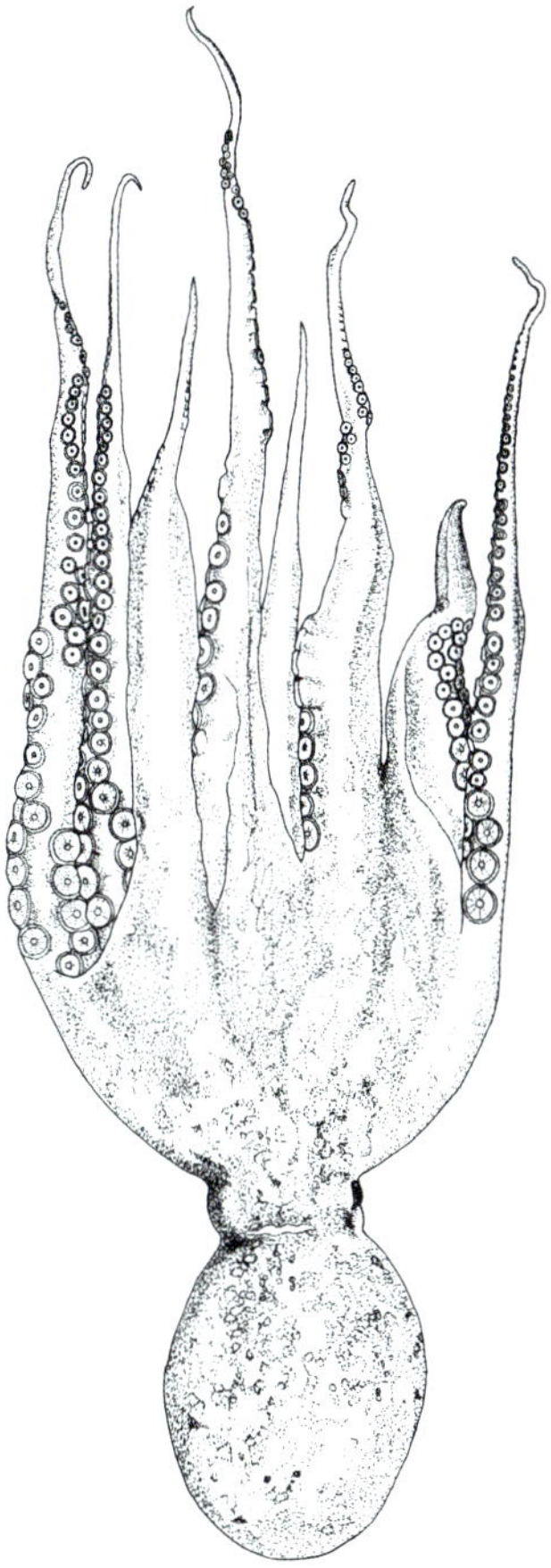

(図：佐藤　一)

(写真：奥谷喬司)

ヤナギダコ *Paroctopus conispadiceus* (Sasaki, 1917)
全長：120 cm 前後．体表はやや緩く，外套膜は卵形でほぼ平滑．体は暗緑褐色で雲斑模様を散らす．頭部背面の両眼間に白斑がある．眼上棘は1本で大きい．腕は太くほぼ等長で，最長の第1腕は全長の75%前後．腕膜も広い．漏斗器はW字形．交接腕は対腕のxで，舌状片は円筒形で長く同腕長の12～21%．交接腕の吸盤は52～58個．

分布：三陸沖から北海道周辺の沿岸から陸棚上に普通．ミズダコと共に漁獲される．

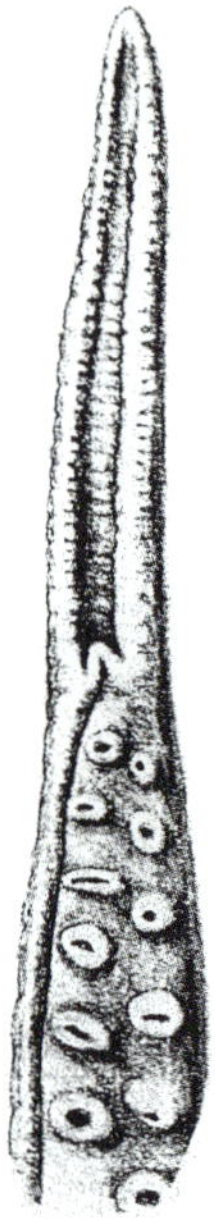

（図：佐々木望）

（写真：窪寺恒己）

エンドウダコ *Paroctopus yendoi*（Sasaki, 1917）
全長：30 m 前後．体表はやや緩く，外套膜は丸く大小の肉疣に覆われる．眼の周りに肉疣が密生するが棘はない．漏斗の基部は頭部と癒着していて遊離部はほとんどない．腕は太く短くほぼ等長で，最長の第１腕は全長の65～75％．漏斗器はW字形で外肢が短い．交接腕は対腕よりやや短く，舌状片は円筒形で小さく同腕長の６～７％．交接腕の吸盤は98～104個．

分布：日本海，東北地方，オホーツク海の沿岸から陸棚上部．

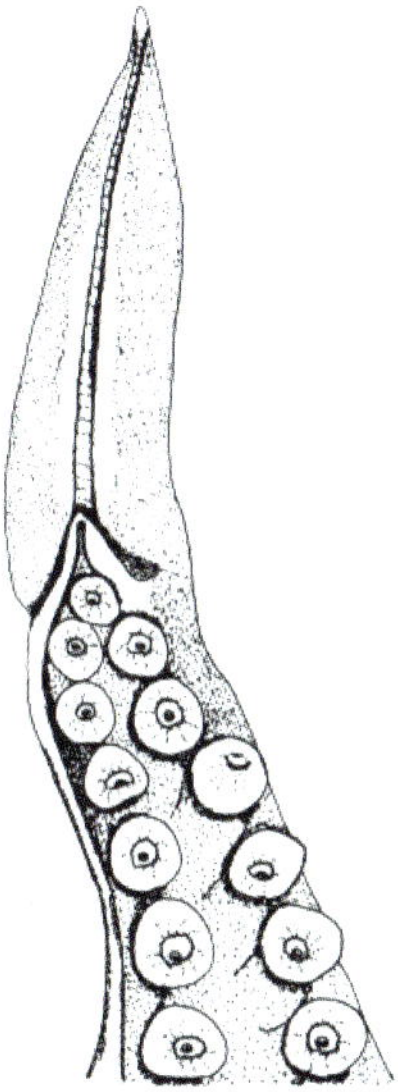

（図：奥谷喬司 他）

（写真：窪寺恒己）

オオメダコ *Paroctopus megalops*（Taki, 1964）

全長：38 m 前後．体表は平滑で柔軟．外套膜は丸く短く，頭部は大きく巨大な眼が膨出する．腕は太くほぼ等長で，最長の第１腕は全長の75～80％．漏斗器はW字形で外肢が短い．交接腕は対腕の60％で吸盤は74～76個．舌状片は長円錐形で小さく同腕長の５～６％．

分布：土佐湾から遠州灘の陸棚上．

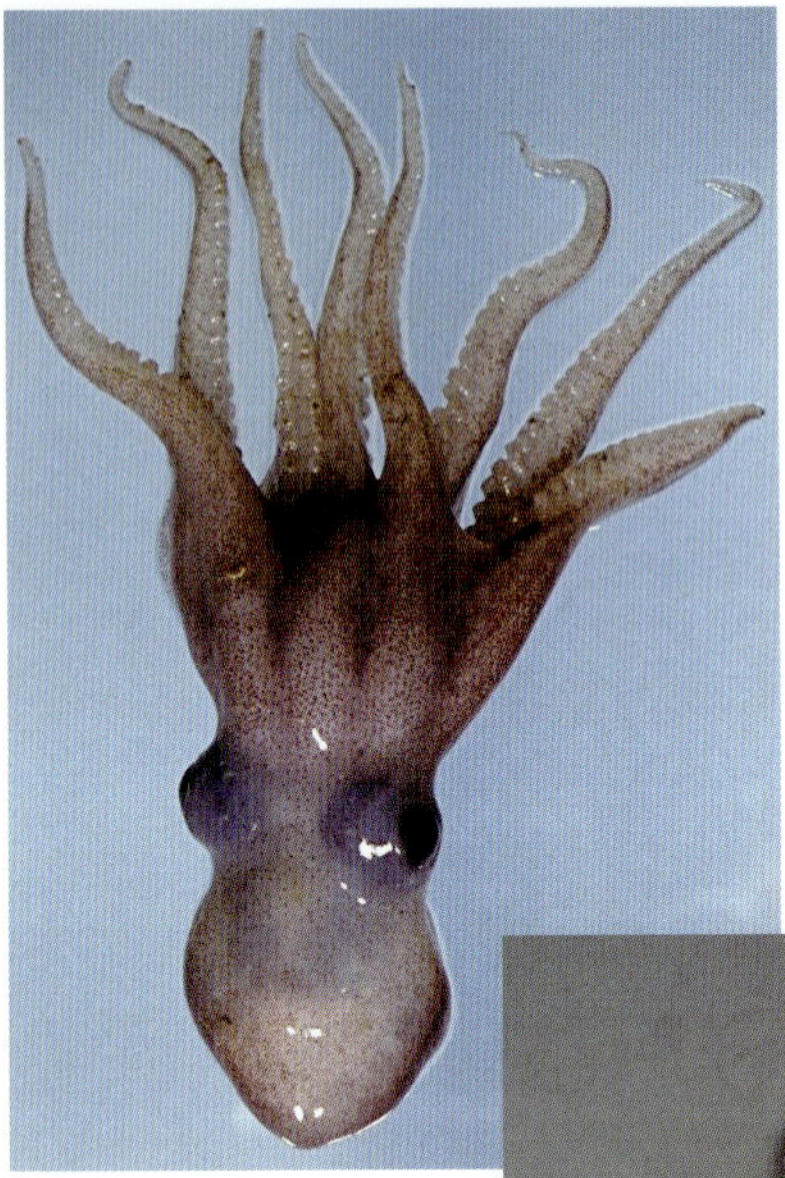

（写真：窪寺恒己）

（写真：堀川博史）

セビロダコ *Pteroctopus eurycephala*（Taki, 1964）

全長：11 cm 前後．体は非常に柔らかく体表は平滑．外套膜は短く，頭部は大きく巨大な目が膨出する．腕はやや長く，ほぼ等長で全長の70～75%．漏斗器はW字形．

分布：遠州灘沖及び土佐湾．

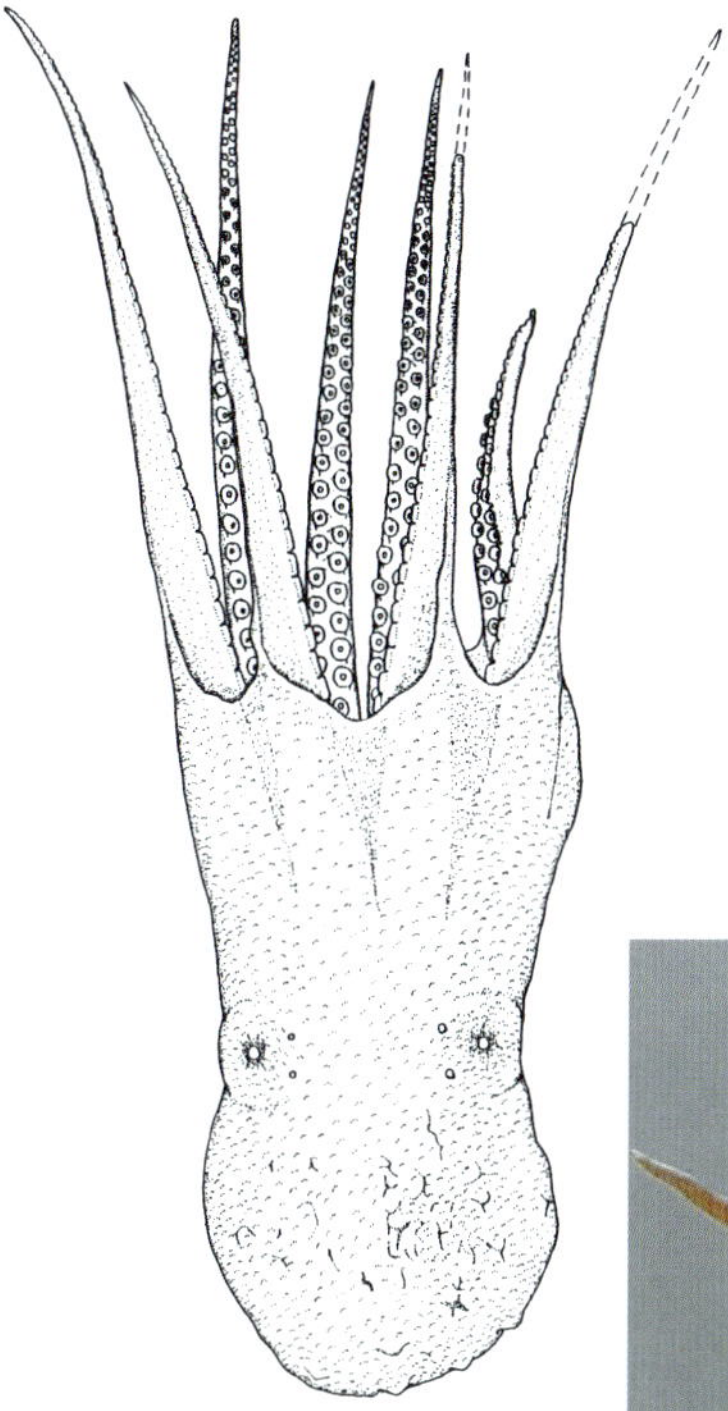

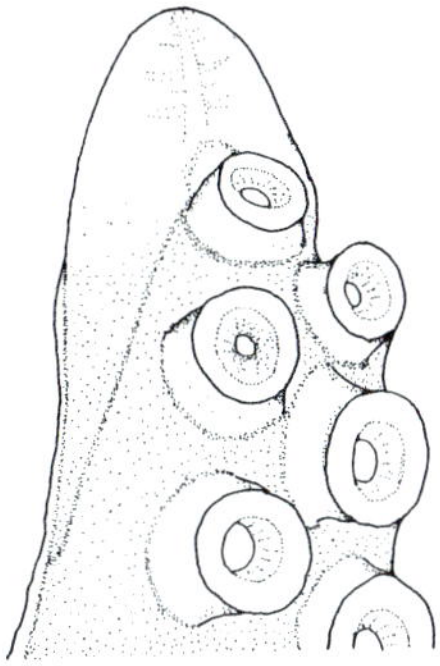

（図：林　浩光）

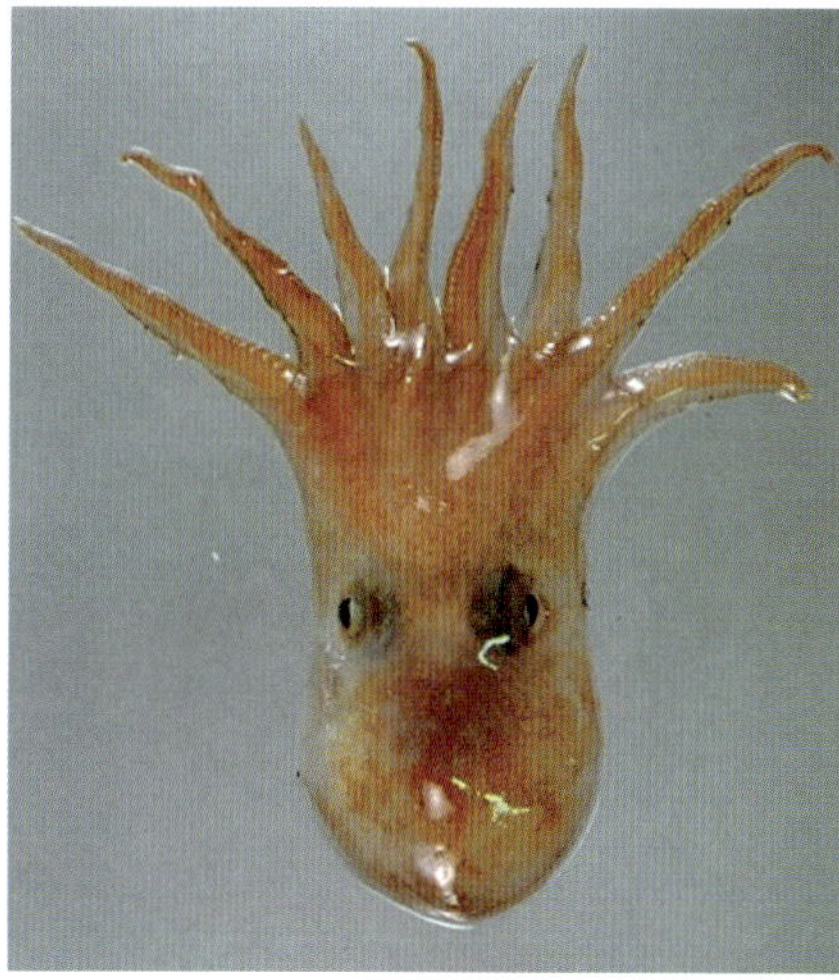

（写真：窪寺恒己）

ヤワハダダコ *Pteroctopus hoylei*（Berry, 1909）

全長：20～25 cm．腕の先半分を除き体は厚い寒天質の層で覆われ柔らかい．外套膜は太く，頭部も大きい．腕は短くほぼ等長で全長の50～60%．漏斗器はW字形．交接腕は対腕の半分ほど，舌状片は短く同腕の６%ほどで円錐体は未発達．

分布：土佐湾足摺岬沖と潮岬沖の水深135～710 m．インド洋に広く分布．臨時浮遊する．

（写真：小野奈都美）

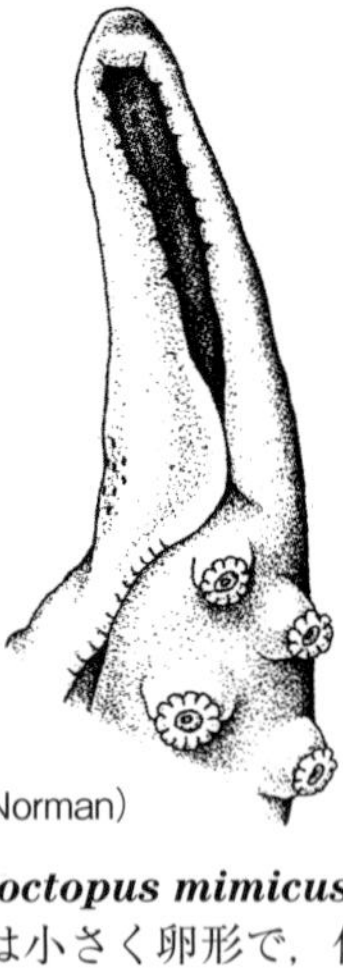

（図：M. Norman）

ミミックオクトパス *Thaumoctopus mimicus* Norman & Hochberg, 2005
全長：50 cm 前後．外套部は小さく卵形で，体全体に白黒の縞模様がある．眼上棘は 1 本で長く尖る．腕は細く長く不等長．最長の第 4 腕は全長の約 80～90％を占める．腕膜は浅く，腕の基部 4 ～ 9 ％をつなぐ程度．半鰓葉数は 9．右第 3 腕が交接腕で対腕の50％ほどで130～146個の吸盤をもつ．魚類やウミヘビなどに擬態する性質がある．

分布：南西諸島浅海以南の西太平洋熱帯海域の浅海砂泥底．

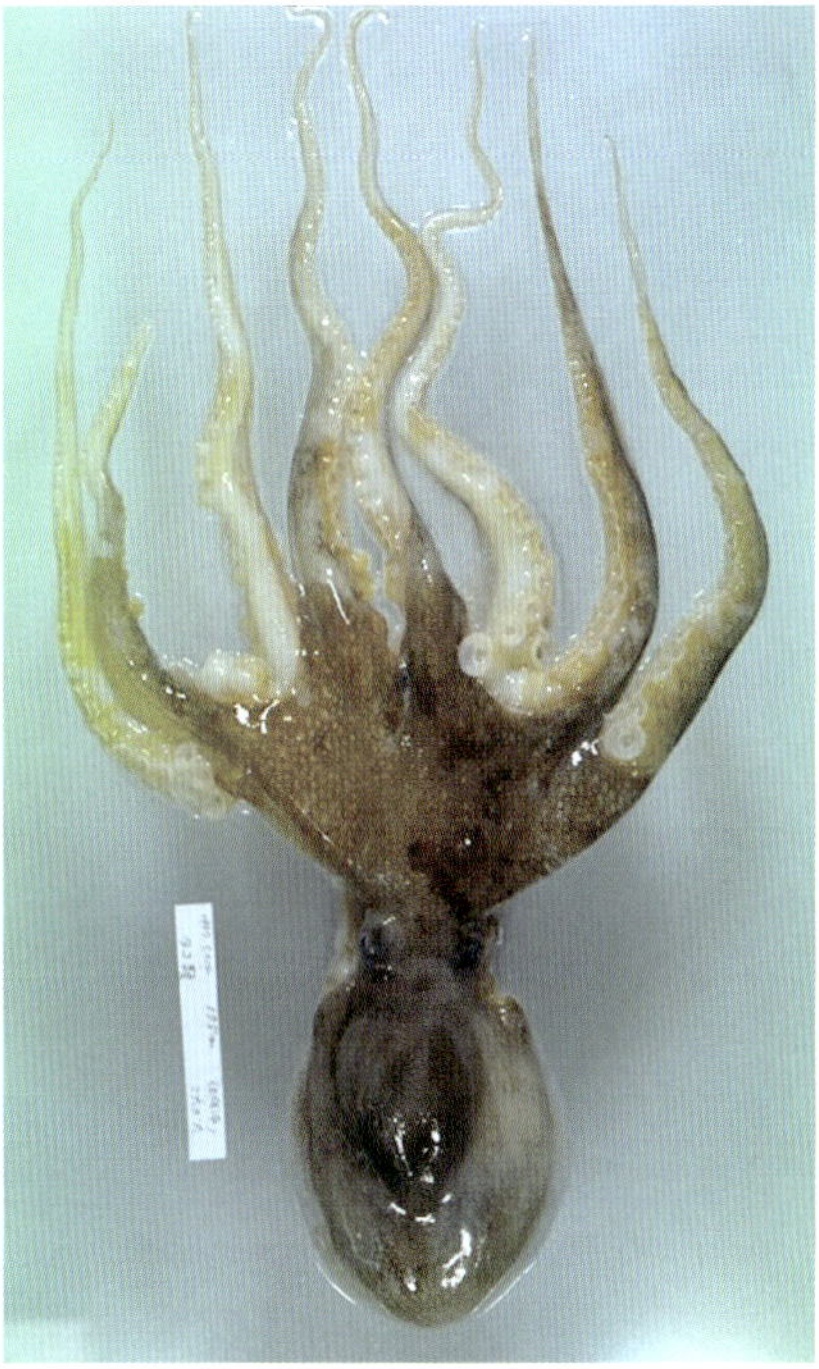

（写真：窪寺恒己）

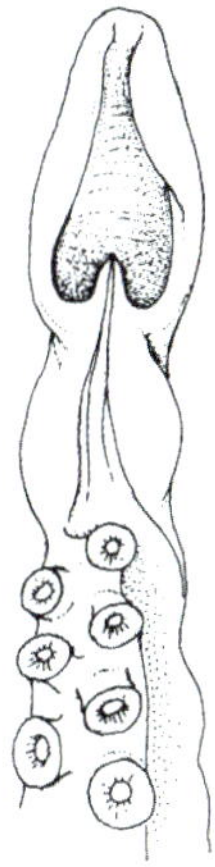

（図：奥谷喬司 他）

イッカクダコ *Scaeurgus patagiatus* (Berry, 1913)

全長：25 cm 前後．体表は小顆粒に覆われ鮫肌状．外套膜は卵形．眼は大きい．腕は短く先端で急に細まり，ほぼ等長で最長の第４腕は全長の70～75％．漏斗器はW字形．交接腕は他の種と異なり，左の第３腕で対腕の80％で吸盤は76～86個．舌状片はスプーン状で同腕長の８～９％．

分布：土佐湾から九州近海．

（写真：窪寺恒己）

（図：佐々木望）

（写真：長谷川和範）

ヒョウモンダコ *Hapalochlaena fasciata*（Hoyle, 1886）

全長：10 cm 前後．外套膜の後端はやや尖り，外套背面から頭部にかけて２縦列の断続する暗褐色帯が走り，その両側にも４～５本の斜列がある．腕には環状紋が並び基部で２列．腕は短くほぼ等長で全長の60～70%．漏斗器はW字形．交接腕は対腕よりやや短く，舌状片は長円錐形でほぼ平滑．交接腕の吸盤は92～96個．

　分布：房総半島以南，小笠原諸島，南西諸島の沿岸サンゴ礁域．

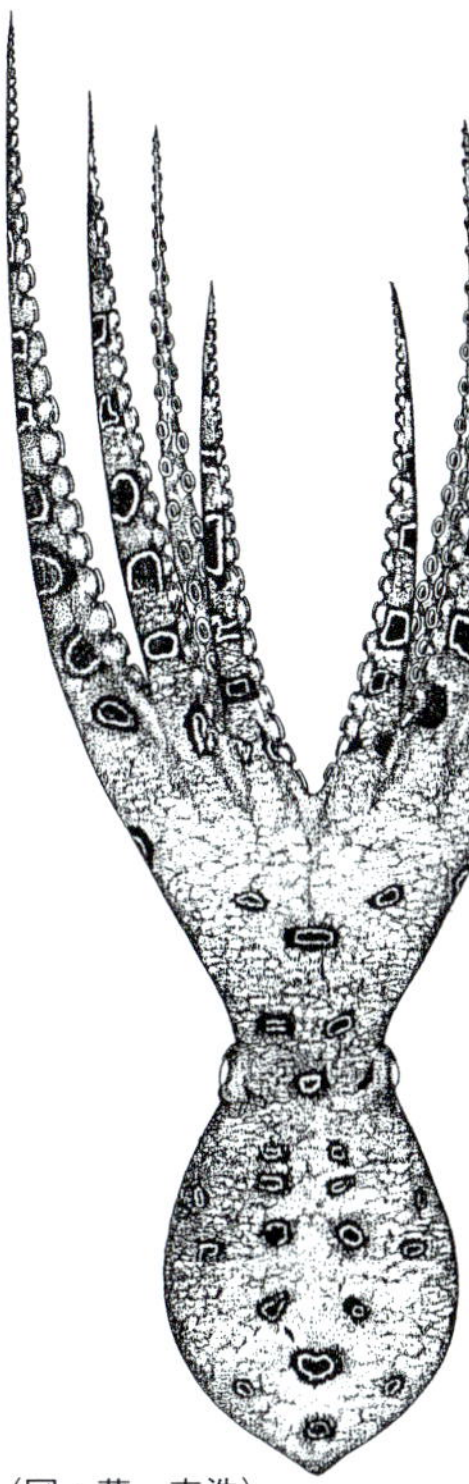

（図：藤　克浩）

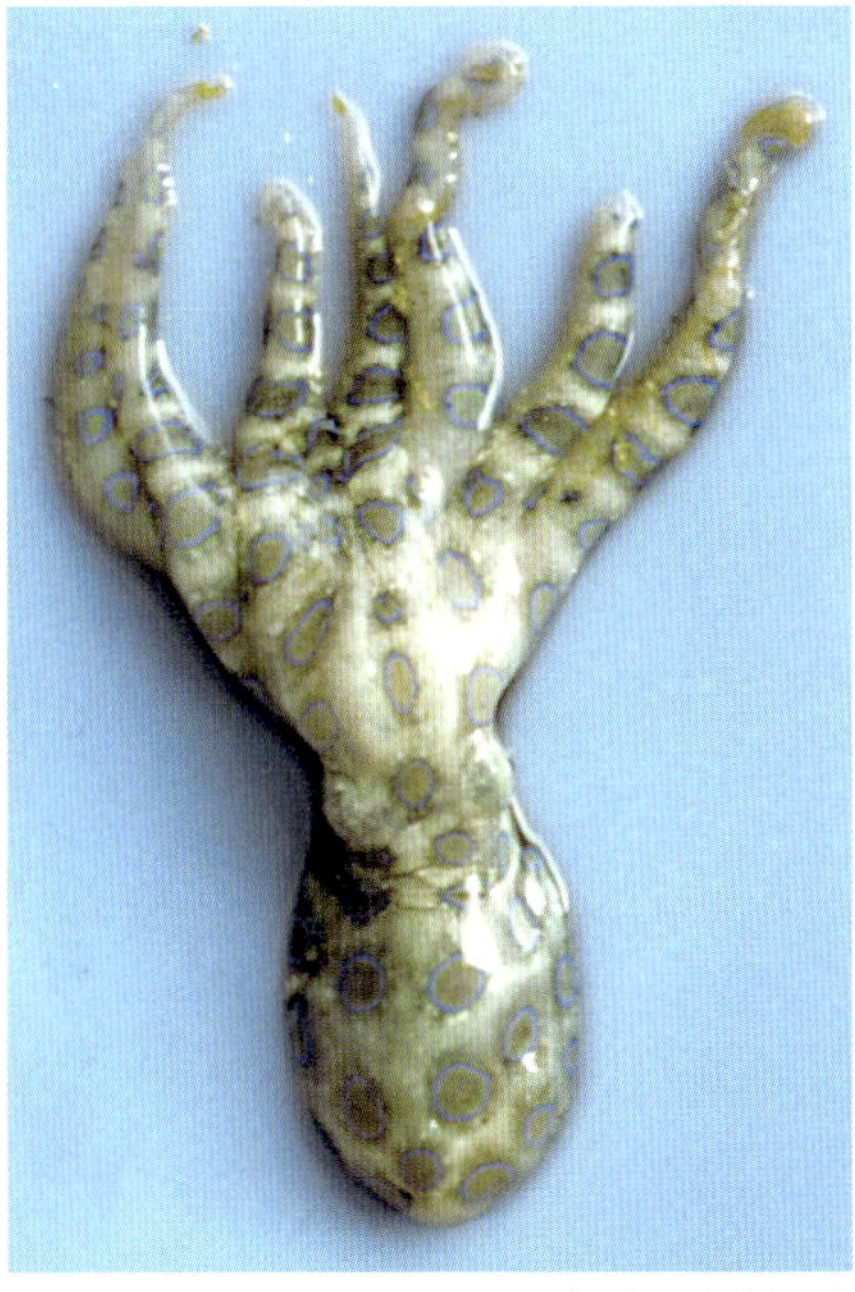

（写真：窪寺恒己）

オオマルモンダコ *Hapalochlaena lunulata*（Quoy & Gaimard, 1832）
全長：20 cm 前後．外套膜の後端はやや尖り，外套背面から頭部にかけて青藍色の大きな環状紋が縦列をなして並ぶ．腕にも環状紋が並び基部で2列．腕は短くほぼ等長．漏斗器はW字形．

分布：南西諸島以南，インド・西太平洋熱帯海のサンゴ礁域．

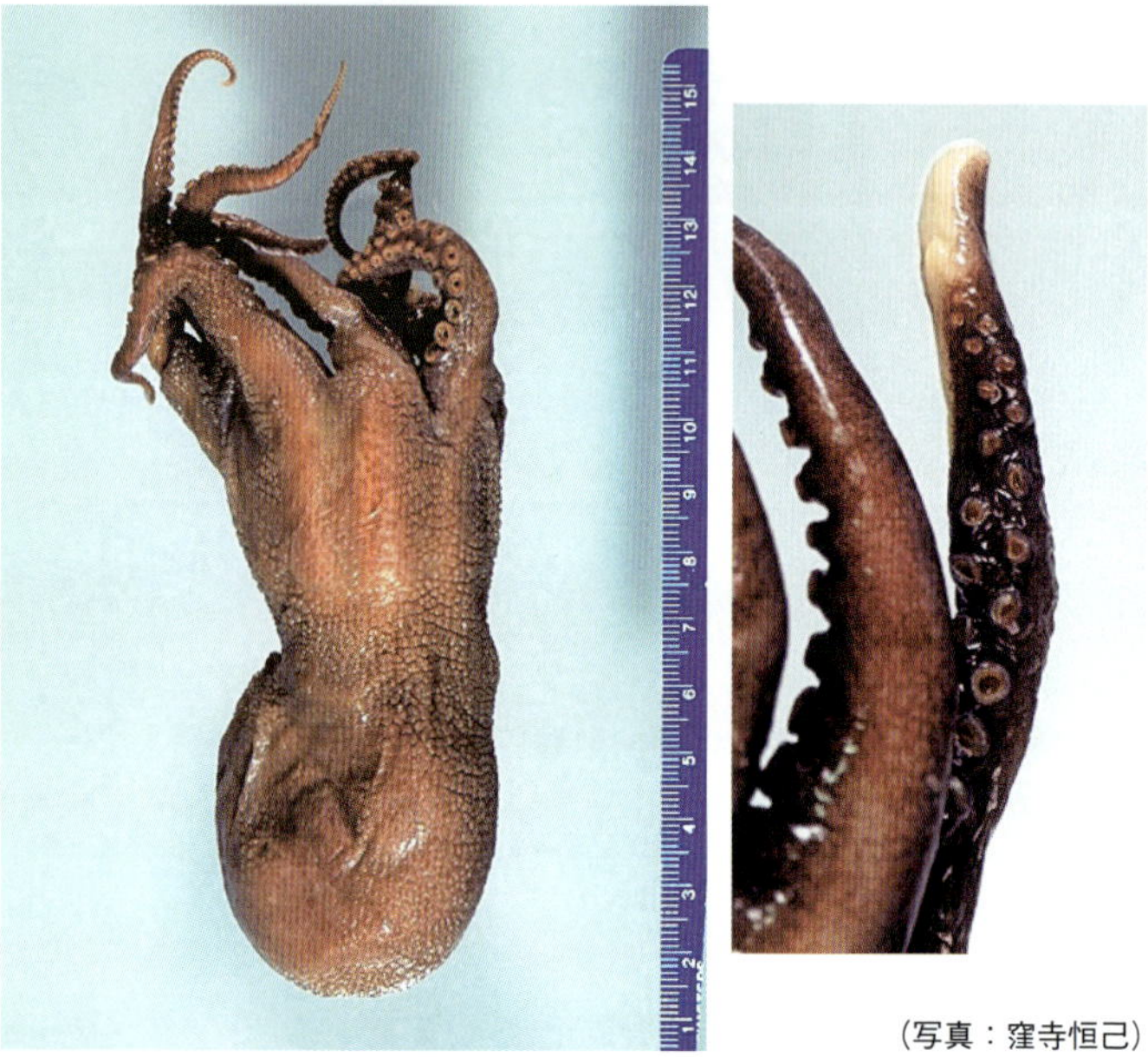

（写真：窪寺恒己）

ワタゾコダコ *Bathypolypus salebrosus*（Sasaki, 1920）
全長：16 cm 前後．体は柔らかいが全身丸い疣状突起に密に覆われ粗造．外套膜と頭部は大きく，腕は太く短くほぼ等長で全長の56～68%．腕吸盤は大きく直径は外套長の８～12%．漏斗器はW字形．舌状片は細長く同腕の14%ほどで不明瞭な横溝が多数ある．墨汁嚢は退化的．

分布：金華山沖（578 m）からオホーツク海（792 m）の漸深海底．

（写真：窪寺恒己）

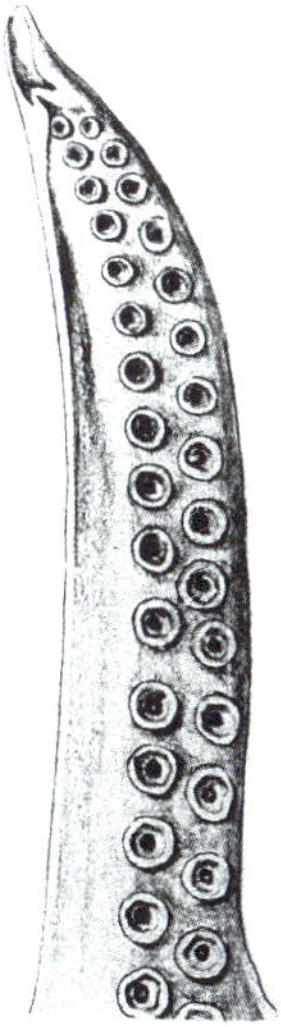

（図：佐々木望）

コシキワタゾコダコ *Bathypolypus validus*（Sasaki, 1920）

全長：18 cm 前後．体の背面は星状の顆粒に密に覆われる．外套膜と頭部は大きく，腕は太く短くほぼ等長．腕吸盤は基部の数個が１列に並ぶ．各腕第10番目の吸盤がやや肥大する．漏斗器はW字形．交接腕は対腕より太く短く吸盤は43～44個．舌状片は小さく扁平で同腕の７％ほど．墨汁嚢は退化的．

分布：九州西岸の甑島沖（679 m）の漸深海底．

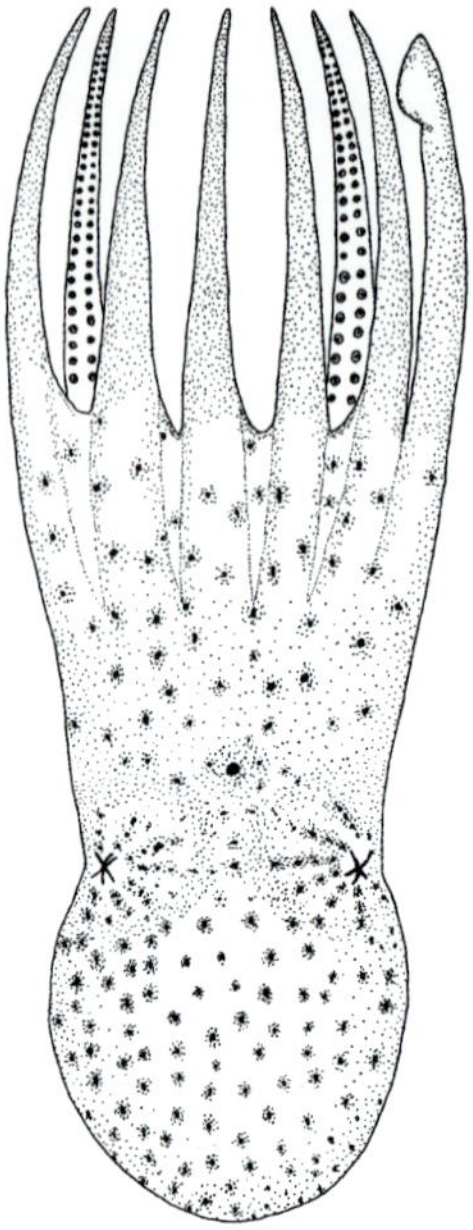

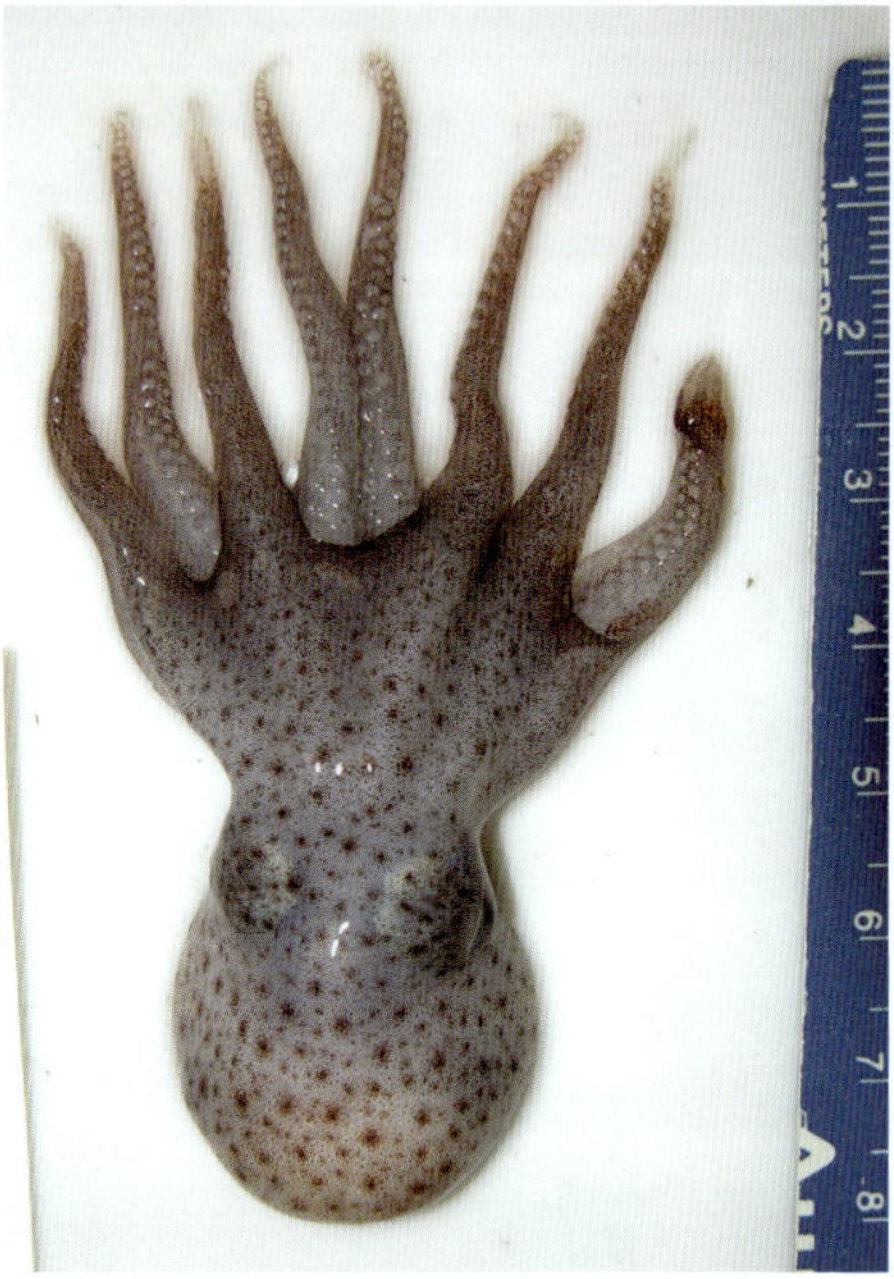

（写真：窪寺恒己）

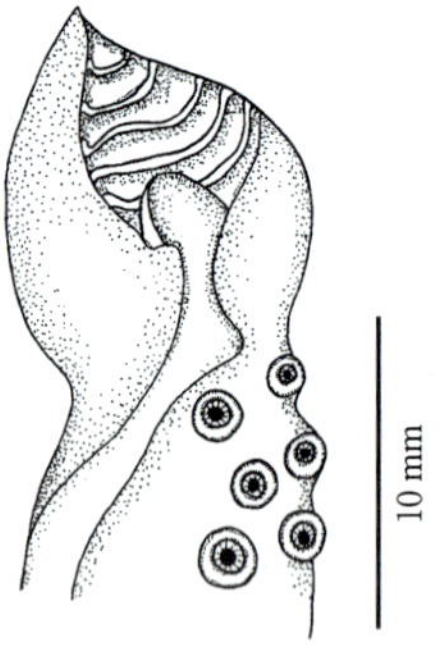

（図：小野奈都美）

オグラグンパイダコ *Bathypolypus rubrostictus* Kaneko & Kubodera, 2009
全長：8 cm 前後の超小型種．外套部は大きくほぼ球形で，背面は平滑で赤褐色の斑点を散らす．眼上棘を欠く．腕は短くほぼ等長で全長の約60～65％を占める．腕膜は広く，腕の基部30～35％をつなぐ．漏斗器は大きくW字形．半鰓葉数は4～5．墨汁嚢を欠く．右第3腕が交接腕で対腕よりやや短く43個の吸盤をもつ．舌状片はスプーン状で大きく同腕の15％ほど．口側面に5本の深い溝が横に走る．乳頭状突起も大きく，舌状片の50％ほど．

分布：奄美大島西方沖水深350 m から雄1個体が知られるのみ．

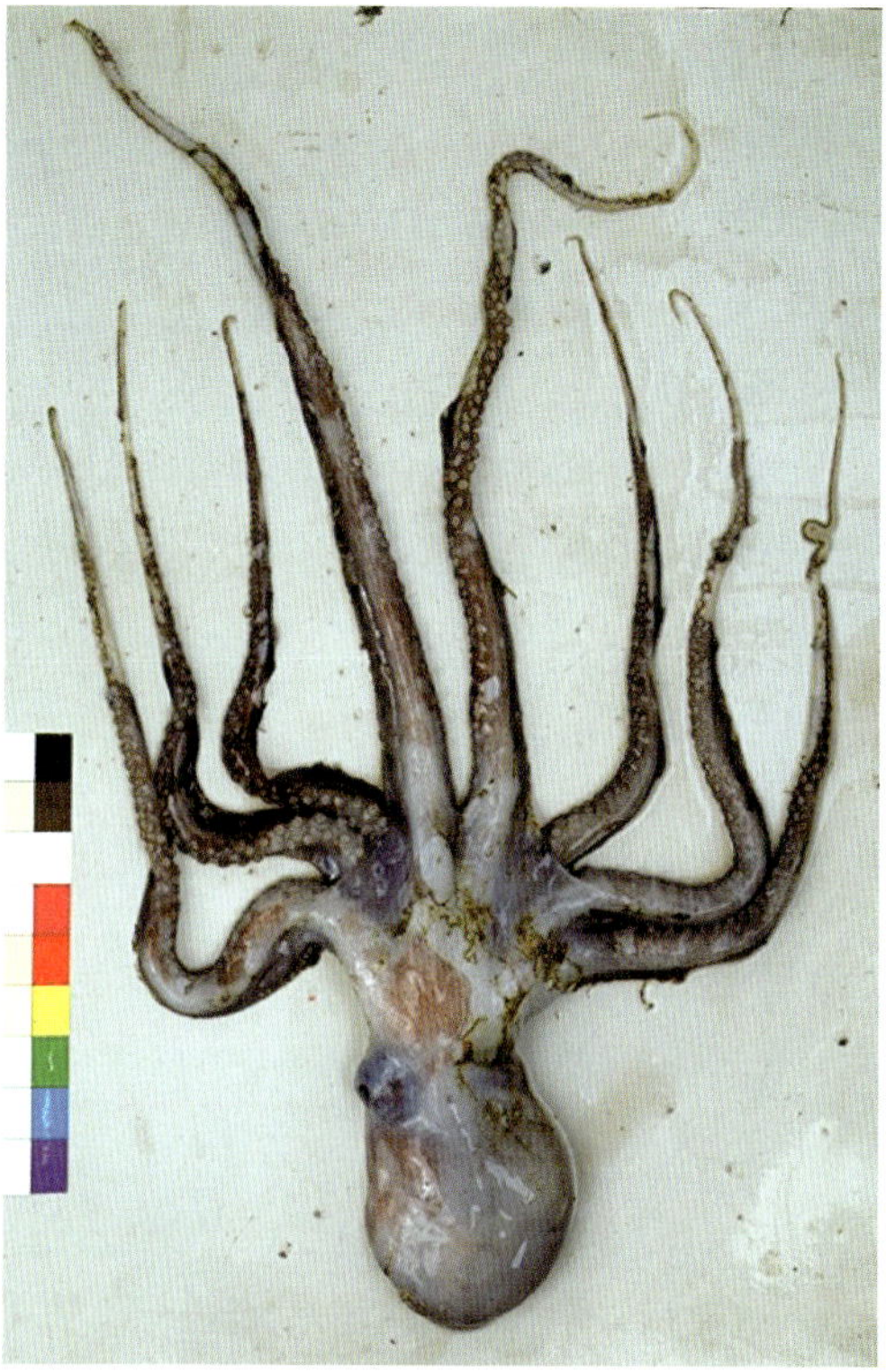

（写真：窪寺恒己）

チヒロダコ *Benthoctopus profundorum*（Robson, 1932）
全長：32 cm 前後．体は柔らかく平滑で，体表は紫褐色．外套膜と頭部は小さく，腕は長く不等長で最長の第1腕は全長の80～83％．腕吸盤は小さく，直径は外套長の5～7％．漏斗器はW字形で外肢が短い．交接腕は対腕の60％ほどで吸盤は72～75個．舌状片は短く同腕の7％ほどで横溝は不明瞭．墨汁嚢は退化的．

分布：アラスカ湾，アリューシャン列島から本邦九州沖まで，水深150～3400 m.

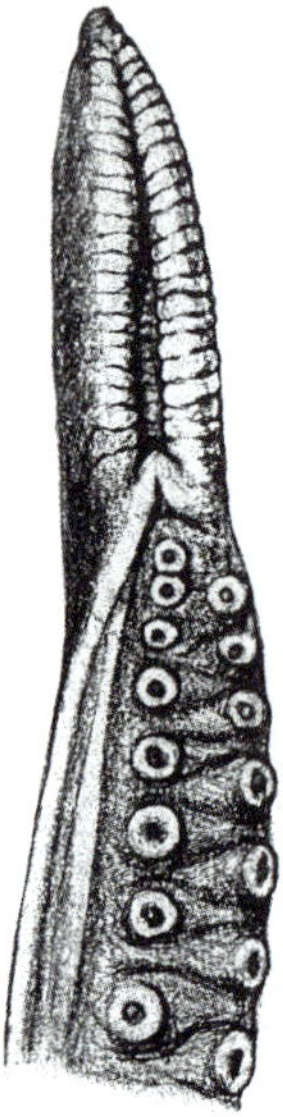

（図：佐々木望）

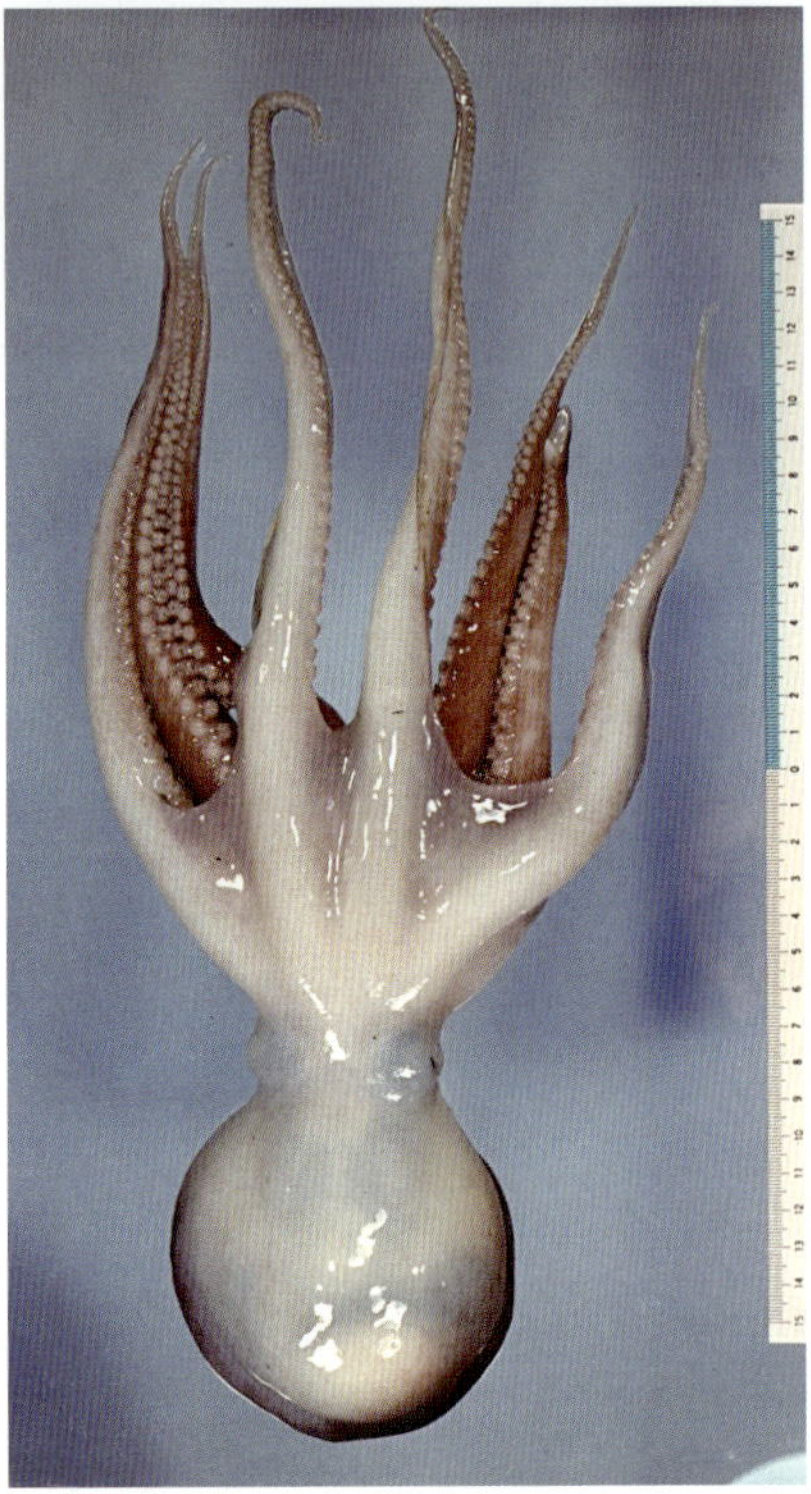

（写真：窪寺恒己）

エゾダコ *Benthoctopus hokkaidensis*（Berry, 1921）
全長：35 cm 前後．体は柔らかく平滑．外套膜に側畝がある．頭部は大きく眼はやや突出する．腕は不等長で最長腕の第１腕は全長の70％前後．漏斗器はW字形で外肢が短い．交接腕は104個前後の吸盤がある．舌状片は短く同腕の５％ほどで横溝は明瞭．墨汁嚢は退化的．

分布：北海道日高沖，金華山沖，駿河湾の陸棚斜面から漸深海底．

（図：佐々木望）

（写真：窪寺恒己）

キシュウチヒロダコ ***Benthoctopus abruptus*** **（Sasaki, 1920）**
全長：40〜52 cm．体は柔らかく平滑で，体表は紫褐色．頭部はやや大きく，腕は長くほぼ等長で全長の78〜82％．雄の14〜15番目の腕吸盤が非常に拡大し直径は外套長の15％ほどになる．漏斗器はW字形．交接腕は対腕の80％前後で約114個の吸盤をもつ．舌状片は短く同腕の７％ほどで横溝は不明瞭．墨汁嚢は退化的．

分布：紀伊半島沖の水深940 m．別名シンテイダコ．

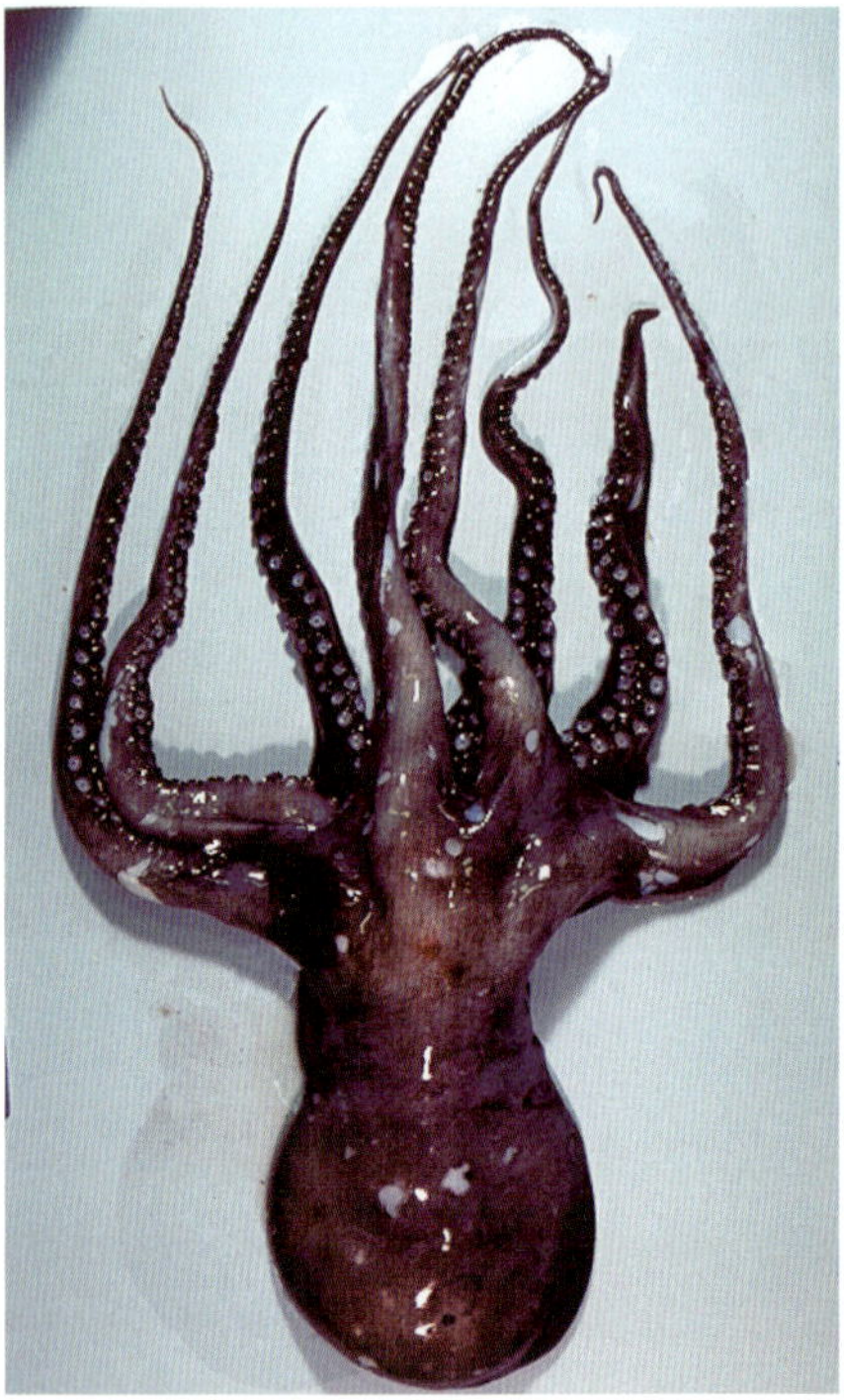

（写真：窪寺恒己）

（図：瀧　巖）

クロダコ *Benthoctopus fuscus*（Taki, 1964）
全長：58 cm 前後．体は柔らかく平滑で黒紫色．外套膜は短く，頭部はやや大きい．腕は細くほぼ等長で全長の80％前後．腕吸盤は小さく直径は外套長の６％ほど．漏斗器はW字形．交接腕は対腕の70％ほどで82個前後の吸盤をもつ．舌状片は短く同腕の５％ほどで横溝は不明瞭．墨汁嚢は退化的．
　分布：鹿島灘（銚子市場）と駿河湾の漸深海底．

（写真：窪寺恒己）

スミレダコ *Benthoctopus violescens*（Taki, 1964）
全長：35 cm 前後．体は柔らかく平滑で紫灰色．外套膜は丸く大きく頭部はやや長い．腕は細くほぼ等長で全長の70～75％．腕吸盤は小さく直径は外套長の７～８％ほど．漏斗器は丸味をもつW字形．交接腕は対腕とほぼ同長で84～86個の吸盤をもつ．舌状片は短く同腕の５％前後．墨汁嚢は退化的．

分布：鹿島灘（銚子市場）から三陸・襟裳岬沖の漸深海底．

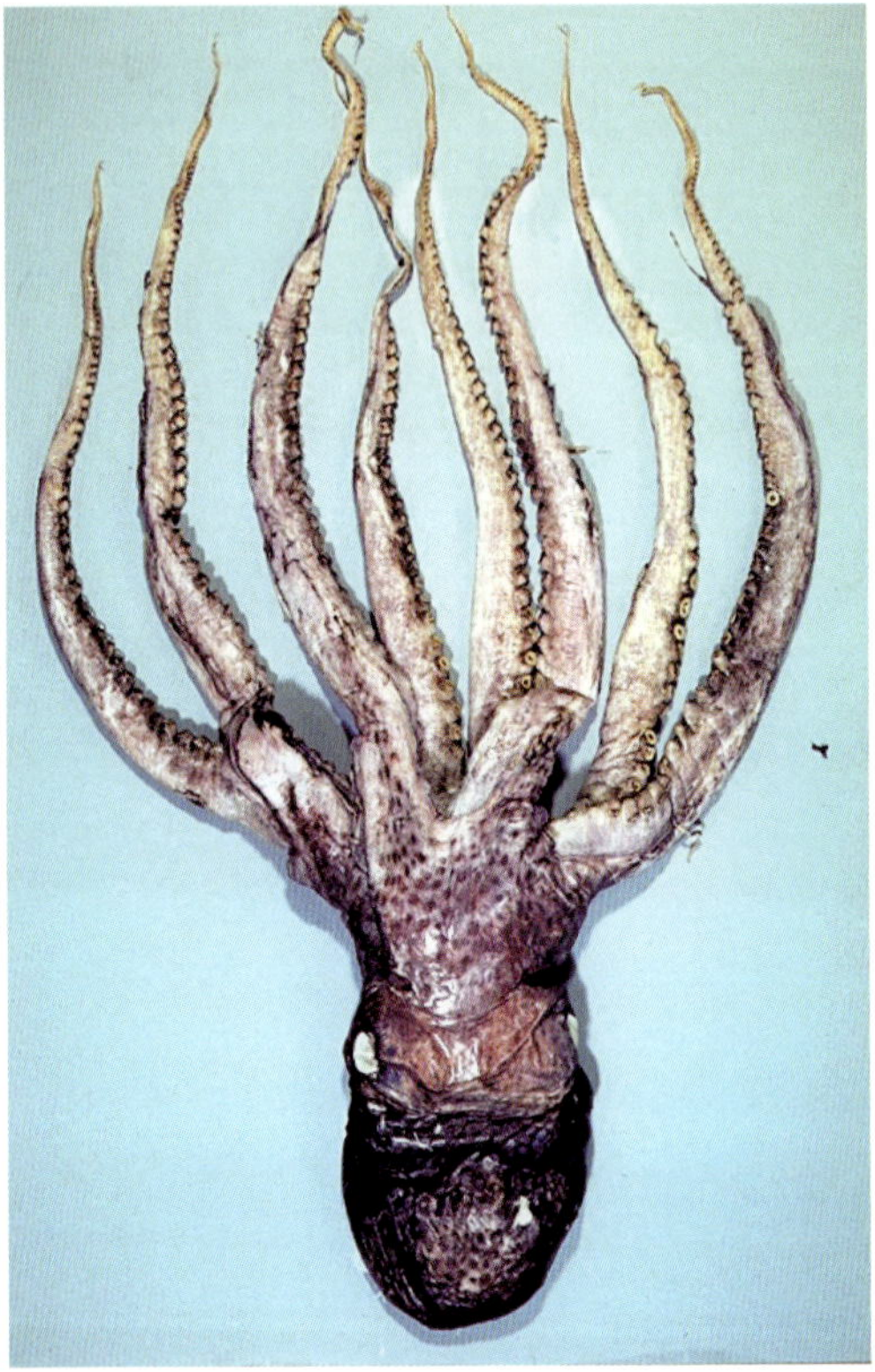

（写真：窪寺恒己）

ホクヨウイボダコ *Graneledone boreopacifica* Nesis, 1982
全長：70 cm. 外套膜は丸く短い. 外套，頭部背面と第１，２腕の基部は軟骨状小突起が集まった１～４mm のいぼが密に分布する. 腕は太く長く，全長の70～80%. 腕吸盤は１列. 漏斗器W字形. 半鰓葉数７～８. 雄右第３腕が交接腕で40～48個の吸盤がある. 舌状片は短く広がり多数の横溝がある. 乳頭状突起は大きく尖っている. 墨汁嚢は退化的.

分布：相模湾の水深1100 m 付近. 北太平洋亜寒帯海域の漸深層.

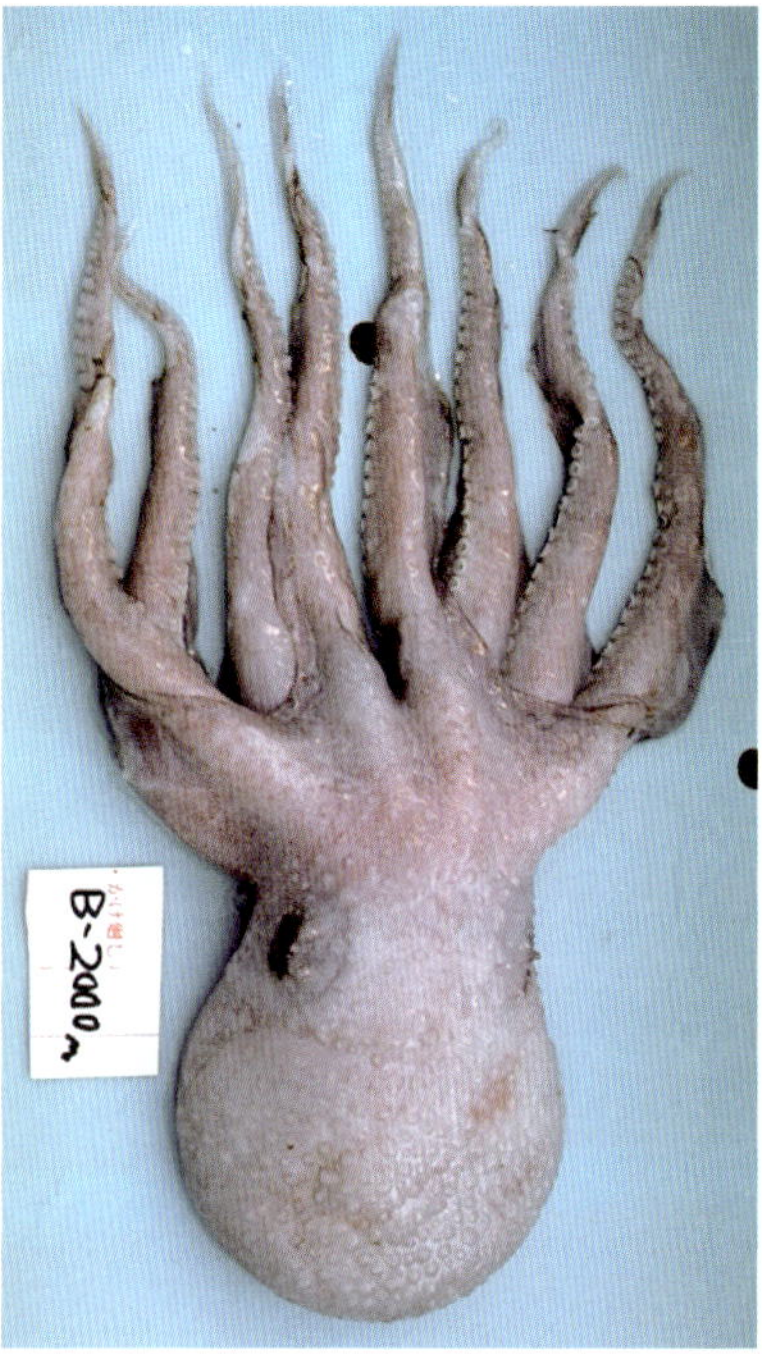

（写真：窪寺恒己）

イボダコ属の１種 *Graneledone* sp.

全長：35～40 cm．外套膜は丸く大きく表皮はやや緩い．体背面は軟骨状小突起が集まった２～３mmの疣が密に分布する．腕は太く短く，全長の60～70％．腕吸盤は１列．漏斗器はW字形．半鰓葉数は７～８．雄の右第３腕が交接腕で36～38個の吸盤がある．舌状片は小さく乳頭状突起は不明瞭．墨汁嚢は退化的．

分布：三陸沖の漸深海底．

フクロダコ科 Bolitaenidae

体は寒天質．外套膜は釣り鐘状．外套膜開口は広い．鰭を欠く．腕は短く，傘膜は厚く腕中央付近まで広がる．漏斗器は逆V字形．腕吸盤は１列で触毛はない．歯舌は７列小歯からなる．

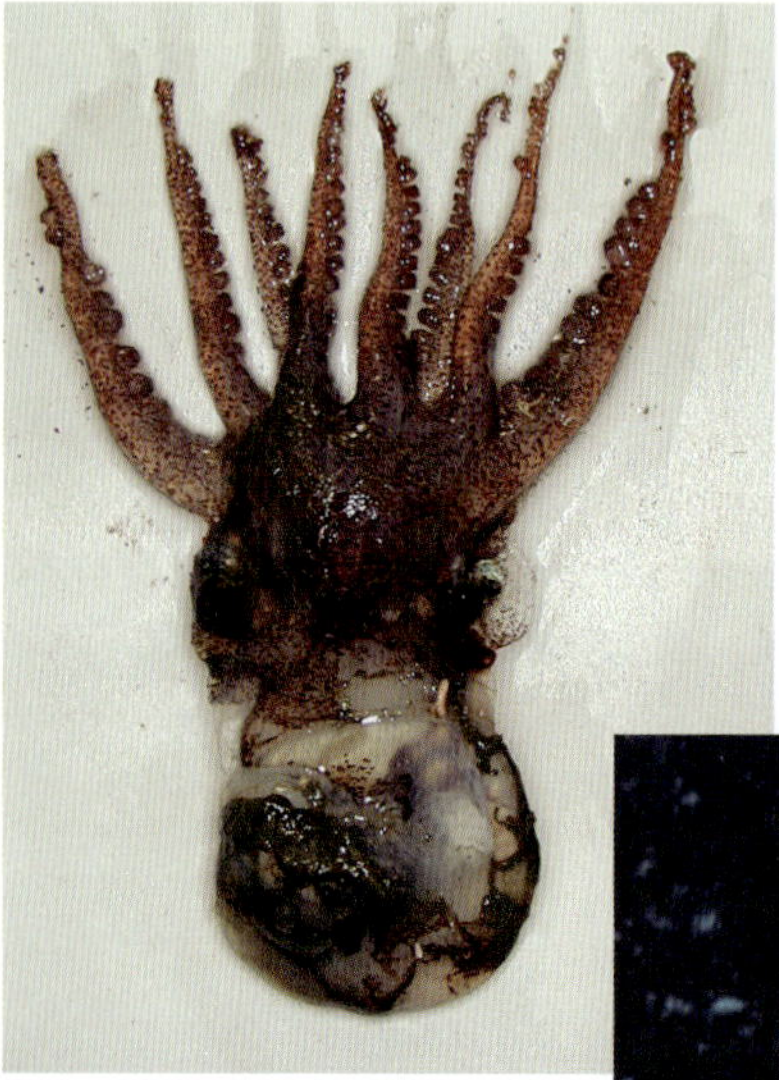

（写真：窪寺恒己）

（写真：関　勝則）

ナツメダコ *Japetella diaphana*（Hoyle, 1885）

全長：15 cm 前後．体は半透明で褐色や虹色の大型の色素胞が散在し，眼の周囲にも虹色の帯がある．雄の第３腕の吸盤数個が肥大する．

分布：本邦太平洋側の暖流域中層に広く生息し，一部亜寒帯まで運ばれる．

クラゲダコ科 Amphitretidae

体は寒天質で半透明．外套膜は釣り鐘状．眼は互いに相接し，背方を向く．外套膜開口は狭く２つの小孔状になる．鰭を欠く．腕はやや長く，傘膜は厚く腕先端付近まで広がる．漏斗器はW字形．腕吸盤は１列で，先端２列となる．雄の右第３腕が交接腕．触毛はない．

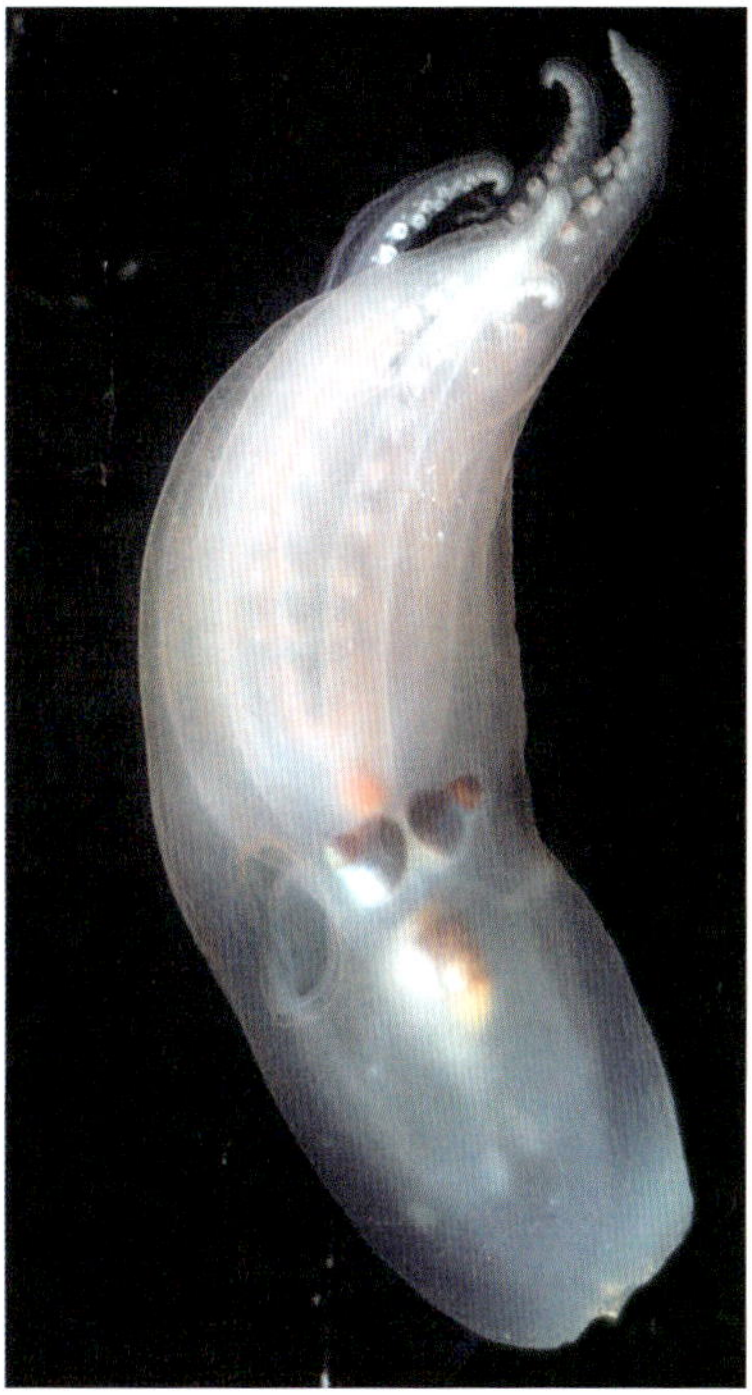

（写真：JAMSTEC）

クラゲダコ *Amphitretes pelagicus*（Hoyle, 1885）
全長：35 cm 前後．科の特徴と同じ．
　分布：本邦太平洋側の暖海域の中層浮遊性．

ムラサキダコ科 Tremoctopodidae

体は筋肉質．雌が雄より非常に大型になる．外套膜は釣り鐘状．外套開口は広く，背側にも１対の水孔がある．鰭を欠く．腕吸盤は２列．雌の第１・２腕は長大で広い傘膜でつながっている．雄の右第３腕が交接腕で太く，変形吸盤と短い鞭状肉嘴があり，交接の際切り放される．

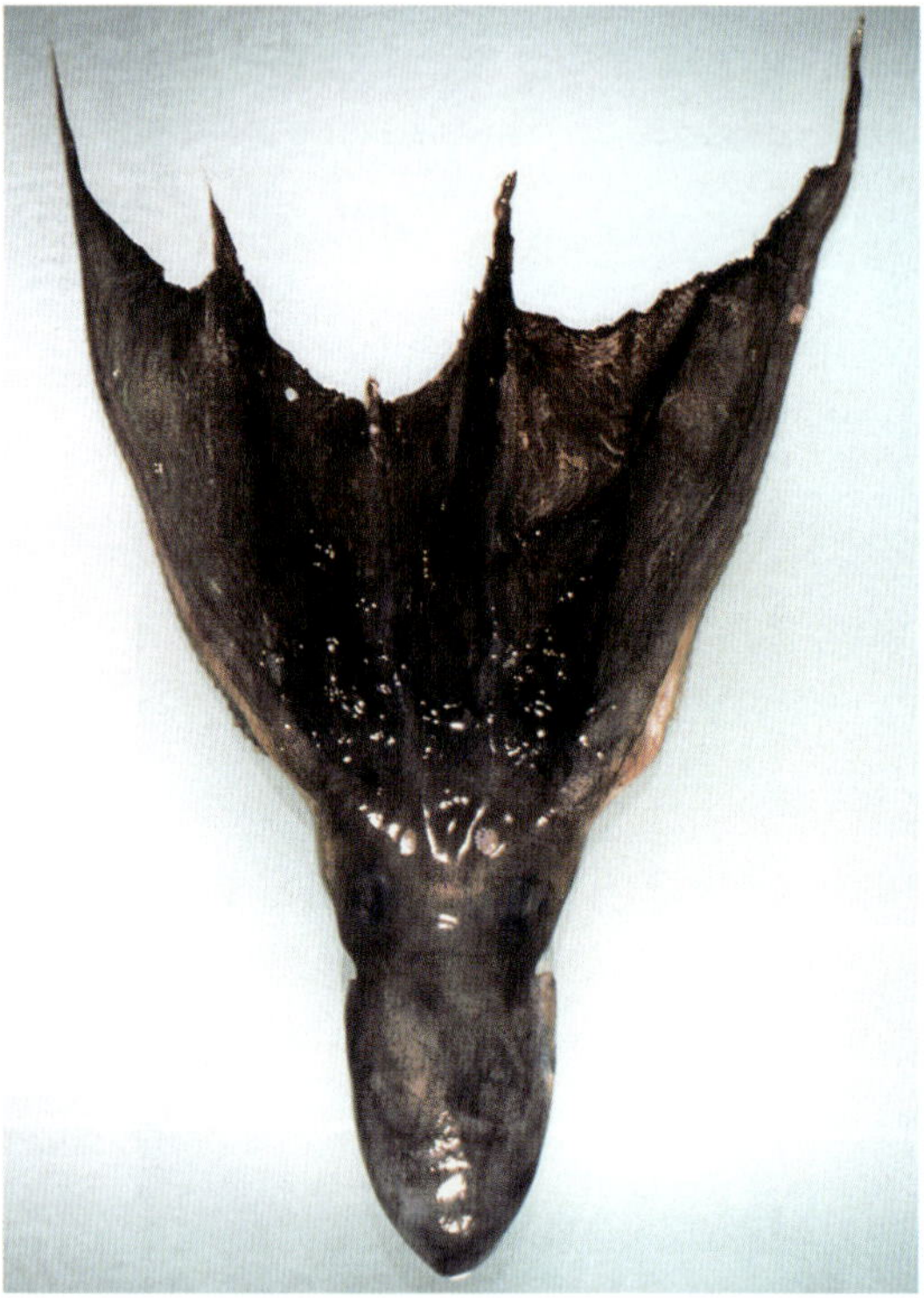

（写真：田川　勝）

ムラサキダコ *Tremoctopus violaceus gracialis* (Eydoux & Souleyet, 1852)
全長：雌56 cm，雄 3 cm．雌の体の背面は濃い紫色で，腹面は銀白色．雄の交接腕変形部の吸盤数は38～44個，基部吸盤数は54～58個．
　分布：本邦太平洋・日本海側の暖海域の表層浮遊性．ときに大群をなす．

アミダコ科 Ocythoidae

体は筋肉質．雌が雄より非常に大型になる．雌の外套膜は卵円形で腹面に肉質のうねが網目状に走り粗造．外套開口は広い．鰭を欠く．腕は長く，腕膜を欠く．腕吸盤は２列．雄の右第３腕が交接腕で先端部は鞭状に長くのび，交接の際切り離される．

（写真：窪寺恒己）

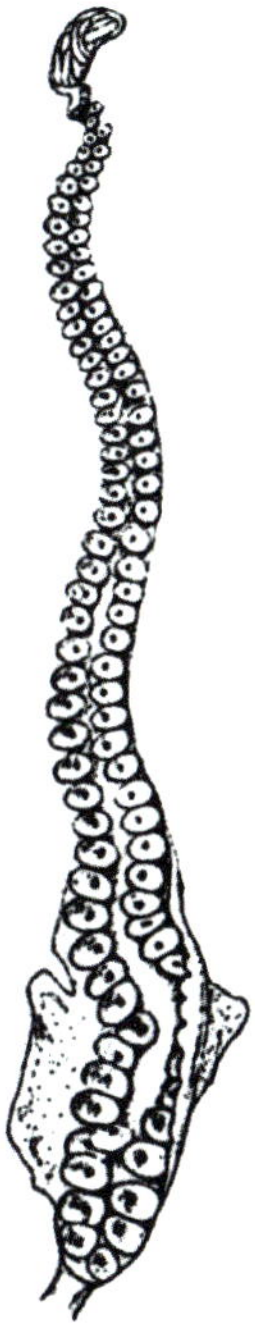

（図：佐々木望）

アミダコ *Ocythoe tuberculata* (Rafinesque, 1814)

全長：雌52 cm，雄16 cm．雌（写真）の体全体は赤褐色．小型の雄はオオサルパの皮嚢の中に入る性質がある．交接腕の吸盤は約100個．

分布：本邦太平洋側の暖海域の表・中層浮遊性．

カイダコ科 Argonautidae

体は筋肉質．雌が雄より大型になる．雌の第１腕が膜状に広がり，そこから卵を保育する舟形の貝殻を形成する．雌の外套膜はドーム形で平滑．外套開口は広い．鰭を欠く．第２～４腕は細く，腕膜を欠く．腕吸盤は２列．雄の左第３腕が交接腕で先端部は鞭状に長くのび，交接の際切り離される．

（写真：奥谷喬司）

アオイガイ *Argonauta argo*（Linnaeus, 1758）
殻長：25～27 cm．貝殻は純白で刺列のみ黒褐色．放射肋は細かく竜骨との接点は鋭く尖る．雌の外套腔内に残される交接腕の吸盤数は２列で65個．本邦太平洋・日本海側の暖海域の表層浮遊性．ときに大群をなす．別名カイダコ．英語では Paper nautilus というがオウムガイ類とは縁がない．
　分布：世界の温・熱帯海域に普通．

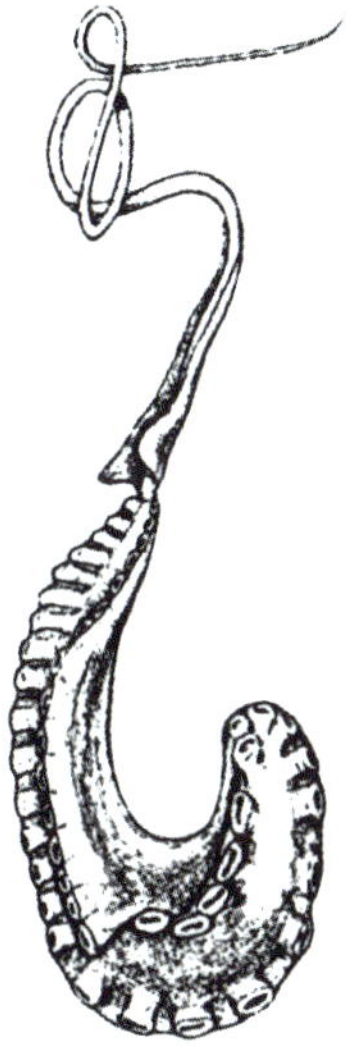

（図：佐々木望）

（写真：奥谷喬司）

タコブネ *Argonauta hians*（Lightfoot, 1786）

殻長：8～9 cm．貝殻は飴色で，放射肋は粗く竜骨との接点は丸みがある．雌の外套内に残された交接腕の吸盤数は2列で45～50個．別名フネダコ．

分布：本邦太平洋・日本海側の暖海域の表層浮遊性．

（写真：奥谷喬司）

チヂミタコブネ *Argonauta boettgeri* (Maltzan, 1888)
殻長：4 cm．貝殻は飴色で，放射肋は細密で1つの結節に対し2本の肋が走る．殻表は他種とは異なりややザラザラしている．別名コナハダダコブネ．

分布：本邦太平洋・日本海側の暖海域の表層浮遊性．

カンテンダコ科 Haliphronidae

体は寒天質で赤紫色．雌が雄より大型になる．外套膜は短い釣り鐘状．外套膜開口は非常に広い．鰭を欠く．腕はやや長く，傘膜は厚く腕先端付近まで広がる．漏斗は大きいが，そのほとんどは頭部に包埋されている．腕吸盤は基部で1列，先端で2列．雄の右第3腕が交接腕となる．触毛はない．

雄（写真：土屋光太郎）

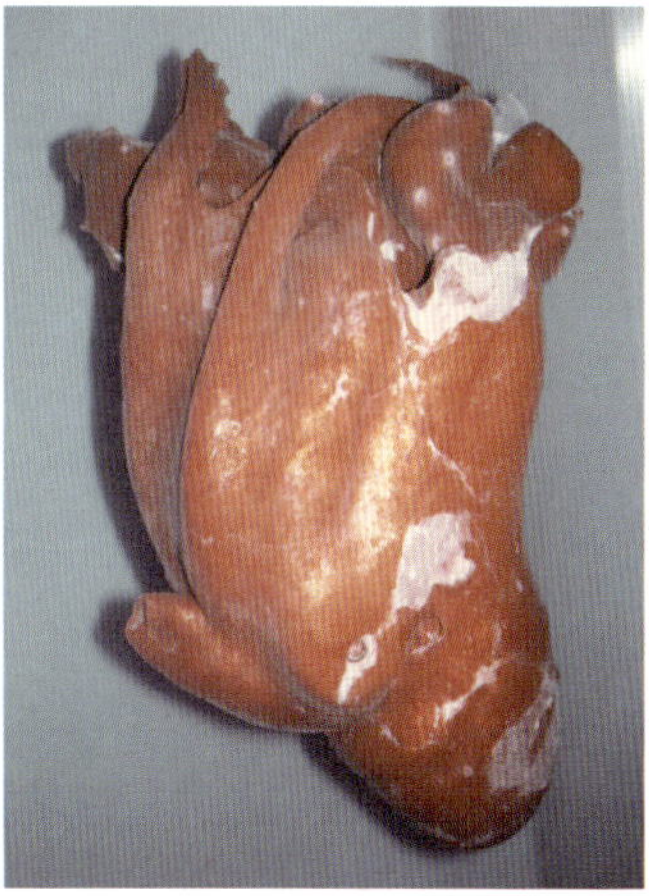

（写真：小池康之）

カンテンダコ *Haliphron atlanticus*（Steenstrup, 1852）

全長：1mをこえ巨大になる．科の特徴と同じ．

分布：本邦太平洋側の暖海域の中層浮遊性．

［有触毛亜目 Incirrata］

腕吸盤列の両側に触毛列がある．傘膜は広く，肉鰭がある．

ヒゲダコ科 Cirroteuthidae

体は寒天質．外套膜は小さく，袋状．外套膜開口は極めて狭い．鰭は１対でオール状．鰭の支持軟骨は鞍形．腕は８本で，傘膜は腕先端付近まで広がる．腕吸盤は１列で両側に肉質の触毛が並ぶ．触毛は最大吸盤径よりかなり長い．歯舌は退化的．

（写真：窪寺恒己）

ヒゲナガダコ *Chirrothauma murrayi*（Chun, 1913）
外套長20 cm，全長１m を超える．鰭は大きく，外套幅を超える．眼は退化的でレンズを欠く．腕は長く外套長の４～５倍．腕の中央吸盤が樽状に変形する．旧名メクラダコ．

分布：女川沖と北西太平洋海盆から知られ，大西洋とカリブ海の熱帯・亜熱帯海域にも分布する．深海底付近（2900～4100 m）に棲む．

メンダコ科 Opisthoteuthidae

体は寒天質．外套膜は前後に扁平した釣り鐘状で，頭腕部との境が不明瞭．外套膜開口は漏斗周囲に開くのみ．鰭はオール状で著しく小さい．鰭支持軟骨は留金形．腕は短く，傘膜は厚く腕先端付近まで広がる．腕吸盤は1列で両側に肉質の触毛が並ぶ．触毛は粗く最大吸盤径と同じか短い．歯舌を欠く．

（写真：窪寺恒己）

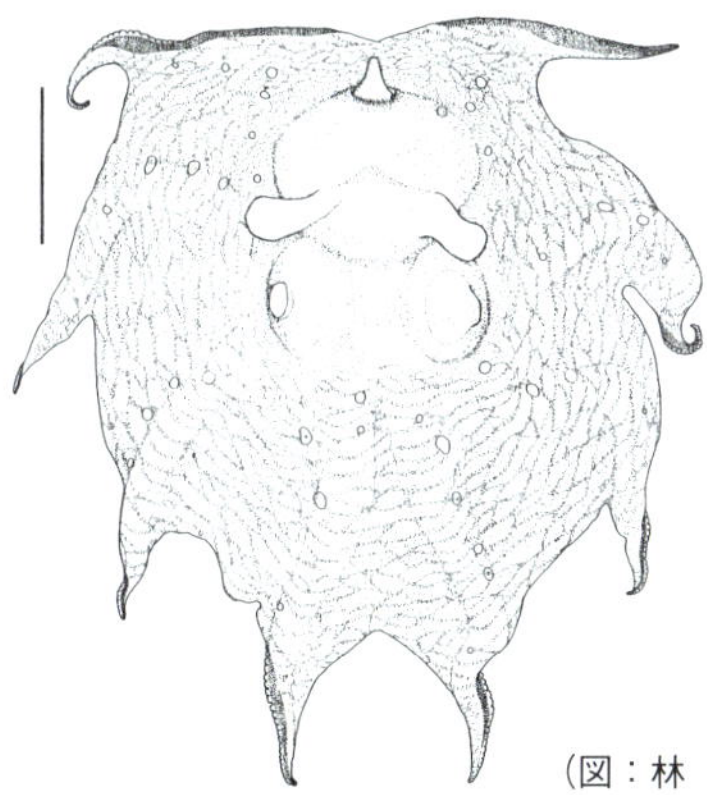

（図：林　浩光）

メンダコ *Opisthoteuthis depressa* Iijima & Ikeda, 1895

全幅：20 cm 前後．体は暗紫色で背面に淡紅色の斑点が分布する．雄の腕吸盤基部から第5〜10番目が丸く肥大し，ジグザグの2列に見える．鰭の支持軟骨は洋弓状で，5カ所で角張る．

　分布：相模湾から九州近海の水深150〜600 m の近海底．

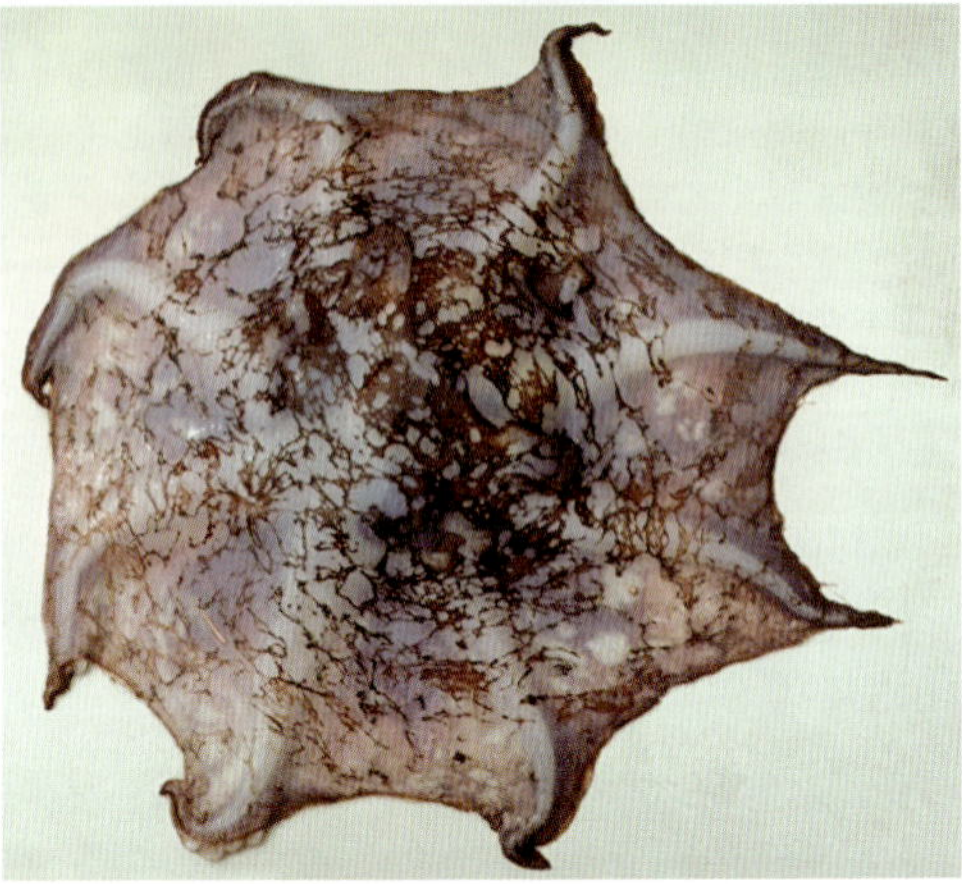

（写真：窪寺恒己）

オオメンダコ *Opisthoteuthis californiana* Berry, 1949
全幅：35 cm 前後．体は暗紫色．雄の腕吸盤は基部から第 4 ～11番目が肥大し，さらに第 1 腕の先端部吸盤がより巨大化する．鰭の支持軟骨は和弓状で角張らない．

分布：鹿島灘から三陸沖，北海道周辺から北太平洋亜寒帯海域の水深500～600 m の近海底．

（写真：窪寺恒己）

センベイダコ *Opisthoteuthis japonica* Taki, 1963
全幅：15 cm 前後．体は灰白色．雄の腕吸盤基部から第5～14番目が丸く肥大し，ジクザクの2列に見える．腕の先端轤へ傘膜より遊離する．鰭の支持軟骨は緩く曲がった棒状．

分布：和歌山県から土佐湾の水深150～300 m の近海底．

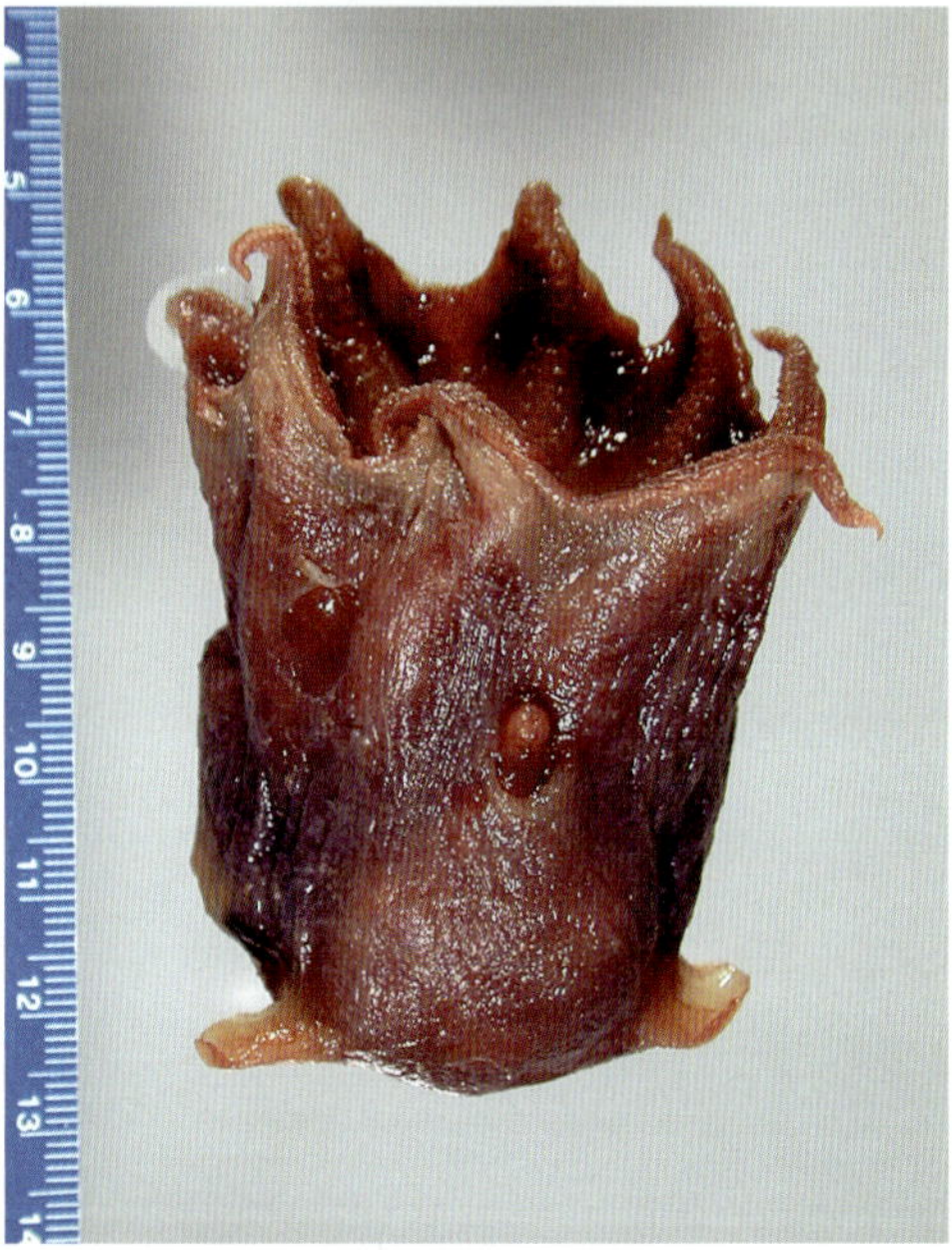

（写真：窪寺恒己）

オオクラゲダコ *Opisthoteuthis albatrossi*（Sasaki, 1920）
全長：20 cm 前後．体はあまり扁平せず釣り鐘状で，全体赤紫色．雄の第1腕先端近くの吸盤数個が肥大する．触毛は腕の末端まである．鰭の支持軟骨は逆U字形．

分布：金華山から伊豆七島，駿河湾，土佐湾沖の水深300～1000 m の中層．

ジュウモンジダコ科 Stauroteuthidae

体は寒天質．外套膜は幅広く，頭腕部との境が不明瞭．外套膜開口は広い．鰭はオール状で大きいが，外套幅より狭い．鰭の支持軟骨は留金形．腕はやや長く，傘膜は腕先端付近まで広がる．腕吸盤は１列で両側に肉質の触毛が並ぶ．触毛は最大吸盤径よりやや長い．歯舌を欠く．

（写真：窪寺恒己）

ジュウモンジダコ *Grimpoteuthis hippocrepium*（Hoyle, 1904）
全長10 cm．体長は体幅の約２倍．外套膜はドーム型で半透明白色で腕部は暗紫褐色に明瞭に色分けされている．外套膜開口は漏斗基部周囲の環状の隙間のみ．鰭は櫂型．鰭支持軟骨は馬蹄型．眼は薄膜に被われる．腕はほぼ等長で吸盤は単列で約50個．触毛は極めて短く不顕著．傘膜は各腕のほぼ半分に達し，口面も暗紫褐色．

　分布：小笠原近海を含む北西太平洋海盆の1380 m付近の中層．

あとがき

編者は水産研究所時代からおよそ五〇年、イカの研究に携わってきたが、「親戚」のタコの事も気になっていた。しかし、タコはイカのように国の研究所が対象とするような広域大資源・大規模漁業・大漁獲生産量とは違い、どちらかというとローカルな資源であるため、研究情報も少なく、研究者の寿命(タコ研究に関わる時間)も短い傾向にあった。そのため編者はかってタコ学への一層の関心を願って「タコ学のすすめ」(一九八七「海洋と生物」九巻一号)さらに「再びタコ学のすすめ」(一九九三「水産の研究」一二巻二号)を書いた。その甲斐あってか、最近それぞれの立場とそれぞれの角度から、タコ学を目指した若い人たちが少数ながら現れてきた。

今回、さらにタコ学への関心を呼ぶばかりではなく、あわよくばもっと若い人たちの参入を願って、現役多忙の方々に無理にお願いして日本人によるタコ学の「最前線」を一般の方々に知って戴こうと一般読者にも親しみやすいエッセイというかたちで書きおろして戴いた。内容は学術的情報だけではなく、研究の背景や苦心・モチベーションなども書いて戴いた。まだ、筆者の情報を得るアンテナの低さや人脈の乏しさから重要な書き手を見落としているかもしれないが、分担執筆の方々のタコへの情熱と編者に対する友情で、期待より遥かに充実し、胸躍るエッセイ集になったと自負している。

編者の求めに応じ、多忙のなかそれぞれ個性あふれるタコ学の蘊蓄を傾けて、読みやすく親しみのもてるエッセイを書いて下さった瀬川　進・武田雷介・滝川祐子・坂口秀雄・佐野　稔・滋野修一・小野奈都美の七名の分担執筆者諸氏に感謝と敬意を捧げる。特に畏友窪寺恒已氏は現在わが国近海から知られるタコ全種の「図鑑」で巻末を飾って下さった。これは本邦最初の全種図鑑で、その存在価値は大きく、氏のご努力に感謝したい。本書の編集・調整には東海大学出版会の稲　英史氏に多大の尽力を戴いたことを記し謝意を表する。

編者

アジア・太平洋の環境・開発・文化　(2), 4-66, 東京大学出版会, 東京.
Norman, M. D., 2000. Cephalopod A World Guide. ConchBooks, Hackenheim, Germany. 320 pp.

8章

井上喜平治, 1977. 蛸の国. 264 pp. 株式会社関西のつり社, 大阪市.
田内森三郎・松本　巌, 1954. 兵庫県におけるタコの産卵保護について. 日本水産学会誌, 20(6), 479-482.
西川定一, 1964. 瀬戸内海のタコの漁況について. 広島大学水畜産学部紀要, 5(2), 477-493.
武田雷介, 1990. 播磨灘におけるマダコ浮遊期稚仔の分布. 水産増殖, 38(2), 183-190.
Takeda, R., 1990. Octopus Resources. Mar. Behav. Physiol. 18, 111-148. Gordon and Breach Science Publishers.
伊丹宏三・井沢康夫・前田三郎・中井昊三, 1963. マダコ稚仔の飼育について. 日本水産学会誌, 29(6), 514-520.

参考文献

２章

坂口秀雄・浜野龍夫・中園明信，1999．マダコ卵のふ化日数と水温の関係．水産海洋研究，63(4)，188–191．

坂口秀雄・荒木　晶・中園明信，2002．マダコのふ化稚仔サイズに影響をおよぼす要因ならびに雌の体重と卵巣卵数の関係．水産海洋研究，66(2)，79–83．

坂口秀雄，2006．伊予灘東部海域におけるマダコの資源生物学的研究．愛媛県水産試験場研究報告，12，25–94．

Hochberg, F. G., M. Nixon and R. B. Toll, 1992. Order Octopoda Leach, 1818. In: Sweeney, M. J., C. F. E. Roper, K. M. Mangold, M. R. Clarke, and S. v. Boletzky (eds.), "Larval"and juvenile cephalopods: A manual for their identification. Smithsonian Contribution to Zoology 513, 237-279.

Vecchione, M., C. F. E. Roper, M. J. Sweeney, and C. C. Lu, 2001. Distribution, relative abundance and developmental morphology of paralarval cephalopods in the western North Atlantic Ocean. Fishery Bulletin, 152: 1-54.

３章

滋野修一，2007．神経節体制から軟体動物巨大脳への変遷．阿形清和・小泉　修編著．神経系の多様性─その起源と進化．21世紀の動物科学　第７巻，培風館，pp. 61–96．

南方宏之，2009．頭足類巨大脳とその行動を制御する脳ホルモン．小泉　修他編著．さまざまな神経系をもつ動物たち：神経系の比較生物学．動物の多様な生き方５，比較生理生化学会編．共立出版．

滋野修一，2010．脳のデザインからみた知性の進化．奥谷喬司編著．新鮮イカ学．東海大学出版会，pp. 297–314．

池田　譲，2012．イカの心を探る─知の世界に生きる海の霊長類─．NHKブックス．

４章

Hartwick, B., 1983. *Octopus dofleini*. In: Boyle PR (ed). Cephalopod Life Cycle. 277-291. Academic Press, London.

北海道立水産試験場，1995．タコ類の調査・研究．技術資料１，pp. 1–74．

佐藤恭成，1994．ミズダコの生態と資源管理．水産の研究，13(6)，82–89．

佐野　稔，2009．話題：宗谷海峡のミズダコ資源管理とたこ漁家経営の両立を目指した資源管理システム．日本水産学会誌，4，727–730．

佐野　稔，2010．地理情報システムによるミズダコの資源管理を目的とした北海道沿岸域の漁場の地理的区分．北海道立水産試験場研究報告，77，73–82．

佐野　稔・坂東忠男・三原行雄，2011．宗谷海峡におけるミズダコの成熟状態の季節変化．日本水産学会誌，77(4)，616–624．

佐野　稔・坂東忠男・江淵直人・高柳志朗，2012．宗谷海峡のミズダコ樽流し漁業における漁具の漂流速度と漁獲量の関係．水産海洋研究，76(3)，123–130．

５章

平川敬治，2012．タコと日本人　獲る・食べる・祀る．213 pp．弦書房，福岡．

７章

Kaneko, N. and T. Kubodera, 2005. A new species of shallow water octopus, *Octopus laqueus*, (Cephalopoda: Octopodidae) from Okinawa, Japan. Bulletin of the National Science Museum, Series A (Zoology), 31(1), 7-20.

金子奈都美・窪寺恒己，2007．マダコ科 *Abdopus* 属の２種，カクレダコ（新称）*A. abaculus* とウデナガカクレダコ（新称）*A. aculeatus* の日本からの初記録．タクサ：日本動物分類学会誌，(22)，38–43．

佐治　靖，2001．平安座島における人と自然とのかかわりと開発にともなう文化変容．

執筆者紹介（執筆順）

奥谷 喬司（おくたに　たかし）

別記

坂口 秀雄（さかぐち　ひでお）

1959年生．水産大学校増殖学科卒業．九州大学論文博士（農学）．現在愛媛県農林水産研究所水産研究センター養殖推進室長．

滋野 修一（しげの　しゅういち）

1973年生．東京海洋大学卒業．岡山大学自然科学研究科博士課程修了．理化学研究所発生再生科学総合研究センター研究員，シカゴ大学神経生物学科助教を経て，現在（独）海洋研究開発機構海洋生物多様性プログラム研究員．
著書：『新鮮イカ学』奥谷喬司編著．東海大学出版会（分担執筆）

佐野　 稔（さの　みのる）

1972年生．東北大学大学院農学研究科博士後期課程修了．農学博士．水産総合研究センター日本海区水産研究所での日本学術振興会科学技術特別研究員を経て，現在地方独立行政法人北海道立総合研究機構稚内水産試験場調査研究部主査（栽培技術）．

瀬川　 進（せがわ　すすむ）

1949年生．九州大学大学院農学研究科修士課程修了．農学博士．
東京海洋大学大学院教授を経て，現在東京海洋大学特任教授．
主な著書：『軟体動物学概説（下）』サイエンティスト社（分担執筆），『いかの春秋』奥谷喬司編著．成山堂書店（分担執筆），『ホタルイカの素顔』奥谷喬司編著．東海大学出版（分担執筆）

滝川 祐子（たきがわ　ゆうこ）

1973年生．津田塾大学学芸学部国際関係学科卒業．オックスフォード大学キーブル・カレッジ考古学人類学部卒業．学術修士．現在香川大学農学部技術補佐員．
著書：『瀬戸内圏の干潟生物ハンドブック』香川大学瀬戸内圏研究センター庵治マリンステーション編．恒星社厚生閣

小野 奈都美（おの　なつみ）（旧姓　金子）

1980年生．琉球大学大学院理工学研究科卒業．理学博士．国立科学博物館動物研究部博士研究員を経て，現在沖縄県在住．

武田 雷介（たけだ　らいすけ）

1944年生．北海道大学水産学部卒業．元兵庫県但馬水産技術センター所長．現在兵庫県瀬戸内海区海区漁業調整委員会委員．

窪寺 恒巳（くぼでら　つねみ）

1951年生．北海道大学大学院博士課程修了．水産学博士．
国立科学博物館動物研究部海産無脊椎動物研究グループ長を経て現在標本資料センター・コレクションディレクター．
主著書：『日本列島の自然史』国立科学博物館編．東海大学出版会（分担執筆），『新鮮イカ学』奥谷喬司編著．東海大学出版会（分担執筆）

編著者紹介

奥谷 喬司（おくたに たかし）
1931年生．東京水産大学増殖学科卒業．東京大学論文博士（理学）．水産庁東海区水産研究所主任研究官，国立科学博物館動物研究室長，東京水産大学教授，海洋研究開発機構研究顧問・アドバイザーなど．現東京水産大学（現東京海洋大学）名誉教授．
著書：『水産無脊椎動物 II』恒星社厚生閣，『イカはしゃべるし空も飛ぶ』講談社，『軟体動物二十面相』東海大学出版会，『日本近海産貝類図鑑』東海大学出版会，ほか多数．

日本《にほん》のタコ学《がく》

2013年6月5日　第1版第1刷発行

編著者　奥谷喬司
発行者　安達建夫
発行所　東海大学出版会
〒257-0003　神奈川県秦野市南矢名3-10-35
TEL 0463-79-3921　FAX 0463-69-5087
URL http://www.press.tokai.ac.jp/
振替　00100-5-46614
印刷所　港北出版印刷株式会社
製本所　誠製本株式会社

ISBN978-4-486-01941-1